Peter Granig

Innovationsbewertung

GABLER EDITION WISSENSCHAFT

Peter Granig

Innovationsbewertung

Potentialprognose und -steuerung durch Ertrags- und Risikosimulation

Mit einem Geleitwort von Prof. Dr. Werner Mussnig

Deutscher Universitäts-Verlag

Bibliografische Information Der Deutschen Nationalbibliothek
Die Deutsche Nationalbibliothek verzeichnet diese Publikation in der
Deutschen Nationalbibliografie; detaillierte bibliografische Daten sind im Internet über
<http://dnb.d-nb.de> abrufbar.

Dissertation Universität Klagenfurt, 2005

1. Auflage Juli 2007

Lektorat: Frauke Schindler / Anita Wilke

Der Deutsche Universitäts-Verlag ist ein Unternehmen von Springer Science+Business Media.
www.duv.de

Umschlaggestaltung: Regine Zimmer, Dipl.-Designerin, Frankfurt/Main
Gedruckt auf säurefreiem und chlorfrei gebleichtem Papier
Printed in Germany

ISBN 978-3-8350-0779-6

Geleitwort

In de facto allen lohnintensiven Branchen Europas, ist die aktuelle Wettbewerbssituation durch eine Verlagerung der Produktionsstandorte in die östlichen EU-Schwellenländer oder nach Asien gekennzeichnet. Um dem daraus resultierenden Kosten- und in weiterer Folge Preisdruck standhalten und die Arbeitsplätze in Zentraleuropa halten zu können, wird die Produktinnovation zunehmend zu einer existenziellen Richtungsentscheidung für viele Unternehmen. Erfolgreiche Innovationsprojekte bzw. –prozesse erhalten einen zunehmend hohen Stellenwert.

Solche Innovationsprojekte sind aber notwendigerweise mit einem hohen Risiko verbunden. Daher erlangt die Bewertung und die Steuerung von Innovationen eine ebenso hohe Bedeutung, wie die Initiierung und Durchführung der Projekte selbst. Diesem Problemfeld hat sich Herr Dr. Peter Granig im Rahmen seines Dissertationsprojektes zugewandt. Peter Granig hat sich im Rahmen seiner Arbeit zum Ziel gesetzt, die Bewertungsunsicherheiten von Innovationsprojekten durch den Einsatz von risiko- und ertragsorientierten Simulationsmodellen zu reduzieren.

Dabei geht es ihm vor allem darum, in einer möglichst frühen Phase des Innovationsprojektes die Qualität der Bewertungsinformationen zu heben und die sich ergebenden Risiken zu quantifizieren. In diesem Zusammenhang wählt er nicht den üblichen Weg, das Risiko in Form eines erhöhten Zinssatzes zur Diskontierung von erwarteten Cash Flows abzubilden, sondern wählt einen neuen Ansatz der Risikobewertung. Auf Basis des prognostizierten Produktlebenszyklus werden die Periodenergebnisse theoretisch fundiert diskontiert, wobei ein risikoloser Zinssatz zur Diskontierung herangezogen wird. Das Risiko wird auf Basis von risikoaggregierten Simulationen in Form einer wahrscheinlichkeitsbezogenen Verteilung des Barwertes ausgewiesen.

Insofern gelingt es Peter Granig nicht nur, sehr systematisch offenzulegen, wie Innovationssimulationen zu konzipieren und umzusetzen sind, sondern er geht über den derzeitigen State of the Art hinaus, und konzipiert basierend auf dem derzeitigen Stand der Wissenschaft ein erweitertes Modell zur Bewertung von Innovationen. Damit gelingt es ihm, das Dilemma zwischen der Verfügbarkeit von Informationen einerseits und dem Spektrum an möglichen Entscheidungs- und Handlungsoptionen in Innovationsprojekten andererseits abzuschwächen.

Das vorliegende Werk wurde im Jahr 2005 an der Alpen Adria Universität Klagenfurt als Dissertation approbiert. Die Arbeit hat sich aber auch als praxisrelevant herausgestellt, da zwischenzeitlich schon einige Innovationsprojekte von mittelständischen, aber auch multinational agierenden Unternehmen mit dem Modell bewertet wurden. Die Arbeit hat aber auch insofern Früchte getragen, als dass Herr Dr. Peter Granig mittlerweile eine Professur für Betriebswirtschaftslehre an der Fachhochschule Technikum Kärnten erhalten hat.

Die Arbeit von Peter Granig kann aber auch über den beschriebenen Fokus hinaus verstanden werden. Das Werk kann insofern interpretiert werden, als dass der aktuell allgegenwärtigen Doktrin der kurzfristigen Maximierung des Shareholder Values zu Lasten anderer aus einer nachhaltigen Perspektive zumindest gleichwertiger Ziele entgegenzuwirken ist.

ao. Univ. Prof. Dr. Werner Mussnig
Alpen Adria Universität Klagenfurt

Vorwort

„Wer nicht an Wunder glaubt, ist kein Realist."
(Niels Bohr)

Die vorliegende Arbeit wurde im Juli 2005 abgeschlossen und im September 2005 an der Universität Klagenfurt an der Abteilung für Controlling und strategische Unternehmensführung unter dem Titel: „Bewertung und Steuerung von Innovationen – Reduktion der Bewertungsunsicherheit bei Innovationsprojekten durch den Einsatz einer risikoaggregierten Simulation" als Dissertationsschrift approbiert.

In dieser Schrift wurden Erfahrungen und Erkenntnisse meiner über 10-jährigen Tätigkeit im Innovationsmanagement und Business Development für Mittelständische Unternehmen wie für internationale Konzerne verarbeitet und weiterentwickelt. Ergänzt und abgerundet wurden die theoretischen Erkenntnisse dieser Arbeit in zahlreichen Innovationsworkshops, Seminaren und Dialogen mit Innovatoren und Führungskräften.

Innovationen sind für den Aufbau von zukünftigen Erfolgspotentialen und damit zur Zukunftssicherung für jedes Unternehmen von zentraler Bedeutung. Die Zielsetzung der vorliegenden Arbeit liegt in der Potential- und Risikobewertung von Innovationsprojekten bereits in einer frühen Projektphase. In dieser Phase ist die Unsicherheit über den weiteren technischen und wirtschaftlichen Verlauf der Innovation hoch – der Ressourceneinsatz und ein allenfalls damit verbundener ökonomischer Verlust noch gering. Aufbauend auf einer risikoaggregierten Innovationssimulation wird ein System zur Bewertung und Eingrenzung des Innovationsrisikos wie auch des Innovationsertrages entwickelt. Damit wird eine Entscheidungsgrundlage für den Abbruch bzw. für die Realisierung von Innovationsprojekten auf Basis einer wahrscheinlichkeitsbezogenen Verteilung des zu erwartenden Ertrages der Innovation ausgewiesen.

Mein besonderer Dank gilt Univ. Prof. Dr. Werner Mussnig für die Unterstützung und wissenschaftliche Förderung meiner Arbeit. Insbesondere haben seine Bereitschaft zur kritischen Diskussion und seine wertvollen Anregungen wesentlich zum Gelingen dieser Arbeit beigetragen. Univ. Prof. Dr. Peter Heintel danke ich für seine interdisziplinären Anregungen und die inspirierenden Dialoge, welche zur Intensivierung nachhaltiger Aspekte im Innovationsmanagement beigetragen haben.

Die Veröffentlichung dieses Buches erfolgt mit freundlicher Unterstützung der Fachhochschule Technikum Kärnten, insbesondere durch Studiengangsleiter Univ. Prof. Dr. Herbert Janig.

Dieses Buch widme ich in Dankbarkeit meinen Eltern.

Peter Granig

Inhaltsübersicht

Inhaltsverzeichnis

Verzeichnis der Abbildungen

Verzeichnis der Abkürzungen

BFuP	Betriebswirtschaftliche Forschung und Praxis
CAPM	Capital Asset Pricing Model
Car	Cash Flow at Risk
DCF	Discounted Cash-Flow
EBIT	Earnings before Interest and Taxes
EVA	Economic Value Added
F&E	Forschung & Entwicklung
FCF	Free Cash Flow
HGB	Handelsgesetzbuch
IDW	Institut der Wirtschaftsprüfer
MVA	Market Value Added
NOPAT	Net Operating Profit after Taxes (Op. Cash-Flow nach Steuern vor Zinsen)
NPV	Net Present Value
OPT	Optionspreistheorie
ROCE	Return on Capital Employed
ROE	Return on Equity
ROI	Return on Investment
RORAC	Return on Risk Adjusted Capital
SWOT	Strength, Weakness, Opportunity, Threat
SHV	Shareholder-Value
VaR	Value at Risk
WACC	Weighted Average Cost of Capital
ZfB	Zeitschrift für Betriebswirtschaft
ZfbF	Zeitschrift für betriebswirtschaftliche Forschung
ZfCM	Zeitschrift für Controlling und Management

„Eine Chance zu sehen ist keine Kunst.

Die Kunst besteht darin, diese als erster zu erkennen."

(BENJAMIN FRANKLIN)

1. Einleitung

1.1 Ausgangslage

Innovation ist zu einem schillernden Zauberwort unserer Gesellschaft geworden. Denn bei zunehmender Dynamik und Komplexität erfordert es in hochgesättigten Märkten ein Umdenken von Unternehmen, um sich vom Wettbewerb – meist Preiswettbewerb – immer vergleichbarerer Produkte und Leistungen, zu differenzieren. Ein innovatives Unternehmen zeichnet sich dadurch aus, dass es seine Leistungen, Produkte und internen Prozesse mindestens ebenso schnell weiterentwickelt wie sich die Markt- und Wettbewerbsanforderungen verändern. Es hechelt diesen Veränderungen nicht notgedrungen hinterher, sondern gestaltet sie mit und gehört zu den ersten, die sie zu ihrem Vorteil nutzen.[1]

In stagnierenden Märkten kann Wachstum aus den drei Quellen Kundentreue, Propaganda und Innovation resultieren.[2] „Der sicherste, aber nicht eben einfache Weg zu Wachstum ist die Innovation. Wachstum findet immer dort statt, wo es gelingt, neue Märkte zu erfinden. Das wenig wirklich Neue ist das Lebenselixier für Unternehmen und erhöht ihren Wert überproportional."[3] Das Hervorbringen von Innovationen – durch Veräußerung neuer Produkte am Markt oder Einführung neuer Verfahren in den Betrieb – ist mittlerweile zum zentralen Erfolgsfaktor für viele Unternehmen und Organisationen geworden.[4] Andererseits verursachen Innovationen vorerst einmal nur Kosten, denn Markterfolge kommen nicht von selbst. Die Budgets reichen häufig gerade für die Forschung und Entwicklung, nicht aber für die Produktionsüberleitung und für eine geordnete Markteinführung. Verschärft wird die Situation dadurch, dass fehlende Marktforschung und/oder schlechtes Marketing in vielen Fällen zu Flops bei Innovationsprojekten führen.[5]

Die Umsetzung von viel versprechenden Ideen in erfolgreiche Innovationen ist nicht nur eine zeitaufwendige, sondern auch eine kostenintensive Aufgabe. Innovationen erfordern einen ähnlich hohen Kapitaleinsatz wie Investitionen. Die Erfolgsaussichten von Innovationen lassen sich aber weniger exakt bestimmen als die von Investitionen.

Die Strategie, auf Forschung und Neuproduktentwicklung zu verzichten, birgt im Vergleich zum Verlustrisiko durch Innovationen ein größeres Risiko, das sogar die Existenz des Unternehmens gefährden kann. Kurzfristig können auf diese Weise zwar Kosten vermieden und Gewinne maximiert werden, langfristig jedoch gehen Erfolgs-

---

[1] Vgl. SOMMERLATTE, 1999, S. 1
[2] Vgl. HINTERHUBER/MATZLER, 2004, S. 453
[3] HINTERHUBER/MATZLER, 2004, S. 453
[4] Vgl. LITTKEMANN, 2005, S. 5
[5] Vgl. KROPFBERGER/FORSTHUBER, 1989, S. 76

potentiale verloren. Pleitefirmen scheitern in der Regel an überlebten Produkten (fehlende Produktinnovationen) und/oder an überhöhten Kostenstrukturen (fehlende Prozessinnovationen).[6]

Um derart existenzbedrohende Situationen zu vermeiden, ist es Aufgabe des unternehmerischen Potentialmanagements, neue strategische Geschäftsfelder in Form neuer Produkte und Märkte zu finden, zu bewerten und aufzubauen. Dies verschafft Unternehmen Wettbewerbsvorteile und somit Erfolgspotentiale.[7] Wesentliche Parameter solcher Erfolgspotentiale sind nach GÄLWEILER:[8]

- Marktanteile und Erfahrungskurve
- Anwender- und Kundenprobleme
- Substitutionszeitkurve und Lebenszyklus
- Innovationen

Die vorliegende Schrift verfolgt das Ziel aufzuzeigen, wie Erfolgspotentiale von Innovationsideen in einen nachhaltigen Unternehmenserfolg umgesetzt werden können. Dazu soll zum einen das Potential einer Innovation in einer frühen Phase mit Hilfe von aussagekräftigen Verfahren bewertet werden, zum anderen ist eine Selektion derjenigen Projekte geboten, die den Unternehmenserfolg maximieren. Hier sollen diesbezüglich neue Methoden und Verfahren evaluiert, aber auch die Grenzen der Innovationsbewertung aufgezeigt werden.

In diesem Zusammenhang stellt sich die Frage, ob Innovationen überhaupt gesteuert und bewertet werden können – und wenn ja, wie und womit. Für die Bewertung des Potentials von Innovationsprojekten werden viele Informationen benötigt, die speziell in den frühen Projektphasen nur eingeschränkt vorhanden sind und vielen Unsicherheiten unterliegen. Innovationsmanager sind im Innovationsprozess keine Propheten, die zukünftige Geschehen vorhersagen können, vielmehr schätzen sie methodisch und strukturiert den Entwicklungspfad für ein neues Geschäft ab und führen die Idee zielgerichtet zur Umsetzung. An dieser Stelle ist wohl auch die Frage nach den Alternativen zur methodischen Detailplanung und Bewertung der Chancen und Risiken von Innovationsprojekten berechtigt!

Die Aufgabe der Innovationsbewertung liegt nun darin, Wege zu finden, Innovationen auf ihre Auswirkungen auf das Unternehmen hin zu bewerten und entsprechend zu steuern. Aufgrund der hohen Unsicherheit und des ausgeprägten Zukunftsbezuges ist dies eine besondere Herausforderung, dennoch ist eine realitätsnahe Bewertung der zukünftigen Auswirkungen von Innovationen ein wesentlicher Baustein für erfolgreiches Innovationsmanagement und damit eine entscheidende Voraussetzung für die nachhaltige Entwicklung und Existenzsicherung von Organisationen und Unternehmen.

---

[6] Vgl. KROPFBERGER/FORSTHUBER, 1989, S. 76
[7] Vgl. HORVATH/ BROKEMPER, 1998, S. 582
[8] Vgl. GÄLWEILER, 1987, S. 26

1.2 Problemstellung

Die Unternehmens- und Investitionsbewertung gelten als klassische betriebswirtschaftliche Betätigungsfelder, welche entsprechend dem Stand der Wissenschaft seit jeher einer kontinuierlichen Weiterentwicklung unterliegen.[9] Die Innovationsbewertung als Spezialdisziplin gewinnt - durch den wachsenden Stellenwert von Innovationen einerseits und durch knapper bemessene Ressourcen zu deren Umsetzung andererseits - zunehmend an Bedeutung. Folgende Problemstellungen werden in der vorliegenden Schrift bearbeitet:

Innovation im Spannungsfeld von Wertschaffung und Wertvernichtung: Innovationen schaffen Werte; sie tragen damit zur unternehmerischen Wertsteigerung bei und sichern den Fortbestand des Unternehmens. Liegt jedoch der zukünftige Wertbeitrag eines Innovationsprojektes unter dem Wertbeitrag des gegenwärtigen Geschäftes, dann bewirkt diese Innovation für die absehbare Zukunft des Unternehmens eine Wertvernichtung.[10] Einer detaillierten Bewertung des Innovationspotentials in einer frühen Phase kommt daher eine herausragende Bedeutung zu.

Defizite bei der Integration bestehender Methoden zur Innovationsbewertung: Zur Bewertung von Innovationsprojekten existiert eine Vielzahl an Methoden und Verfahren. Bei deren Integration bzw. Kombination bestehen jedoch erhebliche Mängel.[11] Dies wird durch empirische Untersuchungen bestätigt. Insbesondere beim Einsatz formaler Methoden oder spezifischer Techniken zur Bewertung von Innovationsprojekten bestehen erhebliche Defizite.[12] Dabei sei insbesondere auf Differenzen zwischen dem traditionellen vergangenheitsbezogenen Rechnungswesen und dem Erfordernis einer zukunftsorientierten Innovationsbewertung hingewiesen.[13]

Defizite bei der dynamischen Bewertung von Innovationsprojekten: Die entscheidungsrelevanten Informationen ändern sich rapide in den jeweiligen Innovationsphasen. Eine dynamische Betrachtung der Erfolgspotentiale von Innovationsprojekten ist daher von signifikanter Bedeutung.

Defizite bei Verfahren zur Quantifizierung von Innovationsrisiken: Unsicherheiten und Risiken sind Innovationsprojekten immanent. Es bestehen Defizite bei Verfahren welche die Volatilitäten von Bewertungsparametern abbilden und deren Auswirkungen in den jeweiligen Zielwert integrieren.

[9] Vgl. Egger et al., 1999, S. 203
[10] Vgl. Ruhsert/Ketzer/Ruhsert, 2003, S. 369
[11] Vgl. Meffert, 1998, S. 417
[12] Vgl. Vahs/Burmester, 2005, S. 187
[13] Vgl. Littkemann, 2005, o.S.

1.3 Forschungsziele

Das Ziel der vorliegenden Arbeit liegt in der kritischen Überprüfung der Übertragbarkeit konventioneller Methoden der Investitions- und Unternehmensbewertung auf die Innovationsbewertung. Des Weiteren werden aus den definierten Problemstellungen der Innovationsbewertung folgende Forschungsziele abgeleitet:

Dynamische Bewertung von Innovationsprojekten: Der Informationsstand zu Innovationsprojekten ändert sich rapide im zeitlichen Verlauf des Innovationsprozesses. Dem kann durch Einsatz von adäquaten Bewertungsverfahren in den unterschiedlichen Phasen Rechnung getragen werden. Zielsetzung der vorliegenden Schrift ist die Erarbeitung eines entsprechenden „Verfahrensmixes" aus qualitativen und quantitativen Bewertungsverfahren zur Bewertung von Innovationsprojekten in Abhängigkeit von der jeweiligen Projektphase.

Bewertung von Innovationen in frühen Projektphasen: Methoden und Verfahren zur Bewertung von Innovationen sollen auf ihre Aussagekraft und Anwendbarkeit - besonders in den frühen Innovationsphasen - evaluiert werden. Der Wertbeitrag dient als Grundlage für die Auswahl im Innovationsportfolio und für den optimierten Einsatz betrieblicher Ressourcen. Das besondere Erfordernis, aber auch die Schwierigkeit einer Bewertung in einer frühen Innovationsphase, liegt in folgenden Zusammenhang begründet:

INNOVATIONS-PHASE	VERFÜGBARE INFORMATIONEN	UNSICHERHEITS-NIVEAU	RESSOURCEN-BINDUNG
FRÜHE PHASE	wenig	hoch	gering
SPÄTE PHASE	viel	gering	hoch

Abbildung 1: Charakteristika früher und später Innovationsphasen

Bewertung und Integration der Innovationsrisiken: In der vorliegenden Schrift sollen die Innovationsrisiken in die dynamische Bewertung von Innovationsprojekten integriert und ihre ökonomische Relevanz berechnet werden. Es soll ein Verfahren zur risikoaggregierten Bewertung und Simulation von Innovationsprojekten erarbeitet werden, das die Innovationsimmanenten Unsicherheit der Einflussparameter berücksichtigt und zudem die Auswirkungen von eingelasteten Störgrößen berechnet.

Nachhaltige Steuerung von Innovationen: Diese Arbeit zeigt Möglichkeiten der nachhaltigen Steuerung von Innovationen über den gesamten Lebenszyklus auf. Damit sollen bestehende Forschungslücken geschlossen werden. Beantwortet werden soll die Frage: Können Innovationen überhaupt gesteuert werden und wenn ja, wie und womit? Untersucht wird weiters, was das strategische und operative Innovationscontrolling und dessen Instrumente zur Steuerung von Innovationsprojekten zu leisten vermag.

Abbildung 2 zeigt die Problemstellungen der Innovationsbewertung und daraus abgeleitet **die zentrale Zielsetzung der Arbeit**. Einerseits ist daraus die lange Entscheidungszeitdauer bis zum Erreichen des Mindestinformationsniveaus an quantifizierbaren Daten ersichtlich. Zudem ist die verbleibende hohe Restunsicherheit der Entscheidung im Zeitpunkt (t1) problematisch. Die Konsequenzen dieses Sachverhaltes sind für die Entscheidungsträger im Innovationsprozess einerseits eine hohe Unsicherheit bei der Entscheidungsfindung und andererseits eine Fehlallokation von Ressourcen in Innovationsprojekte die sich letztendlich als nicht Erfolg versprechend herausstellen.

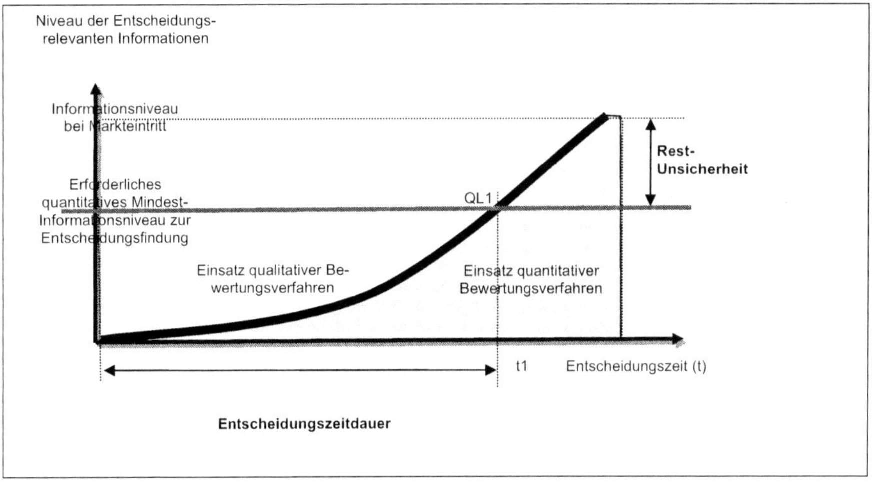

Abbildung 2: Ausgangssituation bei Innovationen

Zielsetzung der vorliegenden Arbeit ist es, einen integrierten Lösungsansatz zur Quantifizierung der Bewertungsinformationen von Innovationsprojekten sowie zur Bewertung von Innovationsrisiken und zur Reduktion von Unsicherheiten anzubieten. Zur Entscheidungsfindung über Abbruch oder Fortsetzung eines Innovationsprojektes ist ein bestimmtes Mindestinformationsniveau (MIN) an quantifizierbaren Daten erforderlich. In den frühen Phasen eines Innovationsprojektes überwiegen jedoch qualitative Daten. Das zur Entscheidung erforderliche Mindestinformationsniveau (MIN) an quantitativen Informationen wird erst im Schnittpunkt der Quantifizierungslinie (QL1) mit der Mindestinformations-Linie (MIN) zum Zeitpunkt (t1) erreicht.

Die zentrale Zielsetzung dieser Schrift ist es somit, für die aufgezeigt Problemstellung einen Lösungsansatz zu bieten, der eine **Verkürzung der Entscheidungszeit** und eine **Reduktion der Unsicherheit** bei der Bewertung von Innovationsprojekten bewirkt. Daraus gewinnt das innovierende Unternehmen einerseits einen strategischen Zeitvorteil welcher in entsprechende Wettbewerbsvorteile transformiert werden kann. Andererseits werden durch eine verbesserte Entscheidungsqualität Innovationsprojekte, die sich nicht rechnen früher abgebrochen und Flops vermieden und damit die betrieblichen Ressourcen geschont. Als Folge dieser Ressourcenoptimierung können mehr Versuche (Innovationsideen) realisiert werden, womit die Gesamterfolgswahrscheinlichkeit steigt und damit der unternehmerische Vorsprung ausgebaut wird.

1.4 Einordnung und Aufbau der Arbeit

Die vorliegende Arbeit ist Bestandteil des Forschungsprojektes „Dynamische Planung, Simulation und Bewertung von Wettbewerbsstrategien“, welches von MUSSNIG geleitet wird. Das Forschungsprojekt verfolgt das Ziel, ein „Meta-Konzept“ mit praxisorientierten Anleitungen für die jeweiligen Detaillösungen in Hinblick auf ein integratives Erfolgsmanagement zu entwickeln. Damit soll dem Management ein anwendungsorientierter Leitfaden zur Bewältigung gegenwärtiger und zukünftiger Herausforderungen angeboten werden.[14]

Vor dem Hintergrund einer dynamischen und zunehmend komplexen Umwelt ist der Wunsch vieler Unternehmen nach Orientierungshilfen für das unternehmerische Entscheiden und Handeln zu verstehen, die langfristigen und nachhaltigen Erfolg versprechen.[15] Kostenoptimierung ist dabei ein wesentlicher Aspekt der Unternehmensstrategie. Allerdings kann durch eine weitere Reduzierung von Kosten, durch Verkürzung von Betriebsabläufen, durch Rationalisierungen u.ä. die Wettbewerbsfähigkeit von Unternehmen meist nicht weiter verbessert werden, weil bereits ein hoher Optimierungsgrad erreicht ist.

Ein alternativer Zugang zur Unternehmenssicherung ist der Aufbau künftiger Erfolgspotentiale durch Innovationen. Folgende Beiträge zur Bewertung von Innovationsprojekten und zur Reduktion der innovationsimmanenten Unsicherheit werden in dieser Arbeit geliefert:

- Akkordierung der Innovationsstrategie als integrierter Bestandteil der Wettbewerbsstrategie mit der Gesamtunternehmensstrategie
- Bewertung innovativer Geschäftsfeldstrategien hinsichtlich deren Beitrag zum Unternehmenswert
- Verfahren zur Berechnung des Innovationsrisikos
- Evaluierung von Ansätzen zur Berechnung der Ergebniswirkung von Innovationsstrategien in den unterschiedlichen Innovationsphasen
- Etablierung eines wertorientierten Innovationscontrollings in Unternehmen

Im **ersten Kapitel** werden Problemstellung, Zielsetzung und Aufbau der Arbeit vorgestellt und das Erfordernis der Bewertung des Potentials von Innovationsprojekten begründet. Des Weiteren werden einschlägige Begriffe definiert und abgegrenzt. Auf Basis von aktueller Literatur wird ein theoretischer Zugang zum Thema „Innovation“ geschaffen.

Zunächst werden im **zweiten Kapitel** die Charakteristika von Innovationen erläutert. Sodann wird die Bedeutung von Innovationen für eine nachhaltige Entwicklung der Unternehmungen aufgezeigt. Es folgt die Darstellung des phasengebundenen Innovationsprozesses, wobei die einzelnen Phasen einer Innovation, von der Idee bis zur erfolgreichen Realisierung beschrieben werden.

---

[14] Vgl. MUSSNIG, 2003, S. 7
[15] Vgl. MUSSNIG, 2003, S. 3

Im **dritten Kapitel** werden theoretische Grundlagen, Aufgaben und Zielsetzungen der Innovationsbewertung vermittelt. Dabei werden Besonderheiten und Anforderungen der Innovationsbewertung demonstriert und ein Verfahrensmix aus qualitativen und quantitativen Verfahren zur Bewertung von Innovationsprojekten in Abhängigkeit vom jeweiligen Reifegrad der Innovation erarbeitet.

Chancen und Problemstellungen der kapitaltheoretischen Innovationsbewertung werden im **vierten Kapitel** demonstriert. Dazu werden zum einen investitionstheoretische Ansätze und zum anderen Ansätze der Unternehmensbewertung zur Ermittlung objektiver Marktwerte herangezogen. Besondere Bedeutung wird den Kapitalkosten als Basis zur Diskontierung künftiger Zahlungsüberschüsse und damit als Bewertungsmaßstab für Innovationsprojekte beigemessen. Einen weiteren Schwerpunkt bildet die Ermittlung und Prognose der Free Cash Flows.

Das **fünfte Kapitel** gibt den grundsätzlichen Optionscharakter von Innovationsprojekten wieder. Gefragt wird nach dem Wert der damit geschaffenen Optionen. Dabei wird der Übertragbarkeit optionspreistheoretischer Modelle zur Bewertung realwirtschaftlicher Investitionsmöglichkeiten auf Innovationsprojekte besonderes Interesse geschenkt. Es werden Grenzen der Realoptionsbewertung von Innovationsprojekten verdeutlicht und zusammengefasst.

Als Kernstück dieser Arbeit widmet sich das **sechste Kapitel** der praktischen Bewertung von Innovationsrisiken. Dabei wird auf die zentralen Probleme der Innovationsbewertung, nämlich Unsicherheit und Risiko, eingegangen. Mittels einer risikoaggregierten Simulation wird ein Ansatz zur Bewertung des Risikos von Innovationsprojekten vorgestellt.

Im **siebten Kapitel** werden Einsatzgebiete bzw. Anwendungsmöglichkeiten des strategischen und operativen Innovationscontrollings sowie Chancen der Wertsteuerung mit Innovationen aufgezeigt. Schwerpunkte werden auf Instrumente des Innovationscontrollings, auf Formen der Kundenintegration und auf den Einsatz einer wertidealen Innovationsform im Lebenszyklus gelegt.

Im abschließenden **achten Kapitel** werden die wichtigsten Erkenntnisse der Untersuchung zusammengefasst und einer kritischen Beurteilung unterzogen. In einem Ausblick wird weiterer Forschungsbedarf aufgezeigt.

„Nichts ist schwerer zu planen, nichts lässt mehr am Erfolg zweifeln, und nichts ist gefährlicher umzusetzen als die Schaffung einer neuen Ordnung." (Niccolo Machiavelli)

2. Innovation und Innovationsprozess

In diesem Abschnitt soll die Innovationstätigkeit als Prozess verstanden und das Zusammenwirken aller am Innovationsprozess beteiligten Akteure aufgezeigt werden. Dabei werden die Besonderheiten der Steuerung und Bewertung der unterschiedlichen Phasen des Innovationsprozesses sowie die damit verbundenen Management- und Bewertungsaufgaben besonders beachtet.

2.1 Terminologische Grundlagen

2.1.1 Innovation

„Innovation ist ein schillernder, ein modischer Begriff. Um Missverständnissen vorzubeugen ist es nötig, diesen Begriff präzise zu bestimmen und abzugrenzen. Eine derartige Definition hat nicht nur eine akademische Aufgabe. Auch der Wirtschaftspraktiker muss für sich festlegen, was er als Innovation bezeichnen will. Seine Einordnung entscheidet über die weitere Behandlung der Aufgabenstellung."[16]

Das Wort Innovation stammt von den lateinischen Wörtern „novus", was „neu" bedeutet, bzw. „innovatio", was mit „Neuerung" oder „Erneuerung" übersetzt werden kann. Innovation bedeutet demnach Erneuerung. Es geht um neue Produkte, neue Verfahren, neue Vertragsformen, neue Vertriebswege, neue Werbeausgaben, neue Corporate Identity. Innovation ist jedenfalls mehr als ein technisches Problem.[17] Innovation sagt nichts über die Qualität von Produkten, Dienstleistungen oder Verfahren aus, sondern zeigt eine Abgrenzung gegenüber dem Älteren an und weist prozesshaften Charakter auf.

BARNETT versteht unter einer Innovation sehr allgemein: „An innovation is [...] any thought, behaviour or thing that is new because it is qualitatively different from existing forms. [...]. Strictly speaking, every innovation is an idea, or a constellation of ideas; that some innovations by their nature must remain mental organisations only, whereas others may begiven overt and tangeable expression."[18]

In Ergänzung zu BARNETT betrachtet SCHUMPETER Innovationen als Motor der wirtschaftlichen Entwicklung, sie sind für ihn der Antrieb, der die Wirtschaftsmaschine in Bewegung setzt und hält.[19] Er sieht das Wesen der Innovation in der „Durchsetzung neuer Kombinationen", die nicht kontinuierlich erfolgt, sondern „diskontinuierlich" auf-

[16] HAUSCHILDT, 1997, S. 3
[17] HAUSCHILDT, 2004, S. 3
[18] BARNETT, in: HAUSCHILDT, 1993, S. 5f
[19] Vgl. OFNER, 1997, S. 244

tritt.[20] SCHUMPETER versteht unter Innovation eine qualitative Veränderung die aus dem Wirtschaftssystem selbst kommt.[21]

In der vorliegenden Schrift wird „Innovation“ bzw. „Innovationsbewertung“ im Verständnis SCHUMPETERS als die Einführung bzw. Bewertung neuer Faktorkombinationen bei Produkten oder Dienstleistungen verstanden.[22] Sein Verständnis von Innovation ist heute noch aktuell, weil er Flexibilität und Einfallsreichtum zur Generierung von Nutzen für den Kunden in den Mittelpunkt der Betrachtung stellt. Innovation kann so auch als die schöpferische Zerstörung des Alten durch das Neue verstanden werden.

Innovation ist mehr als Invention. Die Invention, also die Erfindung, ist bestenfalls der erste Schritt im Prozess der Innovation. Damit eine Invention zur Innovation wird, muss sie umgesetzt und von den – internen und/oder externen – Kunden akzeptiert werden. Innovation erfordert ebenso Inspiration wie Transpiration. Sie ist das Ergebnis von visionärer Kraft und nüchterner Arbeit.

Die Bestimmung dessen, was innovativ genannt werden soll, darf nicht dem Zufall überlassen werden, sondern soll anhand klar bestimmter Kriterien unmissverständlich vorgenommen werden. Die unterschiedlichen definitorischen Ansätze lassen folgende gemeinsame Aspekte erkennen: **„Innovationen sind im Ergebnis qualitativ neuartige Produkte oder Verfahren, die sich gegenüber dem vorangehenden Zustand merkbar – wie immer dies zu bestimmen ist – unterscheiden.“**[23]

Zur Bestimmung des Innovationsbegriffs bzw. des Innovationsgehalts eines betrieblichen Entscheidungs- und Durchsetzungsproblems verwendet HAUSCHILDT folgende vier Dimensionen:[24]

- Inhaltliche Dimension: Was ist neu?
- Subjektive Dimension: Neu für wen?
- Prozessuale Dimension: Wo beginnt, wo endet die Neuerung?
- Normative Dimension: Ist neu gleich erfolgreich?

Erst in der Zusammenfassung dieser vier Dimensionen kann bestimmt werden, was als innovativ bezeichnet werden kann.[25]

Zusammenfassend kann festgehalten werden, dass unter einer Innovation ein neues Produkt oder ein neues Verfahren verstanden wird, das innerhalb eines Unternehmens erstmalig eingeführt wird – entweder durch Veräußerung am Markt oder durch Nutzung im eigenen Betrieb.[26] Damit wird eine Innovation vom einzelnen Unternehmen zu einer solchen bestimmt. Es liegt in der Hand des jeweiligen Unternehmens, auf welche Weise diese durchgeführt wird.[27]

---

[20] SCHUMPETER, in: HAUSCHILDT, 1997, S. 7
[21] Vgl. OFNER, 1997, S. 244
[22] SCHUMPETER, in: HAUSCHILDT, 1997, S. 7
[23] HAUSCHILDT, 1997, S. 6
[24] Vgl. HAUSCHILDT, 2004, S. 7 ff.
[25] Vgl. HAUSCHILDT, 1997, S. 7
[26] Vgl. HAUSCHILDT, 2004, S. 24
[27] Vgl. LITTKEMANN, 2005, S. 10

In wesentlichem Zusammenhang zur Innovation stehen die Begriffe **Diffusion und Adoption**: Unter Diffusion einer Innovation wird die **objektive** Ausbreitung einer neuartigen Idee auf dem relevanten Markt verstanden. Im Gegensatz dazu wird die erstmalige **subjektive** Kaufentscheidung von Kunden in diesem Zusammenhang als Adoption bezeichnet.[28] Je nach Zeitabstand, wann ein Kunde von einer Innovation Gebrauch macht, werden verschiedene Kategorien von Adoptern (Innovatoren, Frühadopter, Frühe Mehrheit, Späte Mehrheit, Nachzügler) unterschieden.[29]

2.1.2 Innovationsformen

Grundformen von Innovationen nach SCHUMPETER: Für SCHUMPETER besteht die Unternehmerfunktion in der Durchsetzung neuer Kombinationen.[30] Innovationen hervorzubringen ist somit die eigentliche und typische Funktion eines Unternehmens. Wer keine Innovationen hervorbringt, ist kein Unternehmer.[31] Der typische Unternehmer nach SCHUMPETER fragt nicht, ob jede Anstrengung, der er sich unterzieht, auch einen ausreichenden „Genussüberschuss" verspricht. Er kümmert sich wenig um die hedonischen Früchte seiner Taten und schafft rastlos, weil er nicht anders kann.[32] Dabei unterscheidet SCHUMPETER die folgenden Grundformen an unternehmerischen Innovationsarten:[33]

- **Neues Produkt:** Herstellung eines neuen, dh dem Konsumentenkreis noch nicht vertrauten Gutes oder einer neuen Qualität eines Gutes.
- **Neue Produktionsmethode:** Einführung einer neuen, dh im betreffenden Industriezweig noch nicht praktizierten Produktionsmethode. Diese muss keineswegs auf einer neuen wissenschaftlichen Entdeckung beruhen, sondern es kann sich auch um eine neuartige Verfahrensweise handeln.
- **Neuer Absatzmarkt:** Erschließung eines neuen Absatzmarktes, dh eines Marktes, auf den der betreffende Industriezweig eines Landes bisher nicht eingestellt ist, unabhängig davon, ob dieser Markt bereits vorher existiert hat.
- **Neuer Beschaffungsmarkt:** Eroberung einer neuen Bezugsquelle von Rohstoffen oder Halbfabrikaten, unabhängig davon, ob diese Bezugsquellen schon vorher existiert hat und ihnen lediglich keine Beachtung geschenkt worden ist.
- **Schaffung einer Neuorganisation:** Durchführung einer Neuorganisation wie die Schaffung oder die Durchbrechung einer Monopolstellung.

Differenzierung nach dem Gegenstandsbereich: Eine weitere Differenzierung kann nach dem Gegenstandbereich der Innovation vorgenommen werden. Dabei werden die folgenden Innovationsformen unterschieden.

---

[28] Vgl. VAHS/BURMESTER, 1999, S. 257
[29] Vgl. MEFFERT, 1993, S.169
[30] Vgl. SCHUMPETER, 1987, S. 100
[31] Vgl. HINTERHUBER, in: SCHWARZ, 2004, S. 9
[32] Vgl. EBENDA
[33] Vgl. SCHUMPETER, 1987, S. 100f.

- **Produktinnovationen:** Produkte sind die von Unternehmen auf einem Markt angebotenen materiellen und immateriellen Leistungen, die durch ihre spezifischen Funktionen und Eigenschaften Kundenbedürfnisse befriedigen. Werden diese Kundenbedürfnisse durch neuartige, zuvor nicht existente Produkte oder Dienstleistungen angesprochen, handelt es sich um Produktinnovationen.[34] Durch die Einführung von Produktinnovationen auf den Markt wird von Unternehmen das Ziel verfolgt, die gegenwärtige Wettbewerbsposition zu verteidigen oder noch weiter auszubauen.
- **Prozessinnovationen:** Unter einem Prozess wird eine Reihe von aufeinander folgenden Handlungen verstanden, die zu einem definierten Zeitpunkt ein definiertes Ende mit einem messbaren Ergebnis bringen.[35] Prozessinnovationen kennzeichnen neuartige Faktorkombinationen, welche die Produktion eines bestimmten Gutes oder die Erbringung einer bestimmten Dienstleistung kostengünstiger, qualitativ hochwertiger, sicherer oder schneller machen.[36] Im Innovationsmanagement gehen Produktinnovationen häufig mit Prozessinnovationen einher.
- **Sozialinnovationen:** Innovationen sind nicht auf technische oder ökonomische Aspekte, wie Produkte und Prozesse, beschränkt. Sozialinnovationen etwa haben den Menschen und seinen mittelbaren und unmittelbaren Wirkungsbereich im Unternehmen zum Gegenstand. Ziele von Sozialinnovationen können die Erhöhung der Arbeitszufriedenheit, Verbesserung der Motivation und eine Reduktion der Krankenstände sein.
- **Organisatorische Innovationen:** Bezeichnen eine Verbesserung der Aufbau- und Ablauforganisation, also der Strukturen der Unternehmung. Organisatorische Innovationen stehen meist in einem engen Zusammenhang mit den Prozess-, Produkt- und Sozialinnovationen, da sie sich sowohl auf die Unternehmensprozesse als auch auf die Aufgabenträger, dh auf die handelnden Personen, und auf die Objekte der Leistungserstellung beziehen.[37]

Die Trennung dieser vier grundlegenden Innovationsarten hat nur analytisch-wissenschaftlichen Charakter, da zwischen den Innovationsarten vielfältige Zusammenhänge und Interdependenzen bestehen. Beispielsweise kann der Einsatz einer neuartigen Lackieranlage (Produktinnovation), die vollautomatisch und weitgehend emissionsfrei arbeitet, zu einer wesentlichen Verbesserung der Arbeitsbedingungen in der Fertigung führen (Sozialinnovation). Durch die Integration des Lackier- und Trocknungsvorgangs kann es darüber hinaus zu einer Verkürzung der Durchlaufzeiten kommen (Prozessinnovation).[38]

---

[34] Vgl. VAHS/BURMESTER 1999, S. 72f.
[35] Vgl. CHROBOK, 1996, S. 190
[36] Vgl. HAUSCHILDT, in: MEFFERT, 1998, S. 361
[37] VAHS/BURMESTER, 1999, S. 77
[38] EBENDA

Differenzierung nach dem Neuheitsgrad: Eine weiter Form der Unterscheidung von Innovationsprojekten ist der Grad der Neuerung. Dabei werden die folgenden Grundformen unterschieden:

- **Basisinnovationen:** Die Entdeckung bisher nicht bekannter Zusammenhängen kann Ausgangspunkt für viele Erfindungen sein, sozusagen eine Kettenreaktion von Innovationen auslösen. Dabei können völlig neue Märkte erschlossen und/oder neuartige Wirtschaftszweige angelegt werden.[39] Gelingen Basisinnovationen, so gehen von den angelegten Wirtschaftszweigen starke Wachstumsimpulse aus, weil die neueren Produkte und Dienstleistungen noch weiterführende Möglichkeiten für Wachstum aufweisen. Ein typisches Beispiel einer Basisinnovation unserer Zeit ist das Internet mit seinen noch nicht gänzlich voraussehbaren Einsatzbereichen, Anwendungsmöglichkeiten und Auswirkungen auf das Wirtschafts- und Gesellschaftsleben.
- **Folgeinnovation:** Darunter wird die Verbesserung von Produkten und Dienstleistungen verstanden. Bei genauerer Betrachtung wird ersichtlich, dass die meisten Innovationen Weiterentwicklungen schon vorhandener Erkenntnisse, Produkte und Prozesse sind. Der Prozess einer Folgeinnovation, von den Japanern als Kaizen bezeichnet, hat zum Ziel, Produkte und Dienstleistungen so stark zu verbessern, bis sie sich zu einem völlig anderen Produkt oder Prozess weiterentwickelt haben.[40] Folgeinnovationen bauen auf Bekanntem auf und bewirken schrittweise Verbesserungen. Eine gute Planung und ein effektives Projektmanagement seitens der Unternehmensleitung sind für den Innovationserfolg entscheidend.

Wird eine Innovation in den Markt eingeführt, so kann es zu einer großen Zahl an „kreativen Modifikationen“ kommen, die sehr häufig auf Kundenwünschen und Kundenideen beruhen sowie eine oft entscheidende Voraussetzung für die Diffusion einer Innovation am Markt darstellen. Kundenorientierung, ein offenes Kommunikationssystem und eine flexible Entwicklungs- und Produktionsabteilung sind dabei entscheidende Erfolgsvoraussetzungen. Häufig bestimmen solche kreativen Modifikationen den fließenden Übergang von Innovation zu Imitation.[41]

Differenzierung nach dem Auslöser: Weiters können Innovationen nach der Form der Inventionsauslösung wie folgt unterschieden werden:

- **Pull-Innovation:** Zweckinduzierte Innovationen kommen vom Markt her (market-pull) und werden deshalb auch als Pull-Innovationen bezeichnet. Sie werden durch die Bedürfnisse oder die konkrete Nachfrage der Kunden initiiert und besitzen dadurch eine vergleichsweise hohe Erfolgswahrscheinlichkeit.[42] Ein Beispiel für eine „Pull-Innovation“ ist der Walkman von Sony, der das Kundenbedürfnis, an jedem Ort die gewünschte Musik hören zu können, in ein marktfähiges Produkt wandelte. Ein weiteres Beispiel wäre die ursprünglich für den Einsatz im Weltall entwickelte Teflon-Beschichtung im Haushalt.[43]

---

[39] Vgl. MENSCH 1975, S. 69
[40] Vgl. DRUCKER, 1993, S. 92 f
[41] Vgl. LEDER, 1989, S. 13
[42] Vgl. VAHS/BURMESTER, 1999, S. 78
[43] Vgl. MEFFERT, 1998, S. 369

- **Push-Innovation:** Die mittelinduzierten Innovationen (technology-push) werden durch neu entwickelte Technologien ausgelöst, für die erst noch entsprechende Anwendungsgebiete gefunden werden müssen. Da Push-Innovationen nicht von Anfang an auf einen aufnahmebereiten Markt stoßen, sind ihre Erfolgsaussichten vergleichsweise geringer als die von Pull-Innovationen.[44] Beispiele für mittelinduzierte Innovationen sind das Glasfaserkabel, der Videorecorder und das Mobiltelefon.[45]

2.1.3 Innovationsmanagement

Diese Schrift geht davon aus, dass Innovationen keine „Zufallsergebnisse" darstellen, sondern zielgerichtet gesteuert und gemanagt werden können. Eine weitere Grundannahme besteht darin, dass das Management von Innovationen andere Instrumente erfordert als das Management von Routineprozessen.[46] Die betriebswirtschaftliche Disziplin, welche sich dem bewussten „Managen" von Innovationen widmet, ist das Innovationsmanagement.

Innovationsmanagement wird definiert als: „Bestandteil der strategischen Unternehmensführung, umfasst die Planung, Organisation und Kontrolle der im Rahmen von Innovationsprozessen durchzuführenden Aufgaben, insbesondere den Auf- und Ausbau von Innovationspotentialen, die Schaffung eines geeigneten internen Innovationsklimas und die Anwendung hierfür geeigneter Instrumente."[47]

Innovationsmanagement verknüpft den schillernden Begriff der Innovation mit dem nicht weniger schillernden des Managements. In diesem Zusammenhang erhebt sich die Frage, ob Innovationen denn gemanagt werden können. Zum anderen liegt im Begriff „Innovationsmanagement" ein Widerspruch. Jedenfalls dann, wenn unter Management die professionelle Erledigung von Routineaktivitäten verstanden wird, während dessen Innovationsmanagement eine Abkehr von Routine verlangt.

In der betrieblichen Praxis gibt es jedenfalls bedeutende Unterschiede vom Management von Routineprozessen zum Management von Innovationen. Dennoch verzichtet Innovationsmanagement nicht auf bewährte Management-Instrumente. Diese sind vielfach zu modifizieren oder zu ergänzen, damit ein besonderes Organisationsziel, nämlich das zahlreiche Hervorbringen von Innovationen, erfüllt werden kann.

Die Aufgabe des Innovationsmanagements besteht darin, durch bewusste innovationsunterstützende Tätigkeiten die Anzahl und Qualität von Innovationen zu fördern. Dies wird durch Einsatz, Gestaltung und Koordination der verschiedenen betrieblichen Funktionsbereiche, wie Unternehmensführung, Organisationsstruktur und Mitarbeiterführung, angestrebt. Ein erfolgreiches Innovationsmanagements stützt sich auf ein entsprechendes Innovationsbewusstsein im Unternehmen.

---

[44] Vgl. VAHS/BURMESTER, 1999, S. 78
[45] Vgl. LYNN/MORONE/PAULSON, 1996, S. 80ff.
[46] Vgl. WILSON, in: HAUSCHILDT, 1997, S. 42
[47] GABLER WIRTSCHAFTSLEXIKON, 1992, S. 1626

Verwandte Disziplinen des Innovationsmanagement sind das Technologiemanagement und das Management von Forschung und Entwicklung (F&E).

Technologiemanagement versteht sich vorwiegend als Management naturwissenschaftlicher bzw. technischer Problemstellungen. HAUSCHILDT führt folgenden Unterschied zum Innovationsmanagement an: „Technologiemanagement richtet sich nicht nur auf neuartige Technologien, sondern auch auf die strategische Erhaltung und Weiterführung der vorhandenen. Innovationsmanagement richtet sich demgegenüber vornehmlich auf neue Technologien und hat insbesondere das Problem des Bruches mit überkommenen Technologien zu meistern."[48]

Forschungs- und Entwicklungsprozesse sind unstrittig Innovationsprozesse. Allerdings bezieht sich F&E lediglich auf naturwissenschaftliche oder technische Prozesse, wohingegen Innovationen darüber hinaus die administrativen oder sozialen Prozesse einschließen. Insofern müssen Innovationsprozesse im Umkehrschluss nicht zwangsläufig Forschungs- und Entwicklungsprozesse sein.[49] F&E ist damit theoretisch, nicht zwangsläufig notwendiger Bestandteil einer industriellen Innovation, dürfte aber praktisch in der überwiegenden Mehrzahl von Produkt- und Prozessinnovationen eine gewichtige Rolle spielen.[50] F&E-Projekte können zudem besser institutionalisiert und organisiert werden als Innovationsprozesse. [51]

Abbildung 3 zeigt Aufgabenbereiche der drei beschriebenen Managementformen. Daraus ist ersichtlich, dass Innovationsmanagement den am weitesten reichenden Aufgabenbereich umfasst und sowohl Aufgabenbereiche des F&E als auch des Technologiemanagements beinhaltet.

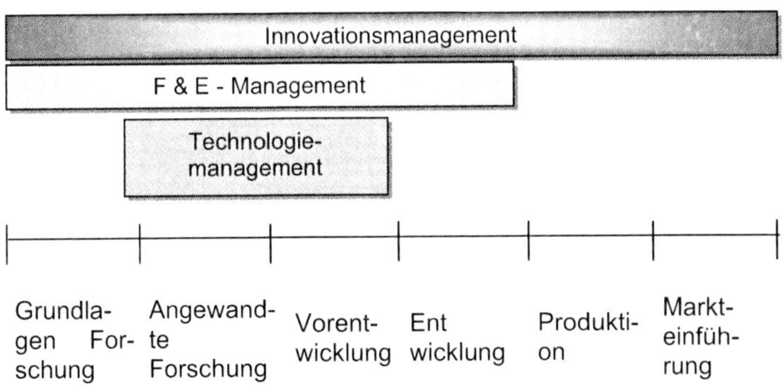

Abbildung 3: Abgrenzung Innovationsmanagement[52]

Innovation kann als Leistungsprozess verstanden werden. Dabei ist die zentrale Aufgabe von innovierenden Unternehmen die Umsetzung von wissenschaftlichen Erkenntnissen in wirtschaftliche Leistungsfähigkeit. Als Ziel der in den Unternehmen durchgeführten Forschung & Entwicklung kann daher auch die Umwandlung von Wissen in Geld gesehen werden. Die Unternehmen erarbeiten Wissen, um es am

[48] HAUSCHILDT, 1997, S. 28
[49] Vgl. GESCHKA, 1970, S. 54
[50] Vgl. LITTKEMANN, 2005, S. 9
[51] Vgl. HAUSCHILDT, 1997, S. 27f
[52] Vgl. MACHARZINA, in: VAHS/BURMESTER, 1999, S. 48

Markt beim Kunden gegen Geld einzutauschen. Eine Abgrenzung von Forschung und Innovation kann folgendermaßen vorgenommen werden:

- Forschung kann als die Umwandlung von Geld in Wissen
- Innovation kann als die Umwandlung von Wissen in Geld

verstanden werden.

2.1.4 Wertorientierung im Innovationsmanagement

Der Shareholder-Value-Gedanke (SHV) hat auf breiter Front in der ökonomischen Theorie und Praxis Einzug gehalten. Die Steigerung des Unternehmenswertes gilt als zentrales Oberziel und gleichermaßen als Erfolgsmaßstab unternehmerischen Handelns. Obwohl die theoretischen Grundlagen seit den Anfängen der Kapitalmarkttheorie bekannt sind, haben diese erst durch die Arbeiten von RAPPAPORT eine globale Verbreitung gefunden.[53]

Basis des Wertmanagement-Ansatzes von RAPPAPORT – auch als Wertorientierung bezeichnet – ist das Konzept der Discounted Free Cash Flows (DFCF-Konzept). In diesem Konzept entspricht der Wert des Unternehmens dem Strom aller diskontierten freien Zahlungsmittelüberschüsse, die sich mit den Geschäftsaktivitäten erzielen lassen. Aufgrund der additiven Wirkung der Discounted Free Cash Flows ist es mit diesem Konzept möglich, jedes einzelne Projekt zu beurteilen und daraus den Beitrag zur Wertsteigerung des Gesamtunternehmens zu berechnen. Ein Projekt ist positiv zu beurteilen, wenn es einen positiven DFCF erzielt, dh einen Wertzuwachs bewirkt.[54] „Innovation und bedürfnisgerechte Produkte und Dienstleistungen, die von hochqualifizierten Arbeitskräften entwickelt werden, sind [dementsprechend] [...] die entscheidende Quelle der Wert-Generierung."[55]

Das Wertmanagement findet mittlerweile sehr viele Anwendungsbereiche. Beispielhaft seien hier die folgenden angeführt:[56]

- Akquisitionsmöglichkeiten von Unternehmen
- Finanzierung von Unternehmen
- Entlohnung von Managern und Führungskräften
- Auswahl von Innovations- und F&E-Projekten

Der SHV-Ansatz wird in jüngster Zeit vermehrt kritisch betrachtet und phasenweise für die derzeitigen wirtschaftlichen Probleme ganzer Volkswirtschaften verantwortlich gemacht. Dabei wird argumentiert, dass eine einseitige Optimierung des Unternehmenswerts die vielen anderen gesellschaftlichen Aspekte einer Unternehmung nicht berücksichtige. Beispielsweise sei es durch die konsequente Anwendung des SHV-Ansatzes vielerorts zu Restrukturierungen und Arbeitsplatzabbau gekommen. Zudem

---

[53] Vgl. BOUTELLIER/VÖLKER/VOIT, 1999, S. 136
[54] Vgl. EBENDA
[55] RAPPAPORT, 1999, S. 12
[56] Vgl. BOUTELLIER/VÖLKER/VOIT, 1999, S. 137

berücksichtige der SHV nur die Interessen der Kapitalgeber, die häufig sogar im Widerspruch zu den nachhaltigen Interessen des Unternehmens stünden.

Demgegenüber argumentiert RAPPAPORT: „Der Grund des Problems ist nicht die Verwendung des Shareholder-Value-Ansatzes. Das Problem ist vielmehr die falsche Verwendung oder die Nicht-Verwendung dieses Ansatzes, der zu wertvernichtenden Redimensionierungen von Unternehmen und der Eigentümerwerte führt und zu ungerechtfertigten Entwurzelungen und Schmerz für die Arbeitnehmer."[57]

Zur häufig angebrachten Kritik an der Wertorientierung, diese berücksichtige lediglich die Interessen der Shareholder, nicht aber die Interessen anderer Stakeholder, kann entgegnet werden: Wo kein Wert für den Kunden geschaffen wird, dort lässt sich auch kein Wert für den Eigentümer generieren.[58]

Speziell zur Bewertung von Innovationsprojekten muss festgehalten werden, dass die Zahlen des Rechnungswesens aufgrund ihres statischen und vergangenheitsorientierten Bezuges weitestgehend unzulänglich sind. Die Wertorientierung hingegen ermöglicht bzw. erzwingt eine Prognose und Bewertung in der Zukunft liegender Zahlungsströme. Damit dürfte trotz aktueller Kritik der Wertorientierung, ein verantwortungsvoller Einsatz dieser im Innovationsmanagement zur nachhaltigen Erfolgssicherung berechtigt sein.

2.1.5 Wertorientiertes Innovationscontrolling

Unter wertorientiertem Innovationscontrolling wird eine wertorientierte Steuerung von Innovationsprojekten verstanden, die sich an der Profitabilität, mit denen das Unternehmen an veränderte Markt- und Umfeldbedingungen angepasst wird, ausrichtet.[59] Das wertorientierte Innovationscontrolling betrachtet alle gleichzeitig ablaufenden Innovationsvorhaben über ihren gesamten Lebenszyklus. Bewertet wird dabei der kumulierte Markterfolg als Kapitalrendite des über den gesamten Lebenszyklus investierten Kapitaleinsatzes eines Innovationsprojektes.[60]

Bevor jedoch ein Zielsystem für das Innovationscontrolling formuliert werden kann, muss Klarheit über das oberste Unternehmensziel hergestellt werden. Managementstudien zeigen, dass in den Unternehmungen zumeist „traditionelle" Unternehmensziele vorherrschen: vornehmlich Gewinn, Sicherheit, soziale Verantwortung, Marktanteil usw.[61] RAPPAPORT betont hingegen die Notwendigkeit, das Wertmanagement und damit den Shareholder Value als oberstes finanzielles Ziel darzustellen.[62]

Das wertorientierte Innovationscontrolling bildet einen Schwerpunkt der wertorientierten Unternehmenssteuerung, da es auf die zukünftige Wertschaffung zielt. Mittlerweile findet dieses auch Anwendung in der Leistungsbewertung und Entlohnung von

[57] RAPPAPORT, 1999, S. 11
[58] RAPPAPORT, 1999, S. 9
[59] Vgl. RUHSERT/KETZER/RUHSERT, 2003, S. 341
[60] Vgl. RUHSERT/KETZER/RUHSERT, 2003, S. 345
[61] Vgl. Übersicht empirischer Untersuchungen bei GÜNTHER, 1991, S. 15
[62] Vgl. RAPPAPORT, 1995, S. 12

Führungskräften. Führungskräfte sollen zur Wertorientierung motiviert werden, indem sie für die erzielte Wertsteigerung belohnt werden.[63]

Beim wertorientierten Innovationscontrolling wird die Vergleichbarkeit von Innovationsvorhaben durch die Diskontierung von Kosten und Erträgen gewährleistet. Ist die bestehende Produktpalette gut etabliert, so kann der Gewinn in erster Linie durch Vermeidung von Kosten und Risiken erhöht werden. Dennoch ist selbst bei hoher Wettbewerbsfähigkeit damit zu rechnen, dass die Konkurrenz neue Produkte oder Dienstleistungen auf den Markt bringt. Sofern diese den Kundenanforderungen besser gerecht werden, besteht das Risiko der Verdrängung des bestehenden eigenen Produkt- und Leistungsangebots. Das unternehmerische Geschick besteht nun darin, keine der beiden Extrempositionen einzunehmen. Denn sowohl kurzfristige Gewinnmaximierung auf Kosten des zukünftigen Leistungsangebotes als auch zu hohe, riskante Aufwendungen für Neu- und Weiterentwicklungen können die Zukunft des Unternehmens gefährden.[64]

Da die Berechnung des Unternehmenswertes auf den zukünftigen Free Cash Flows fußt, kann der Unternehmenswert als Quantifizierung des Oberziels der Erhaltung und der erfolgreichen Unternehmensweiterentwicklung interpretiert werden.[65] Eine ähnliche Position bezieht HAHN, der die Erreichung des Wertziels, dh die Ergebnisoptimierung durch eine Kapitalwert- bzw. Gewinnmaximierung unter Wahrung der Liquidität, als Voraussetzung für die erfolgreiche Weiterentwicklung der Unternehmung ansieht.[66]

Aus den obersten Unternehmenszielen wird das Controlling-Zielsystem abgeleitet. Das Innovationscontrolling-Zielsystem setzt sich zusammen aus auf das Leistungsprogramm bezogenen Sachzielen und aus dem finanzorientierten Wertziel, die gemeinsam unter dem Begriff „Ergebnisziel" zusammengefasst werden. Inhaltlich umfasst das Ergebnisziel ein mehrdimensionales Zielsystem mit einem Wertziel und zwei Sachzielen:[67]

- der mehrperiodige, finanzwirtschaftlich geprägte Kapitalwert (Wertziel)
- die einperiodige, rechnungswesenorientierte Erfolgsgrößen- und Liquiditätsbetrachtung zur kurzfristigen Existenzsicherung (Sachziel)
- die effizienzorientierte Prozessbetrachtung (Sachziel)

[63] Vgl. RAPPAPORT, 1999, S. 133
[64] Vgl. SOMMERLATTE, 1999, S. 1
[65] Vgl. GÜNTHER, 1997, S. 71
[66] Vgl. HAHN, in: BEYER, 2002, S. 153
[67] Vgl. HORVATH, 1998, S. 138

Zur Begründung der Wertorientierung im Innovationscontrolling werden die Vorzüge der Wertorientierung gegenüber den rechnungswesengestützen Zielgrößen in der folgenden Auflistung systematisiert dargestellt:[68]

- geringeren Manipulationsmöglichkeit bei der Berechnung des Kapitalwertes im Vergleich zum Gewinn
- hohen Korrelation zur Wertentwicklung am Markt
- Verminderung von Interessensdivergenzen zwischen Management und Anteilseignern
- Berücksichtigung von Risiko und Chancen aus Wachstum und Unternehmensentwicklung
- Zukunftsbezogenheit
- Mehrperiodigkeit
- Unterstützung von Investor-Relations durch die Generierung von kapitalmarktrelevanter Information für Investoren.

Die umfangreiche Kritik an den rechnungswesengestützten Zielgrößen macht diese zu unzureichenden Erfolgsmaßstäben für das Innovationscontrolling. Insbesondere die Aspekte Vergangenheitsorientierung, Risikovernachlässigung und mangelnder Zukunftsbezug entsprechen nicht den Attributen von Innovationsprojekten.[69] Eine umfassende Diskussion dieses Sachverhaltes erfolgt im Kapitel 4.

2.2 Die Phasengebundenheit des Innovationsprozesses

In diesem Abschnitt werden die zeitlichen Phasen, die eine Innovation von der Idee bis zur Umsetzung durchläuft, abgebildet, dabei werden Anforderungen und Besonderheiten der jeweiligen Innovationsphase hervorgehoben. „Im Gegensatz zur objektbezogenen Auffassung von Innovation, die auf den Begriffsinhalt abstellt, wird beim prozessualen Verständnis die Dimension des zeitlichen Verlaufs einer Neuerung thematisiert.“[70]

Innovationen können als sequentielle Abfolge von prozessualen Aktivitäten und Entscheidungen definiert werden, die in einem leistungswirtschaftlichen und zeitlichen Zusammenhang stehen.[71] Erste Überlegungen zu einer prozessorientieren Betrachtung von Innovationen sind aus der Differenzierung von Invention (Erfindung) und deren wirtschaftlicher Verwertung hervorgegangen.[72] SCHUMPETER begründete diese Differenzierung mit der Tatsache, dass im Regelfall die Person des Erfinders und die des wirtschaftlichen Verwerters auseinander fallen.[73]

[68] Vgl. BEYER, 2002, S. 33f
[69] Vgl. BEYER, 2002, S. 34
[70] MEIßNER, 1989, S. 19
[71] Vgl. HAUSCHILDT, 2004, o.S.
[72] Vgl. SPECHT/BECKMANN, 1996, S. 15
[73] Vgl. SCHUMPETER, 1952, S. 129

Jede Innovation durchläuft vom ersten Gedanken an eine Neuerung (=Initiierung) bis hin zur praktischen Umsetzung verschiedene Phasen, was auch als Innovationsprozess bezeichnet wird. Man geht von der zwangsläufigen zeitlichen Abfolge der unterschiedlichen Phasen im Innovationsprozess aus.[74]

„Aufgabe des Produktinnovationsprozess ist es, eine Produktidee mit den verfügbaren Ressourcen zeitgerecht in ein marktfähiges Produkt umzusetzen. Er muss durchgängig alle erforderlichen Schritte von der Initiierung der Produktinnovation bis hin zu ihrer Markteinführung sicherstellen. Angesichts der hochgradigen Ungewissheit über die Verhältnisse des Markts und des Wettbewerbs muss er dabei genügend Flexibilität besitzen, um eine gestufte und angemessene Reaktion auf plötzlich auftretende Veränderungen zu ermöglichen.“[75]
Die verschiedenen Prozesskonzepte unterscheiden sich in den Definitionen von Start- und Endpunkten, in der uneinheitlichen Bezeichnung und Abgrenzung einzelner Prozessstufen sowie in divergierenden personellen Besetzungen des Innovationsmanagements.[76] Abbildung 4 zeigt die Phasen des Innovationsprozesses. Im Folgenden werden die einzelnen Prozessschritte idealtypisch beschrieben:[77]

[74] Vgl. VAHS/BURMESTER, 1999, S. 131ff
[75] VAHS/BURMESTER, 1999, S. 131f
[76] Vgl. BROCKHOFF, 1999, S. 38 f.
[77] Vgl. HAUSCHILDT, 2004, S. 24 ff.

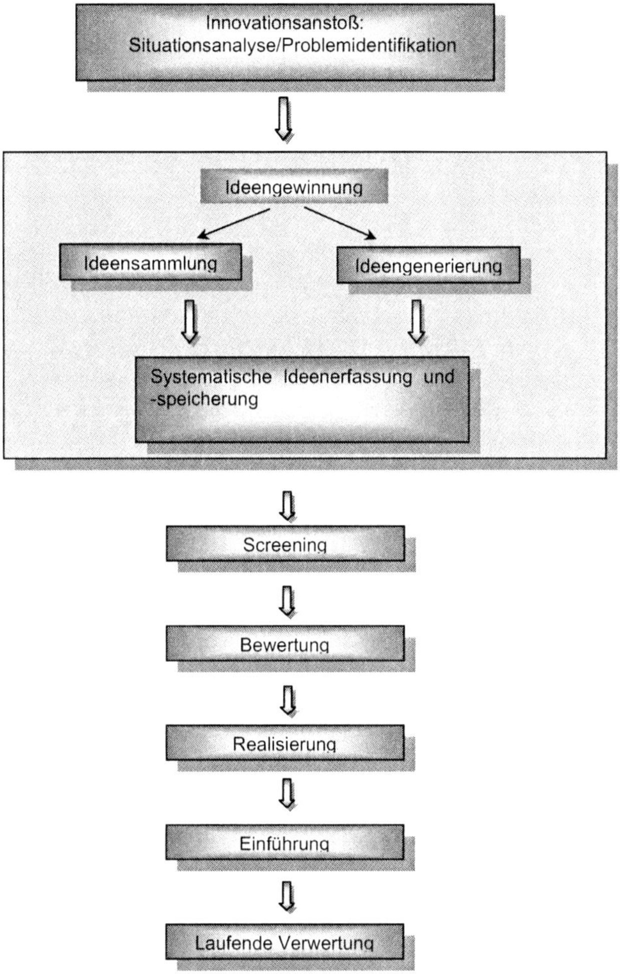

Abbildung 4: Phasen des Innovationsprozesses[78]

Idee: mehr oder weniger bewusster Entschluss, sich mit einem Forschungsgegenstand näher zu beschäftigen; Bekundung von Interesse, Neugier, vage Vorstellung, dass innerhalb des noch sehr unscharf abgegrenzten Objektbereiches Erfolg versprechende Neuerungen möglich sind.

Entdeckung/Beobachtung: Feststellung einer Auffälligkeit, einer Abhängigkeit, einer Beziehung, der Existenz eines bisher unbekannten Stoffes oder Ablaufs.

[78] Quelle: In Anlehnung an VAHS/BURMESTER, 1999, S. 89

Forschung: theoretische Fundierung bzw. empirische Überprüfung der Entdeckung oder Beobachtung, Feststellung von Ursachen und Wirkungen, Bestimmung funktionaler Zusammenhänge in Ausmaß, Verlauf und Bedingtheit.

Entwicklung: Umsetzung der Beobachtungen und Forschungsergebnisse in Konstruktionen, Versuchsanlagen, Prototypen, mit dem Ziel, die theoretisch bestimmten und/oder empirisch festgestellten Beziehungen für einen bestimmten Zweck nutzbar zu machen.

Erfindung: Festlegung auf eine bestimmte Alternative mit definierten Merkmalen und exakt beschreibbaren Eigenschaften, die zur Patentierung und Publikation geeignet sind.

Einführung des neuen Produktes in den Markt oder des neuen Verfahrens in die Fertigung: Umsetzung in eine wirtschaftlich nutzbare Form und Einheit, Vornehmen der dazu nötigen Investitionen, unverwechselbare Benennung, Ansprache von Zielgruppen, Präsentation in der Öffentlichkeit.

Laufende Verwertung: Serienproduktion, Großproduktion, Ausbau der Vertriebseinrichtungen, Ansprache neuer Kundengruppen, Diffusion u.ä.

2.3 Phasenmodelle des Innovationsprozesses

2.3.1 Der Innovationsprozess nach Brockhoff

Abbildung 5 stellt den Innovationsprozess nach Brockhoff dar, wobei Forschung und Entwicklung (F&E) den Ausgangspunkt für den Innovationsprozess bilden. Anstoß zu F&E können unmittelbare oder vermutete, markt- oder erkenntnisgetriebene Bedürfnisse sein, unabhängig davon, ob sie unternehmensinterne oder externe Quellen haben.[79] Die resultierende Invention wird als erstmalige Realisierung von Problemlösungen zur Bedürfnisbefriedigung definiert.[80]

Sofern man in einem ökonomischen Evaluierungsprozess der Invention zu einer positiven Bewertung kommt, werden Ressourcen, zB Kapital oder Personal, für die Produktionsvorbereitung bzw. Markteinführung bereitgestellt. Gelingt eine Markteinführung oder lässt sich ein neues Verfahren etablieren, so spricht man von einer Innovation im engeren Sinne.[81]

[79] Vgl. Brockhoff, 1999, S. 47
[80] Vgl. Pleschak/Sabisch, 1996, S. 6
[81] Vgl. Gerpott, 1999, S. 50

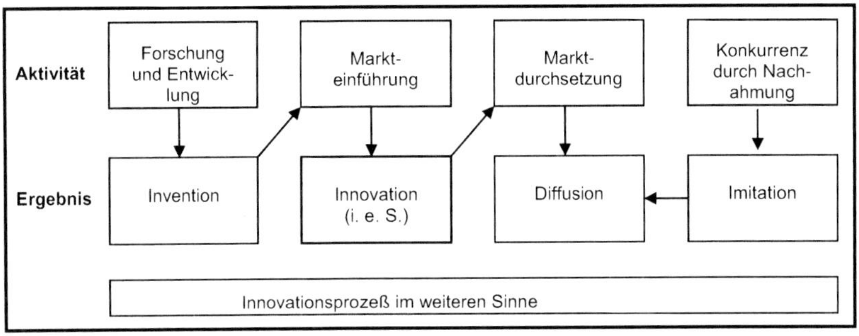

Abbildung 5: Der Innovationsprozess nach Brockhoff[82]

Die nachfolgende Prozessstufe der Marktdurchsetzung beschreibt die Akzeptanz bei den Kunden und führt zur Adoption der Innovation am Markt. Diffusion bezeichnet das Ergebnis der Marktdurchsetzung und beschreibt die gelungene Ausbreitung der Innovation am Markt.[83] Durch den Markterfolg motiviert treten Konkurrenten in den Wettbewerb ein und imitieren die Innovation. Diese Imitation beeinflusst wiederum die Diffusion der ursprünglichen Innovation.[84]

Die sequentielle Abfolge von Prozessstufen, verbunden mit einer Entscheidung über den Fortgang des Prozesses, wird von COOPER als diskreter Stage-Gate-Prozess bezeichnet. Diese Vorgehensweise weist schwerwiegende Defizite auf, da sie in kompetitiven Märkten mit kurzen Innovationszyklen den Anforderungen an die Umsetzungsgeschwindigkeit des Prozesses und an die Effizienz des Ressourceneinsatzes nicht gewachsen ist.[85]

2.3.2 Der Innovationsprozess nach COOPER

Der Innovationsprozess nach BROCKHOFF ist nach diskreten Stufen aufgebaut: Die einzelnen Aktivitäten werden in sequentielle Folge gebracht und gegeneinander abgegrenzt. Über die Fortführung oder den Abbruch eines Innovationsprozesses wird nach Abschluss der jeweiligen Phase in einem Evaluierungsprozess entschieden.[86]

Hauptsächlich wird am Innovationsprozess nach BROCKHOFF kritisiert, dass die Kontinuität des Innovationsprozesses an den Entscheidungspunkten (Gates)[87] gebrochen wird. Da an den Gates eine Entscheidung über die Fortführung des gesamten Innovationsprozesses getroffen wird, besteht die Gefahr, dass dadurch der gesamte Innovationsprozess zum Stillstand kommt oder zumindest stark verzögert wird. Eine leistungswirtschaftliche Überlappung der Prozessschritte und damit eine parallele Bearbeitung sind im diskreten Innovationsprozess nach BROCKHOFF nicht möglich.

[82] Quelle: BROCKHOFF, 1999, S. 37
[83] Vgl. SCHMALEN/BINNINGER, 1994, S. 5
[84] Vgl. BROCKHOFF, 1999, S. 37
[85] Vgl. COOPER, 1994, S. 8
[86] Vgl. BEYER, 2002 S. 10
[87] Im Stage-Gate-Prozess nach COOPER werden diese Entscheidungspunkte als Gates bezeichnet. An diesen „Meilensteinen" wird über Abbruch oder Weiterführung des Innovationsprojektes nach den zuvor definierten Zielkriterien entschieden.

Zusätzliche Erschwernisse sieht COOPER in der Einhaltung einer strikt sequentiellen Stage-Gate-Folge. Da an den Gates nur Abbruchs- bzw. Fortführungsentscheidungen getroffen werden, wird die Bedeutung der Ressourcenzuteilung nicht adäquat bemessen. Kritisiert werden auch der hohe bürokratische Aufwand sowie ein hoher Detailierungsgrad.[88] Zur Verbesserung der aufgezeigten Mängel schlägt COOPER einen Prozess wie in Abbildung 6 vor.

Der Innovationsprozess nach COOPER zeichnet sich durch überlappende Prozessstufen aus. An den Gates sind flexible Fortführungs- bzw. Abbruchentscheidungen erlaubt, die unscharf getroffen werden: Sie werden an variable Konditionen gebunden und nicht an absoluten Kriterien festgemacht.[89]

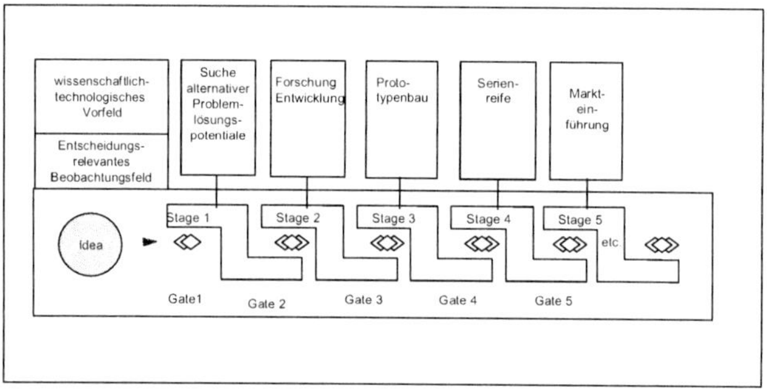

Abbildung 6: Innovationsprozeß nach Cooper[90]

Die Wesensmerkmale und Vorzüge des überlappenden Phasen-Meilensteine-Konzepts im Stage-Gate-Prozess können, wie folgt, zusammengefasst werden:

- Stage (Innovationsphase): Parallele Bearbeitung mehrerer Prozessphasen
- Gate (Meilenstein): Definiertes Ziel vor Überleitung in nächste Phase
- Verkürzung des Innovationsprozesses
- Ressourcenoptimierung und Risikobegrenzung

Da dieses Prozessverständnis den Anforderungen der Unternehmen (insbesondere in wettbewerbsintensiven neuen Branchen wie IT, Software, Internet) eher entspricht, soll dem Stage-Gate-Prozess nach COOPER in der weiteren Betrachtung der Vorzug gegeben werden.

[88] Vgl. COOPER, 1994, S. 7 f.
[89] Vgl. BEYER, 2002, S. 10
[90] Quelle: COOPER, 1994, S. 5

2.4 Die Phasen des Innovationsprozesses

2.4.1 Aufgabenidentifizierung (Phase 1)

In der Startphase des Innovationsprozesses ist ein Aufgabenbereich auszuwählen, in welchem eine Veränderung oder Verbesserung angestrebt wird. Die Phase der Aufgabenidentifizierung wird auch als Initialphase bezeichnet. „In der Initialphase sollen, Informationen und Anregungen gefunden werden, die eine Initiative zur Beschäftigung mit einer speziellen Thematik auslösen können."[91] Auslöser der Initialphase können das Erkennen von Chancen oder Risiken in der relevanten Umwelt des Unternehmens wie das Erhalten von Feedback, Informationen von Kunden, Mitarbeitern, Lieferanten oder Medien sein.

Die Identifikation von Aufgabenbereichen für Innovationen kann durch unterschiedliche Analysen erfolgen:

Kundenanalyse: Diese zielt darauf ab, den Kunden zu erforschen und dadurch die eigentliche Idee mit Inhalt zu füllen. Dazu wird eine Innovationsidee aufgegriffen und daraus eine Produkt-, Dienstleistungs- oder Prozessbeschreibung entwickelt. Diese Beschreibung enthält die Wertvorstellung, die Eigenschaften, die Leistungscharakteristika und Anforderungen an das Design. Häufig wird in dieser Phase der Fehler begangen, schon vorab davon auszugehen, eine genaue Vorstellung über die Wünsche und Anforderungen der Kunden zu haben und daher diesen wichtigen ersten Schritt nicht durchzuführen.[92]

Eine Aufgabenidentifizierung orientiert sich daran, dem Kunden ein Produkt mit solidem Wert anbieten zu können. Der Wert des Produktes oder der Dienstleistung setzt sich aus den Eigenschaften, den Attributen, den Leistungscharakteristika und der Positionierung des Produktes zusammen. Folgende drei Fragestellungen können für das Produktdesign hilfreich sein:

- Wer ist der interne oder externe Kunde?
- Was schafft Wert für den Kunden und in welchem Ausmaß?
- Welche Eigenschaften und Leistungscharakteristika stiften Nutzen?

[91] LAMBERTZ/GECKELER, 1996, S. 86
[92] Vgl. COOPER, 2002, S.218

Einer Unterscheidung der Wechselbeziehungen zwischen den physischen Produkteigenschaften und der subjektiven Wahrnehmung der Kunden kommt entscheidende Bedeutung zu. Für die Neuentwicklung eines Erfolg versprechenden Produktes ist die subjektive Wahrnehmung des Kunden von zentraler Bedeutung. Eine eingehende Studie der Verbraucherwünsche und –bedürfnisse kann diese Beziehungen erkennen und eine Antwort auf die Hauptfragen zu Produktwert und –nutzen geben. Zielsetzungen einer derartigen Studie können sein:[93]

- Erkennen von Kundenproblemen, die eine neue Lösung oder ein neues Produkt erfordern.
- Bestimmung von nicht artikulierten Kundenbedürfnissen.
- Erkennen von auftragssteigernden Faktoren und ihrer relativen Bedeutung.
- Bestimmung von Zuneigung und Abneigung gegenüber aktuellen Konkurrenzprodukten sowie den Grad der Bedürfnisbefriedigung.
- Untersuchung des Produktgebrauches durch den Kunden sowie Probleme, die beim Gebrauch des Produktes entstehen.

Wettbewerbsanalyse: Die Analyse des Wettbewerbs kann wertvolle Impulse zur Identifizierung von neuen Innovationsfeldern bringen.

Marktanalyse: Bei der Marktanalyse wird danach gefragt, in welchen Märkten welche Veränderungen zu beobachten sind. Das betrifft

- Marktgröße, Marktwachstum, Markttrends
- Marktsegmente: Größe, Wachstum und Trends
- Käuferverhalten

Wirtschafts- und Finanzanalyse: Die Analyse der wirtschaftlichen und finanziellen Situation bietet Anregungen für Innovationsfelder. Wobei daraus vielmehr eine Notwendigkeit zur Innovation als weniger eine inhaltliche Anregung abgeleitet werden kann. So kann in der mittelbaren Unternehmenszukunft eine Umsatzlücke festgestellt werden, die mit Innovationen in Form neuer Produkte und Dienstleistungen geschlossen werden soll.

Technisches Anforderungsprofil: Die Markt- bzw. Mitbewerbssituation kann es erfordern, technische Leistungsmerkmale des eigenen Produktes oder der eigenen Dienstleistung den geänderten Anforderungen anzupassen. Das kann dazu dienen, einen technischen Vorsprung eines Mitbewerbers in einen technologischen Vorsprung für die eigene Unternehmung zu transformieren.

---

[93] Vgl. COOPER, 2002, S.220

2.4.2 Ideengenerierung (Phase 2)

Ist die Aufgabe definiert, folgt im nächsten Schritt die Suche nach Problemlösungen. Der Weg zu Lösungen im Innovationsprozess lässt sich durch zwei Grundtypen beschreiben:[94]

- *Alternativensuche:* Der Innovator geht davon aus, dass es vorgefertigte Lösungen für sein Problem gibt, die von anderen entwickelt und ihm angeboten werden.
- *Alternativenentwicklung:* Der Innovator entwickelt die Lösung selbst, indem er vorhandene Lösungen modifiziert oder Alternativen von Grund auf neu konzipiert und konstruiert.

Das Finden neuer Alternativen basiert auf Kreativität. Darunter ist die Fähigkeit zu verstehen, Wissens- und Erfahrungselemente aus verschiedenen Bereichen unter Überwindung verfestigter Strukturen und Denkmuster zu neuen Ideen (Problemlösungsansätzen) zu verschmelzen.[95]

2.4.2.1 Voraussetzungen für Innovationen

Innovationen sind stets Kontextgebunden. Es sind die Rahmenbedingungen, die entscheidend zum Erfolg oder Misserfolg einer Innovation beitragen. Dazu gehören neben Stand von Technik und Wissenschaft sowie dem wirtschaftlichen Klima auch das persönliche, gesellschaftliche, politische und kulturelle Umfeld. Fortschritt und ein beschleunigter Wandel erfordern eine ständige Neuorientierung wie auch die Entwicklung neuer Methoden und Strategien. In folgenden werden Voraussetzungen für die Generierung von Innovationsideen angeführt:

Wissen: „Wissen ist Macht und Macht ist immer wirksam. Die Menschen wissen vieles, doch wenig davon ist wirksam, wenig wird wirklich."[96] Zwischen diesen beiden Polen spannt sich der Bogen der Bedeutung von Wissen für Innovationen. Wissen ist dann wirksam, wenn es dafür eingesetzt wird, etwas zu verändern. Für ein erfolgreiches Innovationsvorhaben bedarf es einer eindeutigen Zielsetzung und einer systematischen Nutzung von Wissen. Dies wird möglich durch Kompetenz und Stärke eines Wissensarbeiters oder eines Wissensteams.
Das Nutzen von bereits vorhandenem Wissen zur Generierung von neuem Wissen ist nicht nur eine Frage der Inspiration, sondern erfordert systematische Anstrengung und ein hohes Maß an Organisation. „In den nationalen wie den internationalen Volkswirtschaften wird in Zukunft die Fähigkeit des Managements, Wissen produktiv zu machen, immer stärker über Erfolg oder Misserfolg entscheiden."[97]

[94] Vgl. LITTKEMANN, 2005, S. 76
[95] Vgl. GESCHKA/YILDIZ, 1990, S. 36
[96] HEINTEL, 1997, S. 52
[97] DRUCKER, 1993, S. 278

„Sicher ist, dass nur diejenigen Organisationen sich an der „leading edge" halten können, die das Management des Wandels in die eigene innere Struktur einbauen."[98] Kontinuierlich werden also alle Produkte oder Dienstleistungen so stark verbessert, dass diese sich nach zwei bis drei Jahren zu einem völlig anderen Produkt oder Service gewandelt haben.[99]

Visionen: „Visionen sind durch kreative Höchstleistungen entstandene innere Bilder von einer noch ausstehenden, im Prinzip realisierbaren Wirklichkeit."[100] In Zusammenhang mit Innovation wird häufig die Notwendigkeit zu Visionen beschrieben. Visionen zu haben bedeutet, sich vorstellen zu können, was man aus innerem Antrieb heraus erreichen möchte. Es geht nicht darum, was bisher als begehrenswert erfahren wurde, auch nicht darum, was nach den bisher gemachten Erfahrungen vernünftigerweise erreicht werden soll.

Echte Visionen sind frei von der Überlegung nach Machbarkeit und frei von Zweifel. Die Vorstellungskraft bewegt sich ungehemmt im Raum der Träume. Deshalb bildet die Skepsis das notwendige Gegengewicht dazu. Visionen sind ohne Handeln nutzlos, jedoch zur Motivierung und Lenkung des Handelns unbedingt erforderlich. Visionen, die von vielen Menschen gleichzeitig empfunden und als Ziel erkannt werden, können gänzlich neue Systeme schaffen.[101]

Intuition: Intuition ist eng mit Kreativität verknüpft und ist wie diese kaum mit logisch-analytischem Denken erfassbar. Intuition kann zu Mythen Anlass bieten, zB den Mythos, es gäbe Manager, die mit Hilfe eines sechsten Sinnes auch bei größter Komplexität und geringsten Informationen immer die rechten Entscheidungen treffen könnten.

Besonders im Innovationsmanagement, wo das Erkennen von Chancen eine zentrale Rolle spielt, wird das Geheimnis des Erfolgs oft auf Menschen zurückgeführt, denen intuitive Fähigkeiten nachgesagt werden. Intuition allein reicht jedoch nicht, weil ein starkes Gefühl genauso falsch wie richtig sein kann und nur allzu oft das ausdrückt, was man gerne hätte und nicht das, was man wahrnimmt. Deshalb muss jeder Innovator das, was er sieht und erfährt, logisch analysieren. Häufig steckt hinter dem, was wie Intuition aussieht, harte Arbeit und eine besondere Sensibilität für die Umwelt.[102]

Wichtiger als ein besonderes Gespür für kommende Entwicklungen ist die Offenheit gegenüber gesellschaftlichen, wirtschaftlichen und politischen Veränderungen. Damit verbunden ist die Fähigkeit, eigenes Wunschdenken von der Realität zu unterscheiden und dementsprechend zu agieren mit dem Ziel, Neues zu erfahren bzw. den Wandel als Chance zu nützen.

[98] GERKEN, 1992, S. 66
[99] Vgl. DRUCKER, 1993, S. 92f.
[100] MAGYAR, 1990, S. 27
[101] Vgl. MAGYAR, 1990, S. 20ff.
[102] Vgl. DRUCKER, 1984, S. 84

Es ist auch für einen Innovationsmanager wichtig, „sich auf sein Gefühl verlassen" oder „Entscheidungen aus dem Bauch treffen" zu können. Berühmte Wissenschaftler und Künstler wie Einstein, Heisenberg, Capra und Beethoven betonen die Bedeutung der Intuition für ihre eigene Arbeit.[103] Intuition zeigt Möglichkeiten auf und verschafft einen Einblick in das Wesen von Dingen, ist aber niemals ein Ersatz für vernünftige Bewertung oder moralisches Abwägen.[104]

Kreativität: Als kreativ werden Menschen bezeichnet, die neue und nützliche Ideen zur praxiswirksamen Lösung von Problemen hervorbringen.[105] „Kreativität ist die Fähigkeit, neue Ideen zu finden - durch Intuition, Kombination und Systematik; hierfür Wege der Realisation aufzuspüren - durch Kombination und Motivation von Menschen und Material, mit dem Ziel, neue, erfolgreiche und sinnvolle Produkte und Dienstleistungen in den Wirtschaftskreislauf zu implantieren."[106]

In Zusammenhang mit Innovationen taucht immer wieder der Ruf nach Kreativität auf, ohne deren Vorhandensein die Quellen des Fortschritts scheinbar zu versiegen drohen. Innovationen setzen Kreativität voraus, weil erst durch diese neue Ideen generiert werden.[107] Eine innovative Persönlichkeit vereinigt Kreativität und Durchsetzungskraft: "Innovation ist durch Wettbewerb gefilterte Kreativität."[108]

Kritische Stimmen betonen, dass in innovativen Unternehmen das Wort „Kreativität" nicht vorkommt, sondern nur jene ständig davon reden, für die Innovation ein Fremdwort ist. Vielmehr würden Arbeit und Selbstdisziplin die entscheidenden Faktoren bilden.[109] Auch MALIK weist darauf hin, dass professionelles Innovationsmanagement relativ wenig mit Kreativität zu tun hat.[110]

Trotz aller Kritik am Mythos Kreativität und seiner Bedeutung für die Innovationsförderung ist der praktische Stellenwert dennoch anerkannt. Es gibt einige Methoden, die Führungskräften systematisch helfen, die Kreativität ihrer Mitarbeiter zu steigern und neue Lösungsansätze hervorzubringen, ohne passiv auf die große Erleuchtung warten zu müssen.

2.4.2.2 Kreativ-Methoden für Innovationen

Sinn und Zweck von Kreativitätstechniken liegen darin, Denkprozesse anzuregen, damit in kurzer Zeit wertvolle Ergebnisse hervorgebracht werden können.[111] Durch Kreativitätstechniken sollen die in den Mitarbeitern angelegten kreativen Potentiale freigesetzt und auf das Innovationsziel fokussiert werden.[112] Im Folgenden werden für die Innovationsgenerierung geeignete Kreativitätstechniken angeführt:

---

[103] Vgl. VAUGHAN, 1991, S. 172
[104] Vgl. VAUGHAN, 1991, S. 172ff
[105] Vgl. HEYDE, LAUDEL, PLESCHAK in: VAHS/BURMESTER, 1999, S. 137
[106] SCHLICKSUPP, 1995, S. 2
[107] Vgl. SCHNEIDER/MÜLLER, 1993, S. 87
[108] Vgl. GRAUMANN, 1994, S. 396
[109] Vgl. DRUCKER, 1984, S. 237
[110] Vgl. MALIK, 1994, S. 128
[111] Vgl. HOFFMANN, 1991, S. 43
[112] Vgl. SCHLICK, 1996, S. 100

Brainstorming: Die wohl bekannteste Methode zur Förderung der Kreativität wurde von Osborn mit dem Ziel entwickelt, in kurzer Zeit (etwa 30 bis 60 Minuten) möglichst viele Ideen bzw. Lösungsvorschläge zu generieren. Eine Brainstorming-Gruppe setzt sich idealerweise interdisziplinär aus ca. fünf bis zwölf Personen zusammen. Dabei gilt es spezielle Verhaltensregeln, wie beispielsweise keine Kritik während der Sitzung zu äußern, zu berücksichtigen.[113]

Häufig wird in Innovationsprozessen die Erfahrung gemacht, dass nach intensivem Brainstorming oder nach wenigen Tagen der intensiven Suche nach einer Lösung das Ideenpotential ausgeschöpft ist. In dieser Phase ist Zeit ein gewinnbringender Faktor, denn es kann davon ausgegangen werden, dass das menschliche Unterbewusstsein an der Lösung des Problems weiterarbeitet.[114]

Die Vorzüge des Brainstormings bestehen in der Ideenvielzahl, die in kurzer Zeit generiert werden können und in der einfachen Durchführung. Nachteilig sind die Subjektivität der Vorschläge und die Tatsache, dass keine Bewertung der Ideen durch die Gruppe stattfindet. Brainstorming gilt als Vorbild für zahlreiche weitere Methoden.

Brainwriting und Brainpainting: Brainwriting ist eine Weiterentwicklung der Methode des Brainstormings. Beim Brainwriting schreibt jeder Teilnehmer seine Ideen zum jeweiligen Thema zunächst auf ein eigenes Stück Papier. Nicht die mündliche Mitteilung, sondern die spontane Niederschrift von möglichst vielen Ideen steht im Vordergrund. Der externe Gedankenanstoß wird dadurch ausgelöst, dass die Blätter ausgetauscht werden. So kann jeder Teilnehmer aufbauend auf die Ideen des Vorgängers seine Assoziationen hinzufügen.[115] Brainwriting bringt eher inkrementale[116] Innovationen hervor.[117]

Beim Brainpainting werden im Unterschied zum Brainwriting die Ideen zeichnerisch zu Papier gebracht. Diese Methode eignet sich besonders für graphische Ideenanforderungen oder für zeichnerisch begabte Mitarbeiter. Auch eine Kombination von Brainwriting und Brainpainting ist möglich.[118]

Extrem-Methode: Bei dieser Methode wird mittels Übertreibungen versucht, neue Lösungsansätze zu finden. Einzelne Parameter werden bis ins Extreme gesteigert und dabei geprüft, ob in einer bestimmten Richtung ein Lösungsweg gefunden werden kann.[119]

Gegenstandsassoziation: Die Gegenstandsassoziation ist eine sehr wirkungsvolle Methode, da sie durch dreidimensionale Gegenstände visuell stark anregt und zusätzlich auch durch akustische Reize Wirkung entfaltet.[120]

---

[113] Vgl. VAHS/BURMESTER, 1999, S. 164

[114] Vgl. LAMBERTZ/GECKELER, 1996, S. 86

[115] Vgl. SCHLICKSUPP, 1995, S. 24

[116] Bei sogenannten inkrementalen Innovationen bleiben sowohl die Zwecke als auch die Mittel im Prinzip unverändert. Das innovative Element liegt entweder in der Neuartigkeit der Kombination oder in einem wesentlich verbesserten Zweck-Mittel-Verhältnis (vgl. LITTKEMANN, 2005, S. 80).

[117] Vgl. LITTKEMANN, 2005, S. 80

[118] Vgl. SCHLICKSUPP, 1995, S. 25

[119] Vgl. SCHLICKSUPP, 1995, S. 27

[120] Vgl. SCHLICKSUPP, 1995, S. 29

Synektik: Das Wort Synektik kommt aus dem Griechischen und bedeutet soviel wie das Zusammenfügen von verschiedenen, scheinbar nicht zusammenhängenden Elementen. Durch systematisches Verfremden, dh das Übertragen eines völlig andersartigen Sachverhalts auf das gestellte Problem, wird versucht, zu einer neuen Lösung zu gelangen.[121] Dabei wird der Umstand genutzt, dass originelle und neue Ideen oft angesichts problemfremder Objekte und Prozesse gefunden werden, die sich jedoch analog verhalten.[122] Die Synektik versucht in vier Phasen den natürlichen kreativen Denkprozess zu simulieren:[123]

- Intensive Beschäftigung mit dem Problem
- Inkubation (Verfremdung)
- Illumination (Erleuchtung)
- Verifikation (Realisierung)

Die Synektik ist eine hilfreiche Technik, sich mit neuen Problemen und Aufgabenstellungen auseinander zu setzen und vertraut zu werden. Sie bietet die Möglichkeit, altbekannte Dinge auf eine neue Art zu sehen. Ähnlich wie es in der Vorbereitungsphase hilft, sich das Fremde vertraut zu machen, so ist hilfreich, sich das Vertraute fremd zu machen.[124]

Bionik: Bionik ist ein Kunstwort und setzt sich aus **BIO**logie und Tech**NIK** zusammen. Bionik beruht auf der Anwendung von Analogien.[125] Man beobachtet die Natur und assoziiert, welche Vorbilder oder Lösungsansätze diese für das jeweilige Problem liefert. Anschließend wird versucht, Vorbilder aus der Natur zu übernehmen oder bestmöglich zu kopieren.[126]

Mind-Mapping: Bei der Speicherung von neuen Informationen im Gehirn werden diese denjenigen bereits gespeicherten Informationen strukturell zugeordnet, zu welchen eine Beziehung besteht.[127] Bei der Methode des Mind-Mapping werden diese Beziehungen visuell aufgezeigt, sodass eine Art Gedankenlandkarte entsteht.

Morphologie: Im Gegensatz zum Brainstorming und Brainwriting, die als intuitiv-kreative Methoden gelten, wird die morphologische Analyse zu den systematisch-analytischen Methoden gezählt. Dabei wird versucht, für einen zuvor festgelegten Suchbereich neuartige Problemlösungen zu generieren. Dies erfolgt systematisch nach beliebigen Kriterien und durch Neukombination der verschiedenen Merkmalausprägungen.[128]

---

[121] Vgl. Littkemann, 2005, S. 80 f.
[122] Vgl. Vahs/Burmester, 1999, S. 169
[123] Vgl. Schlick, 1995, S. 116
[124] Vgl. LeBoeuf, 1991, S. 108f.
[125] Vgl. Littkemann, 2005, S. 83
[126] Vgl. Schlicksupp, 1995, S. 37f.
[127] Vgl. Schlick, 1995, S. 119
[128] Vgl. Vahs/Burmester, 1999, S. 167

Für eine erfolgreiche Anwendung von Kreativitätstechniken im Innovationsmanagement kommt es auf die situationsabhängige Methodenwahl und eine methodisch konsequente Durchführung an:[129]

- In festgefahrenen Situationen werden eher intuitive Methoden eingesetzt.
- In der Anfangsphase des Innovationsprozesses wird man eher zu intuitiven, in der Schlussphase eher zu analytischen Methoden greifen.
- Werden Durchsetzungsprobleme erwartet, sind interaktive Ansätze den individuellen vorzuziehen.
- Werden viele Informationen benötigt, ist eine systematische Vorgangsweise angebracht. Methoden, die nur Einzelinformationen liefern, sind in dieser Situation uneffektiv.
- Bei der Verarbeitung komplexer Informationen sind Prozesse unter Zeitdruck nicht angebracht.
- Hohe Statusunterschiede der Beteiligten verbieten Methoden, in denen spontane Äußerungen erwünscht sind.

Es gibt weder einen einheitlichen Typ der kreativen Persönlichkeit noch eine spezifische Klasse von kreativen Denkprozessen. Die Kreativität einer Person ist immer abhängig von ihrer Umwelt, von ihrem Wissen und von der bisherigen Erfahrung im Problemfeld.
Die kreative Nutzung von Wissen gelingt umso besser, je größer die Fähigkeit und Bereitschaft ist, konventionelle Ordnungen in Frage zu stellen, tolerant gegenüber der Ungewissheit neuer Problemlösungen sowie flexibel und tiefgründig im Denken zu sein. Wesentliche Erfolgsvoraussetzungen für Kreativität sind Motivation und Konzentration, sowie die Fähigkeit persönliche und Gruppenspannungen nicht nur auszuhalten, sondern diese produktiv zu nutzen.

Kreativität baut auf Wissen auf: Zur Lösung anspruchsvoller Aufgabenstellungen und Probleme ist die Verfügbarkeit einer reichen, variabel organisierten und flexibel nutzbaren Wissensbasis eine unabdingbare und notwendige Voraussetzung.

Kreativität ist nicht übertragbar: Es ist problematisch kreative Menschen von einem Fachgebiet in ein anderes zu versetzen, mit der Erwartung, dass sie auch dort kreativ sein werden.

Innovation resultiert aus der Verbindung von Kreativität und Logik: Kreatives Denken steht nicht im Widerspruch zu geordnetem logischen Denken, sondern beide Arten sind notwendige Komponenten in der Lösung schwieriger Aufgabenstellungen und Probleme.

[129] Vgl. HAUSCHILDT, 2004, S. 436 f.

2.4.2.3 Quellen für Innovationen

Innovationen entstehen aus Ideen. Daher ist die Implementierung einer systematischen, den Gegebenheiten des jeweiligen Unternehmen angepassten Vorgehensweise zur Generierung von Ideen die Basis für dessen Innovationsfähigkeit.[130] Wobei unter Ideen Einfälle, Gedanken und Vorstellungen von Menschen zu verstehen sind, die auf der Suche nach einer anzustrebenden Problemlösung gedankliches Neuland betreten.

Da im Verlauf des Innovationsprozesses durch Bewertung und Selektion ein großer Teil der zu Beginn generierten Ideen wieder ausgeschieden wird, sollen in der Phase der Ideengenerierung unter Nutzung aller zur Verfügung stehenden Informations- und Ideenquellen möglichst viele Ideen generiert und gesammelt werden.[131] Im Folgenden werden ohne Anspruch auf Vollständigkeit mögliche Quellen für Innovationen angeführt:

Mitarbeiter: Eine bedeutende und nahe liegende Innovationsquelle für ein Unternehmen sind die Mitarbeiter. Mitarbeiter pflegen einerseits Kontakte zu Kunden und Lieferanten und führen Gespräche, um unrealisierte Kundenwünsche und -bedürfnisse rechtzeitig zu erkennen. Andererseits sind die Mitarbeiter selbst eine wesentliche Ideenquelle, wenn sie sich engagiert und motiviert mit der eigenen Unternehmung auseinandersetzen. Dazu soll ihre Kreativität von der Unternehmensleitung entsprechend gefordert und gefördert werden.

Eine Schwierigkeit besteht darin, dass den Vertriebs- und Kundendienstmitarbeitern meist nicht die erforderlichen Freiräume zugestanden werden (können), sich eingehend mit Kundenorganisationen und Wettbewerb auseinander zu setzen. Für das Erkennen von Kundenbedürfnissen und Marktentwicklungen allerdings sind sie sehr wichtig. In vielen Unternehmen steht die kurzfristige Optimierung der Verkaufszahlen bzw. die Minimierung der nicht den Kunden verrechenbaren Wartungs- und Reparaturzeiten der Kundendienstmitarbeiter im Vordergrund. Dadurch verzichten viele Unternehmen auf zahlreiche Ideen, das eigene Angebot zu optimieren bzw. neue Geschäftsmöglichkeiten zu entwickeln.
Verkäufer- und Kundendienstberichte: Diese Maßnahme versucht, Informationen durch solche Mitarbeiter zu gewinnen, die einen intensiven Kontakt zu den Anwendern pflegen. Das sind in erster Linie Mitarbeiter des Vertriebsaußendienstes und des technischen Kundendienstes. Diese betreiben dadurch auch sehr günstig Primärmarktforschung und können Hinweise auf noch zu lösende Problemstellungen und damit auf neuartige Produkte geben.[132]

---

[130] Vgl. VAHS/BURMESTER, 1999, S. 137
[131] Vgl. VAHS/BURMESTER, 1999, S. 142
[132] Vgl. CORSTEN, 1999, S. 8f.

Hausinternes Schema für Ideen: Ein Verständnis vom Industriezweig der Kunden ist wesentlich, damit festgelegt werden kann, worauf man sich strategisch ausrichten soll. Grundlage sind zu erwartende Veränderungen und potentielle Bedürfnisse, die Gelegenheiten zu neuen Produkten anzeigen. Die folgenden Fragen können für das Erkennen neuer Geschäftsmöglichkeiten hilfreich sein:[133]

- Welche Bereiche im Industriezweig der Kunden – welches Segment, welcher Teil der Wertschöpfungskette, welche Aktivitäten – sind für das innovierende Unternehmen am attraktivsten?
- Welche Veränderungen ergeben sich bei den Kundenbedürfnissen und Wertschöpfungsketten?
- Welche Auswirkungen hat dies auf die Industrie und ihre Schlüsselfirmen?
- Welche neuen Chancen ergeben sich aus diesen Veränderungen, den veränderten Werstschöpfungsketten mit dem Ziel, die Kunden erfolgreicher zu bedienen?
- Welche Chancen bestehen, die Kundenanforderungen besser zu erfüllen oder Vorteile aus der sich wandelnden Umgebung zu ziehen?

Wertschöpfungskette: Die Analyse der Wertschöpfungskette der Kunden liefert eine wertvolle Informationsquelle für diese Fragen. Hier lassen sich alle Beteiligten und ihre Absichten erkennen. Des Weiteren macht es Sinn, die Gewinnquellen der Kunden zu analysieren. Konkret könnte die Fragestellung lauten: Womit erzielen die Kunden und deren Konkurrenz ihre Profite (niedrige Materialkosten, preisgünstige Produktion, schnelle Reaktionszeit auf Kundenanfragen, etc.)?

Die Analyse des Tätigkeitsbereiches der Kunden mündet in einer Identifizierung von Chancen in den für die eigene Unternehmung attraktiven Bereichen. Gleichzeitig erfolgt eine Analyse der Stärken, Schwächen und Kernkompetenzen des eigenen Unternehmens. In den Überschneidungsbereichen ergeben sich ideale Möglichkeiten für Innovationen.

Kunden: Interne und externe Kunden sind die Grundlage für jede Organisation bzw. für jedes Unternehmen, ohne sie, die Produkte oder Leistungen nachfragen, verliert jedes Unternehmen seinen Existenzgrund. Damit Kunden zu einer bedeutenden Quelle für Innovationsideen werden, müssen neue Wege der Auseinandersetzung mit ihnen beschritten werden. Hiefür gibt es zahlreiche Methoden, die von recht einfachen Ansätzen bis hin zu aufwendigen Formen der Zusammenarbeit reichen. Gemeinsam ist all diesen Methoden die Erkenntnis, dass eine kundennahe Bedürfnis- oder Problemerfassung wesentliche Voraussetzung für die Entwicklung am Markt erfolgreicher Produkte ist.

Die unterschiedlichen Methoden und Verfahren der Kundenintegration lassen sich grob danach einteilen, wie intensiv Kunden in den Entwicklungsprozess einbezogen werden und von wem hierzu die Initiative ausgeht.

[133] Vgl. COOPER, 2002, S.180

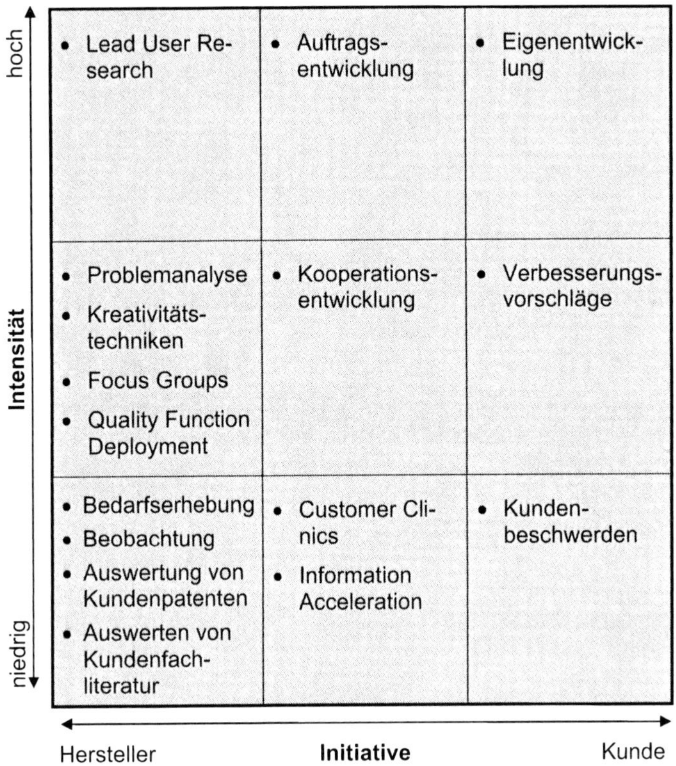

Abbildung 7: Kategorisierung der Produktentwicklungsmethoden[134]

Die mit diesem Verfahren erzielbaren Ergebnisse hängen situativ von der Produktkategorie (Massenkonsumgut oder Investitionsgut), dem angestrebten Innovationsgrad (Produktverbesserung versus Marktneuheit) und der Prozessphase (erste Bedarfsanalyse versus Prototypentest) ab.

Auswerten von Anwendervorschlägen: Anwender wenden sich häufig ohne besondere Aufforderung mit Ideen für Produktverbesserungen oder Sortimentsergänzungen direkt an den Hersteller und geben dadurch interessante Hinweise für Innovationen. Dennoch kommt es in der Praxis meist zu keiner weiteren Überprüfung dieser Vorschläge. Gründe hierfür sind beispielsweise, dass die Vorschläge nicht weitergegeben werden oder auf dem Weg zu den zuständigen Stellen versanden. Unterbleiben ein Feedback zu den Initiatoren wie auch eine entsprechende Bearbeitung, führt dies zu Frustrationen und zum Verlust zumeist sehr praxisorientierter Anregungen.

[134] Quelle: CORNELIUS, 1999, S. 2

Ein Versanden von Innovationsideen kann durch Einrichtung eines so genannten Innovationssteckbriefes, welcher bei der im Unternehmen eingerichteten Innovationsstelle[135] abgegeben werden kann, vermieden werden. Die Innovationsstelle ist zudem für die Auswertung, Koordination und Umsetzung von Verbesserungsvorschlägen und Ideen von Abnehmern verantwortlich.[136]

Auswerten von Beschwerden: Kundenbeschwerden beziehen sich auf objektive wie subjektive Mängel am bestehenden Leistungsprogramm eines Herstellers. Sie spiegeln die jeweilige (Un-)Zufriedenheit der Anwender mit Produkten wider und bilden dadurch eine wesentliche Quelle für Produktinnovationen.

Beschwerden können beispielsweise auch Auslöser für neue Produkte sein, insbesondere dann, wenn selbst durch aufwendige Verbesserungen technische Mängel an Produkten nicht oder nur mit einem unverhältnismäßig hohen Aufwand behoben werden können.[137]

Anwenderbefragung: Eine weitere Möglichkeit, Innovationen zu initiieren, besteht darin, Bedürfnisse der jeweiligen Kunden (intern und extern) zu erforschen. Die Beschaffung der relevanten Informationen erfolgt mit Hilfe schriftlicher und mündlicher Befragungsmethoden. Der Wert der Befragungsergebnisse hängt zum einen von der Qualifikation der Befragenden und zum anderen von Wissen und Erfahrungen der jeweils befragten Anwender ab. Je besser die Anwender ihre latenten Bedürfnisse erkennen und artikulieren können, desto besser können diese als Grundlage für die Innovationsplanung verwertet werden.[138]

Anwenderbeobachtung: Diese spezielle Form der Situationsanalyse wird eingesetzt, damit ein vertiefter Einblick in die Problemlage der zu beobachtenden Anwender möglich wird. Dieses Verfahren wird dann verwendet, wenn Informationen auf kommunikativen Wegen nicht oder nur unzureichend ermittelt werden können. Die Anwenderbeobachtung kann sowohl in der natürlichen Umwelt des Anwenders wie auch in einem Labor durchgeführt werden.

Die Beobachtung sollte durch geschulte Personen erfolgen. Dies können sowohl interne wie auch externe Mitarbeiter sein, die die wichtigen Beobachtungen protokollarisch festhalten oder geeignete Hilfsmittel (zB Videokamera) verwenden.[139]

Lead User Konzept: Unter Lead Usern versteht man Trend prägende, innovative Kunden, die nicht nur Innovationsideen äußern, sondern auch bereit sind, diese in ihren eigenen Unternehmungen zu erproben. Lead User können sowohl Anregungen für Innovations- als auch für Verbesserungsmöglichkeiten liefern. Bei der Auswahl von Lead Usern ist darauf zu achten, dass diese einen ausreichend großen Marktanteil besitzen und dass sie repräsentativ für ihre Branche sind, damit die von ihnen getesteten Innovationen auch von anderen Kunden genutzt werden können.

---

[135] Die Einrichtung einer Stabstelle für Innovationen ist für eine erfolgreiche Innovationstätigkeit vorteilhaft, da hier alle innovationsrelevanten Aufgaben koordiniert werden können.

[136] Vgl. CORSTEN, 1999, S. 4f.

[137] Vgl. CORSTEN, 1999, S. 5f.

[138] Vgl. EBENDA

[139] Vgl. CORSTEN, 1999, S. 9f.

Das Lead User Konzept geht davon aus, dass Anwenderwissen gezielt für die Produktinnovationen des Herstellers nutzbar gemacht werden kann. Mit Hilfe von Lead Usern lassen sich künftige Markterfordernisse und Problemlösungsansätze ermitteln, die mit Methoden der testenden Marktforschung bei weiteren Anwendern abgesichert werden können.

Mitbewerber: Der Mitbewerb bietet ein Innovationspotential mit großer Relevanz für die eigene Unternehmung. Da der Mitbewerb in derselben Branche tätig ist, sieht er sich genauso mit zumindest ähnlichen Aufgaben- und Problemstellungen konfrontiert. Er hat zudem ähnliche oder teilweise sogar gleiche Kundengruppen zu bedienen. Aus den genannten Gründen bieten Mitbewerber eine große Quelle für Innovationsanregungen.

Aufschluss über die Innovationstätigkeit des Mitbewerbs geben Fachtagungen und Messen sowie Veröffentlichungen in Fachzeitschriften. Weitere Anhaltspunkte über die neuesten Entwicklungen der Technik und Tätigkeiten des Mitbewerbs liefern Universitäten und andere Forschungseinrichtungen. Im technischen Bereich spielt die Analyse von Patentschriften, die Rückschlüsse auf die Innovationstätigkeit der Mitbewerber zulassen, eine wichtige Rolle.[140]

Benchmarking: Hierbei geht es um die Frage, wie die Wettbewerber ihr Geschäft betreiben, wie sie organisiert sind, welche Leistungsprozesse sie gestaltet haben und welche operativen Vorteile sie für sich herausgeholt haben. Unter Benchmarking versteht man nicht das simple „Abkupfern" von überlegenen Leistungsprozessen einzelner Wettbewerber, denn durch Nachahmen kann das betreibende Unternehmen bestenfalls an die führenden Wettbewerber herankommen.

Innovationsleistung entsteht erst dadurch, dass sich das Unternehmen an den Besten einer Branche oder an Bestleistungen bestimmter Leistungsinhalte verschiedener Branchen orientiert und diese Höchstleistungen durch eigene Ideen ergänzt an den eigenen Leistungsprozess adaptiert und kreativ miteinander kombiniert.

Competitive Offer Dissecting: Hier entwickelt das betreffende Unternehmen zunächst ein eingehendes Verständnis der Bedarfssituation der Kunden und der Nutzendefizite beim eigenen Angebot. Anschließend wird mittels schrittweiser Zerlegung (Reverse Engeneering) der Wettbewerbsprodukte (mit dem Ziel, ihre Funktionsprinzipien und Herstellweise zu erkennen) sowie durch Feedback von Wettbewerberkunden herausgefunden, wo Wettbewerber auf welche Weise Nutzen gezogen oder Konstruktionsvorteile realisiert haben.[141]

Internet: Durch die unmittelbare Verfügbarkeit aktueller Informationen gewinnt das Internet an steigender Bedeutung zur Generierung von Innovationsideen. Die Herausforderung der Internetnutzung besteht darin, die bestehende Informationsvielfalt zielgerichtet zu selektieren. Eine wesentliche Verbesserung wurde durch leistungsfähigere Suchmaschinen erreicht. Im Anschluss an die Datenrecherche werden die gewonnenen Informationen in ihrer Relevanz für den Untersuchungsgegenstand bewertet, selektiert und schließlich zur Ideengenerierung genutzt. Des Weiteren kann

[140] Vgl. SCHRADER, in: ZAHN, 1995, S. 276
[141] Vgl. SOMMERLATTE, 1999, S. 4f.

das Internet zur schnellen Informationsgewinnung der bereits beschriebenen Innovationsquellen wie Kunden-, Wettbewerbs- und Marktinformationen eingesetzt werden.

2.4.3 Ideenbewertung und Ideenauswahl (Phase 3)

Nach abgeschlossener Alternativensuche oder –entwicklung folgt die Bewertung und Auswahl der gefundenen Alternativen. Dieser Vorgang lässt sich in mehrere Schritte gliedern: Zuerst wird ein Kriterienkatalog erstellt, die Kriterien werden gewichtet und ihre Erfüllung bei einzelnen Ideen wird eingeschätzt. Die Auswahl der optimalen Lösung bildet die Grundlage für die weitere Realisierung des Projektes.[142]

Die Bewertung von Ideen umfasst verschiedene Aspekte: Beurteilt werden ihre technische Umsetzbarkeit, ihr voraussichtlicher Markterfolg, ihr Beitrag zu den angestrebten Zielsetzungen und ihr „strategischer Fit“ mit der verfolgten Innovationsstrategie.[143] „Erforderlich ist in diesem Zusammenhang eine systematisch-methodische Vorgehensweise, durch die sichergestellt wird, dass alle relevanten Beurteilungskriterien vollständig und umfassend berücksichtigt werden.“[144]

In der Produktentwicklung wird diese Phase auch als Forschungsphase bezeichnet. Hier geht es um eine theoretische Fundierung und empirische Überprüfung der Entdeckung sowie die Feststellung von Ursachen und Wirkungen und das Erkennen von funktionalen Zusammenhängen.[145] Eine ausgewogene Bewertung macht es erforderlich, unterschiedliche Perspektiven (Kunden-, Produktions-, Käuferperspektive, etc.) zu berücksichtigen.

Im Anschluss an die Ideenbewertung erfolgt die Auswahl von einer oder mehreren Innovationsideen, die in den nächsten Schritten des Innovationsprozesses umgesetzt werden. Aus einer Vielzahl von Ideen zur Problemlösung sind jene auszuwählen, die das größte Nutzenpotential aufweisen.[146] Dabei stellt sich die Frage, inwieweit Bewertung und Auswahl der Ideen voneinander getrennt werden können. In der Literatur werden häufig Ideengewinnung, -bewertung und -auswahl zu einer Phase des Innovationsprozesses zusammengefasst.[147]

2.4.4 Projektdurchführung (Phase 4)

Nach der Entscheidung für eine Alternative wird diese der Umsetzung zugeführt. In dieser Phase der Projektdurchführung sollten Beobachtungen und Forschungsergebnisse in Konstruktionen, Versuchsanlagen und Prototypen einbezogen werden, mit dem Ziel, diese für einen bestimmten Zweck nutzbar zu machen.[148] Alle Aktivitäten, welche die ausgewählten Ideen zuerst produktionsreif und dann marktreif machen, fallen in diese Phase.[149] Selbstverständlich verlangt auch die Durchführung

[142] Vgl. LITTKEMANN, 2005, S. 84f.
[143] Vgl. VAHS/BURMESTER, 1999, S. 182
[144] VAHS/BURMESTER, 1999, S. 182
[145] Vgl. HAUSCHILDT, 1997, S. 21f.
[146] Vgl. LAMBERTZ/GECKELER, 1996, S. 87
[147] Vgl. VAHS/BURMESTER, 1999, S. 219
[148] HAUSCHILDT, 1997, S. 21f.
[149] Vgl. LAMBERTZ/GECKELER, 1996, S. 87

eines Innovationsprojektes neue Lösungsansätze in den verschiedensten Aspekten und damit Innovationskraft und Kreativität.

2.4.5 Einführungsphase (Phase 5)

2.4.5.1 Der Adoptionsprozess

Die Einführungsphase beschreibt die eigentliche Einführung einer Produkt- oder Dienstleistungsinnovation in den Markt, bzw. die Umsetzung einer Prozessinnovation im innovierenden Unternehmen oder der innovierenden Organisation. Die Einführungsphase beginnt mit der Verfügbarkeit des Produktes, der Dienstleistung oder der Neuerung im Allgemeinen für den Nutzer. Erst dadurch wird die Invention zur Innovation.

Eine effektive Strategie zur schnellen Marktdurchdringung von Innovationen besteht auch in einer Betrachtung, wie diese im Markt diffundieren. Unter Diffusion versteht man die Ausbreitung einer neuen Idee von ihrer Entstehung bis zur Adoption (Annahme) durch den Anwender bzw. den Nutzer. Dazu bedarf es der Kenntnis, wer die Abnehmer sind, die das Produkt zuerst kaufen und welche Motivationen dem Erstkauf zugrunde liegen. Bedeutsam sind auch Einfluss dieser Erstabnehmer auf weitere potentielle Abnehmer und die Faktoren, welche diese Kunden zur Adoption bewegen.

Im Unterschied zu einigen Auffassungen, welche eine Adoption als erstmalige Kaufentscheidung eines Kunden verstehen, wird unter Adoption ein individueller Prozess verstanden, den eine Person von der ersten Kenntnisnahme der Innovation bis zur endgültigen Annnahme durchläuft. Zur Adoption von Innovationen liefert die Diffusionsforschung den theoretischen Rahmen.[150] Bei den Adoptionsprozessen werden einzelne Phasen unterschieden:[151]

- **Wahrnehmungsphase:** Die Innovation wird erstmals von einer Person bewusst wahrgenommen. Die Person verfügt jedoch noch nicht über detaillierte Informationen über diese.
- **Interessenphase:** Nach der erstmaligen bewussten Wahrnehmung entwickelt die Person aufgrund externer oder interner Faktoren eine Haltung gegenüber der Innovation. Diese kann entweder positiv oder negativ sein. Gelangt die Person zu einer positiven Überzeugung (Persuasion), entwickelt sie Interesse an der Neuheit und beginnt, sich darüber zu informieren.
- **Bewertungsphase:** Die Innovation wird anhand der zur Verfügung stehenden Informationen und der in sie gesteckten Erwartungen bewertet. Das Bewertungsergebnis kann direkt zur Entscheidungsphase führen oder dazu, die Innovation zunächst auszuprobieren.
- **Versuchsphase:** Damit der Nutzen der Neuheit einschätzt werden kann, wird die Innovation in kleinem Umfang ausprobiert.

---

[150] Vgl. KÖNIG/VÖLKER, 2002, S. 130
[151] Vgl. KÖNIG/VÖLKER, 2002, S. 131

- **Entscheidungsphase:** Am Ende der Bewertungs- und Versuchsphase steht eine Entscheidung für oder gegen den Kauf eines Produktes oder Dienstleistung.
- **Implementierungsphase:** Häufig wird die Innovation im industriellen Bereich angewendet zum Zweck, Erfahrungen zu sammeln, ohne zugleich das bisherige Produkt zu ersetzen. Im Falle der Unzufriedenheit durch Nichtbestätigung der Erwartungen wird die Entscheidung möglicherweise revidiert, auf Verbesserungen beim Hersteller plädiert bzw. bei Nichterfüllung auf einen Wiederkauf verzichtet. Im Falle der Bestätigung der Erwartungen wird die Innovation weiterhin gekauft.

2.4.5.2 Die Markteinführung

Die Verbraucher dazu zu bringen, eine Innovation zu akzeptieren, wird mit zunehmender Vernetzung eines Marktes schwieriger. Einstmals zuverlässige Methoden zur Einführung neuer Produkte und Services funktionieren nicht mehr wie gewohnt; die Wirksamkeit von Anzeigen, Werbekampagnen und Vertriebsteams geht zurück. Für Innovatoren wird es zunehmend mühsamer, sich mit Ihrer Botschaft aus einer Vielzahl konkurrierender Quellen abzuheben. Hilfreich ist in dieser Hinsicht die Fähigkeit von Unternehmen zur Beziehungspflege.[152]

Unternehmen können für Innovationen neue Taktiken finden, wenn sie die Funktionsweise von sozialen, wirtschaftlichen und physischen Netzwerken begreifen. Dazu ist es hilfreich, vom gewünschten Endergebnis her, Schritt für Schritt zurückgehend, die eigene Strategie zu entwickeln.[153]

Spieltheoretisch begründet, reagieren Märkte deshalb feindselig auf Innovationen, weil sie stets ein Gleichgewicht anstreben. Der Nobelpreisträger NASH definierte ein Gleichgewicht als eine Situation, in der jeder Marktteilnehmer die für ihn beste Entscheidung trifft (gekennzeichnet durch ein maximales Nutzen- oder Ergebnisniveau), unter der Prämisse, dass alle anderen Spieler auch so handeln. Charakteristisch für ein NASH-Gleichgewicht ist die strategische Interdependenz, der sich alle Mitspieler ausgesetzt sehen.[154]

Ein feindseliges Reagieren des Marktes bedeutet aus spieltheoretischer Perspektive, dass das innovierende Unternehmen nicht deutlich genug in der Lage war, eine Veränderung der eigenen Entscheidungen (Produkt-, Prozesspolitik) zu signalisieren. Ein daraus resultierendes Beibehalten der Erwartungsstrukturen bei den Mitspielern (Kunden, Konkurrenten) führt zu deren unverändertem Verhalten; die Innovation scheitert. Bei erfolgreicher Einführung einer Innovation auf dem Markt geraten hingegen die Erwartungen und Auswahlmöglichkeiten der Teilnehmer in Unordnung und es entsteht Unsicherheit bei der Entscheidungsfindung.[155]

---

[152] Vgl. CHAKRAVORTI, 2004, S. 23
[153] Vgl. CHAKRAVORTI, 2004, S. 24
[154] Vgl. FEESS, 1997, S. 48
[155] Vgl. CHAKRAVORTI, 2004, S. 24

Eine zentrale Aufgabe des Marketings im Vorfeld der Markteinführung besteht darin, jede Phase der Produktentwicklung zur Erfüllung folgender Ziele zu begleiten:[156]

- Konsequente Ausrichtung der Produktentwicklung auf Markt- und Kundenbedürfnisse.
- Feststellung möglicher Veränderungen am Markt und bei den Präferenzen der Abnehmer während des Entwicklungsprozesses und diese Erkenntnisse in den Innovationsprozess einfließen zu lassen.
- Rechtzeitige Planung der Markteinführung, damit keine Verzögerungen entstehen.

Bei Eintritt des neuen Produktes bildet der Marketingplan ein zentrales Element. Unter Marketingplan versteht man einen Handlungsplan, der sich lt. COOPER mit folgenden drei Themenschwerpunkten auseinander setzen soll:[157]

- Marketingzielen
- Marketingstrategien
- Marketingprogrammen

Wie bei der Vermarktung bestehender Produkte werden auch bei der Vermarktung von Innovationen zuerst eine Marktsegmentierung, gefolgt von der Positionierung, dann der Profilierung und schließlich die Ausgestaltung des Marketing-Mix vorgenommen.

2.4.6 Laufende Verwertung (Phase 6)

Unter laufender Verwertung einer Innovation wird die Überleitung dieser in die Serienproduktion, in die Großproduktion, die permanente Ansprache neuer Kundengruppen u.ä. verstanden.[158] Der Aufbau von Folgeprodukten, die auf der Innovation des Grundproduktes aufbauen, fällt ebenfalls in diese Phase.

In der betrieblichen Praxis werden die ersten drei Phasen des Innovationsprozesses in der Regel mehrfach durchlaufen, bis die Auswahlphase erreicht wird. Zudem ergeben sich in diesem Prozess häufig Warteschleifen, die zur Erreichung von Detaillösungen häufig eintreten.[159] Bei Überführung des Innovationsprojektes in die tägliche Routine, endet die Zuständigkeit des Innovationsmanagements und die des funktionalen Managements beginnt.[160]

---

[156] KÖNIG/VÖLKER, 2002, S. 114
[157] Vgl. COOPER, 2002, S.321
[158] HAUSCHILDT, 1997, S. 21
[159] Vgl. LAMBERTZ/GECKELER, 1996, S. 87
[160] HAUSCHILDT, 1997, S. 22

„Weise erdenken die neuen Gedanken,
und Narren verbreiten sie."
(HEINRICH HEINE)

2.5 Phasengerechte Koordination im Innovationsprozess

2.5.1 Organisationstheoretische Grundlagen

Nach der Entscheidung, eine Innovation durchzuführen, muss eine Organisation ausgewählt werden, welche die Aufgaben des Innovationsmanagements, insbesondere das Ingangsetzen und das Erhalten des Innovationsprozesses (nötigenfalls gegen auftretende Widerstände), wahrnimmt. Dies kann beispielsweise ein betrieblicher Funktions- bzw. Teilbereich, eine eigenständige für die Innovation gebildete Projektgruppe, eine speziell für Innovationsvorhaben zuständige Dauerinstanz oder direkt die Unternehmensleitung sein.[161]

Entscheidend sind dabei nicht etwa der Name dieser Einrichtung, sondern die Funktionen, die sich aus dem Innovationsmanagement ergeben und die auf diese Einrichtung übertragen werden. Unabhängig davon, wer diese Funktion wahrnimmt, wird die Innovation im Unternehmen organisatorisch abgegrenzt und bekommt eine eigene, spezifische Organisationsstruktur. Damit verbunden sind eigene Ziele und Ressourcen (zeitlich, finanziell, personell, etc.). Ist dies der Fall, kann von einem Projekt[162] – genauer: von einem Innovationsprojekt – gesprochen werden.[163]

Da die Realisierung von Innovationsprozessen in der Regel als Querschnittsfunktion zur formalen Organisation verläuft, ergeben sich im Unternehmen vielfältige Koordinationsaufgaben. Alleine für die Bewältigung der vielfältigen Fragen und Abstimmungsprozesse ist bereichsübergreifendes Know How erforderlich. Die Bewältigung von erstmaligen und diskontinuierlichen Ereignissen wie Innovationen ist mit den Koordinationsmechanismen einer auf Routineaufgaben optimierten Unternehmensorganisation nur schwer möglich. STAEHLE schlägt vor, neben der auf die Abwicklung von Routineabläufen spezialisierten, hierarchischen Primärorganisation eine innovationsfördernde Sekundärorganisation einzuführen.[164] Erschwerend wirken die Verkürzung der Entwicklungszeiten, der steigende F&E-Aufwand für eine Innovation, die Überlappungen von organisatorisch getrennt aufgehängten Technologiegebieten, die zunehmende Dynamik und Komplexität der Umwelt und eine permanent fortschreitende Globalisierung der Märkte.[165]

---

[161] Vgl. LITTKEMANN, 2005, S. 11
[162] Nach DIN 69901 (1989) ist ein Projekt ein „Vorhaben, das im Wesentlichen durch die Einmaligkeit der Bedingungen in seiner Gesamtheit gekennzeichnet ist, wie zB Zielvorgabe, zeitliche, finanzielle, personelle oder andere Begrenzungen, Abgrenzungen gegenüber anderen Vorhaben, Projektspezifische Organisation." (vgl. LITTKEMANN, 2005, S. 11)
[163] Vgl. LITTKEMANN, 2005, S. 11
[164] Vgl. STAEHLE, 1999, S. 772-775
[165] Vgl. REGER, 1997, S. 13

Allgemein gültige Lösungsansätze für das Koordinationsproblem sind bisher nicht entwickelt worden. Die Diskussion um Koordinationsmechanismen befindet sich in der wissenschaftlichen Auseinandersetzung.[166] Einen möglichen Ansatz zur Bewältigung nicht hierarchisch bedingter Koordinationsdefizite bietet das Schnittstellenmanagement. Die Aufgabe des Schnittstellenmanagements besteht darin, die Zusammenarbeit aller am Innovationsprozess beteiligten Funktionalbereiche systematisch und zielgerichtet zu steuern.[167]

Große Beachtung findet in diesem Zusammenhang die Schnittstelle von F&E und Marketing, wo es häufig zu Disharmonien zwischen den beiden Bereichen kommt. Diese Disharmonien sind dem Erfolg von Innovationen signifikant abträglich.[168] Für die Entscheidungsfindung und die Durchsetzung von Innovationen ist jenseits von formalen Organisationsstrukturen primär persönliches Engagement verantwortlich.[169]

„... jeder Neuerer hat alle die zu Feinden, die von der alten Ordnung Vorteile hatten, und er hat an denen nur laue Verteidiger, die sich von der neuen Ordnung Vorteile erhoffen."
(Niccolo MACHIAVELLI)

2.5.2 Innovationsrelevante Ansätze der Organisationstheorie

2.5.2.1 Die Relevanz des Promotoren-Modells für den Innovationsprozess

Das Promotoren-Modell zur Durchführung und Durchsetzung von Produkt- und Prozessinnovationen im Rahmen des Innovationsmanagements wurde bereits 1973 von WITTE entwickelt, mehrmals erweitert und ergänzt.[170] Die Existenz von Promotoren wurde von der Innovationsforschung in empirischen Studien nachgewiesen.[171]

Grundgedanke des Modells ist, dass der Erfolg einer Innovation wesentlich von einem **bedingungslosen Einsatz einzelner Personen** abhängt, die sich enthusiastisch und intensiv um den Erfolg der Innovation bemühen.[172] Diese Personen, die so genannten Promotoren, erbringen bestimmte Leistungsbeiträge im Innovationsprozess und stützen sich dabei auf spezifische Machtquellen. Solche Machtquellen können eine hierarchische Position oder Expertenwissen sein.[173] Um erfolgreich zu sein, müssen die Promotoren untereinander und mit den übrigen Betroffenen und Beteilig-

---

[166] Vgl. REGER, 1997, S. 55
[167] Vgl. BROCKHOFF/HAUSCHILDT, 1993, S. 400
[168] Vgl. BEYER, 2002, S. 25
[169] Vgl. HAUSCHILDT, 1997, S. 153
[170] Vgl. WITTE, 1973, S. 17
[171] Vgl. WITTE, 1973, S.17ff; Die Grundidee des Promotors (engl.: Champion) für Innovationen lässt sich auf SCHON (1963) zurückführen. Bestätigt wurden diese Befunde in den USA durch ROTHWELL (1974), S. 280
[172] Vgl. LITTKEMANN, 2005, S. 192
[173] Vgl. EBENDA

ten intensiv interagieren.[174] Die Führungskonzeption im Innovationsmanagement basiert hier auf der Maxime „Führen statt Herrschen".
Das ursprüngliche Promotorenmodell wurde zwischen 1965 und 1985 entwickelt. Die Wirklichkeit der Unternehmen im Jahre 2005 unterscheidet sich in gravierender Weise von diesen Jahrzehnten. Es stellt sich die Frage, inwieweit dieses Modell nicht möglicherweise durch gegebene Situationen bestimmt wurde und daher in Abänderung des Kontextes neu konzipiert werden muss. Laut HAUSCHILDT haben sich in den Organisationen folgende Merkmale geändert:[175]

- Teile der Organisation sind selbständiger geworden.
- Neue Koordinationsbedürfnisse sind latent geworden.
- Die dominante Rolle der Aufbauorganisation ist damit geschwunden und an ihre Rolle tritt zunehmend Prozessdenken. Dieser Entwicklung entspricht, dass zunehmend mehr Projektmanagement gefordert wird.
- Die Fortschritte der Informations- und Kommunikationstechnik haben dazu beigetragen, die Selbständigkeit der Teilbereiche und die Interaktionsfähigkeit der Beteiligten enorm zu erhöhen.
- Die Bedeutung von Herrschaftswissen schwindet.
- Die Konzentration auf die Kernkompetenzen in einer Unternehmung hat eine weitere Folge: Die Bereitschaft zur Kooperation mit externen, wirtschaftlich selbständigen Partnern wächst.

Zusammenfassend stellt HAUSCHILDT fest, dass Unternehmen zunehmend offen, konflikttolerant, prozessorientiert, projektbewusst, informationsaktiv und kooperationsbereit geworden sind.[176]

Neue Produkte oder Prozesse zu entwickeln ist ein Vorgang, dessen Mühsal weniger in der Aufgabenstellung selbst liegt, sondern vielmehr in der ständigen Bekämpfung von Organisationswiderständen.[177] In Unternehmen, in denen ein Hauptprodukt dominiert, ist es nahezu unmöglich, neue Entwicklungen in Gang zu bringen, da sich die bestehende Organisation in allen Strukturen dagegen wehrt.[178] Die Geschichte von Innovationen ist geprägt vom Überwinden der Widerstände. Im Sinne der Systemabwehr sind Innovationen nicht gerne gesehen, weil Systeme Veränderungen möglichst vermeiden. In diesem Zusammenhang sei auf die allgemeine Systemtheorie verwiesen.[179]

Die Betreuung eines Innovationsprojektes erfolgt in der Regel durch eine Projektgruppe oder ein Projektteam. Entscheidend dabei ist, dass sowohl die Teammitglieder als auch der Projektleiter über Fach- und Methodenkompetenzen und über Sozialkompetenzen verfügen. Ein richtiger Team-Mix kann dabei ein wesentlicher Faktor für den erfolgreichen Abschluss eines Innovationsprojektes sein.[180]

---

[174] Vgl. HAUSCHILDT, 1997, S. 167
[175] Vgl. HAUSCHILDT, 1997, S. 179
[176] Vgl. HAUSCHILDT, 1997, S. 180
[177] Vgl. HEINTEL/KRAINZ, 1996, S. 37
[178] Vgl. EBENDA
[179] Vgl. PRIGOGINE o.S., HAKEN o.S.
[180] Vgl. LITTKEMANN, 2005, S. 197

2.5.2.2 Die Relevanz der Agency Theorie für den Innovationsprozess

Innovationsprozesse weisen Informationsasymmetrien mit entsprechendem Konfliktpotential in zweierlei Richtungen auf. Dies betrifft zum einen aus Sicht des Marktes die so genannte *Nachfrageperspektive* und zum anderen aus Sicht der Investoren die so genannte *Investorenperspektive*.[181]

Nachfrageperspektive: In der Nachfrageperspektive existieren zwischen Anbieter und nachfragendem Kunden Informationsassymetrien, die sich mit der Unsicherheit des Kunden über die Produktqualität und über das Verhalten des Anbieters erklären.[182] Aus Sicht des Innovationsanbieters besteht dabei die Gefahr des so genannten Leapfrogging Verhaltens. Dabei verweigert der Nachfragende die Adoption der Innovation, indem er auf seinem bestehenden Technologieniveau verweilt und die Entwicklung vorteilhafterer Innovationen abwartet.[183] Gelöst werden können diese Probleme durch so genanntes Signaling, wonach der Anbieter durch die Bereitstellung von Informationen und Garantien sowie durch Reputation diese Informationsasymmetrien abbaut. Die Eignung der verschiedenen Signale ist von den vorliegenden Informationsassymetrien abhängig.[184]

Investorenperspektive: Aus Sicht der Innovationsfinanzierung existieren Informationsasymmetrien zwischen dem für den Innovationsprozess verantwortlichen Agenten und dem Prinzipal in seiner Funktion als Investor. Dabei können als Prinzipal sowohl interne als auch externe Investoren agieren. Eine asymmetrische Informationsverteilung zwischen Investor und Inventor ist in jenen Situationen gegeben, in denen der technische Fortschritt und die technologischen Risiken des Innovationsprozesses für den Investor nicht beobachtbar sind bzw. vor ihm verborgen werden können.[185]

Auch nach erfolgter vertraglicher Einigung ist es dem für den Innovationsprozess verantwortlichen Agenten relativ leicht möglich, seinen technologischen Wissensvorsprung (Hidden Information) für opportune Handlungen auszunutzen.[186] Damit stellt sich die Frage, wie die optimale Gestaltung der vertraglichen Beziehungen im Innovationsprozess aussehen muss, um die Interessenskonflikte transparent zu gestalten und weitgehend zu vermeiden. Mit dieser Aufgabenstellung befasst sich die **Agency Theorie**. Die Zielsetzung besteht darin, ein Anreizsystem für den Agenten zu finden, welches einerseits eine maximale Zielerreichung der Innovation ermöglicht und andererseits die Interessen des Agenten berücksichtigt.

Ein derartiges Anreizsystem unterscheidet **verhaltensorientierte** und **ergebnisorientierte** Komponenten. Je höher die Risikoaversion des Agenten (Prinzipals) ist, desto eher werden verhaltensorientierte (ergebnisorientierte) Bestandteile im Anreizsystem begünstigt. Je risikofreudiger der Agent (Prinzipal), desto eher ist das Anreizsystem ergebnisorientiert (verhaltensorientiert). Darüber hinaus fördert ein starker Zielkonflikt die ergebnisorientierte Variante.[187]

---

[181] Vgl. BEYER, 2002, S. 62
[182] Vgl. GIERL/HELM/SATZINGER, 1999, S. 1182
[183] Vgl. BEYER, 2002, S. 62
[184] Vgl. GIERL/HELM/SATZINGER, 1999, S. 1186-1200
[185] Vgl. BEYER, 2002, S. 63
[186] Vgl. BEYER, 2002, S. 63
[187] Vgl. ELSCHEN, in: BEYER, 2002, S.64

Verhaltensorientierte Anreize für vertragskonformes Handeln erhält der Agent durch ein Überwachungssystem, das es dem Prinzipal ermöglicht, über die reine Ergebnisbeobachtung hinaus das Anstrengungsniveau des Agenten unmittelbar zu kontrollieren. Gleichzeitig kann über die erfolgsabhängige Entlohnung des Agenten mit variablen Gehaltsanteilen das Innovationsrisiko optimal zwischen den Vertragspartnern verteilt werden.

Als Bezugsgröße für die ergebnisabhängige Entlohnung des Agenten kann der Shareholder Value bzw. eine wertorientierte Kennzahl herangezogen werden. Diese liefern eine valide Grundlage für ein erfolgsabhängiges Anreizsystem, das im Rahmen von Innovationen den Risikopräferenzen von Agenten und Prinzipal entspricht. Eine weitere Ausprägungsform der wertorientierten Anreizsysteme stellen die vielfältigen Aktienoptionsprogramme dar.[188]

2.5.2.3 Die Relevanz von Projektmanagement für den Innovationsprozess

Projekte zeichnen sich durch Merkmale wie Einmaligkeit, Komplexität, Neuartigkeit, Unsicherheit, Dynamik, Interdisziplinarität, zeitliche Befristung und begrenzte Ressourcen aus.[189] Der Einsatz von Projektmanagement ist bei Aufgabenstellungen mit einem hohen Innovationsgrad sinnvoll.[190] Praktisch ist das dann der Fall, wenn es um die Entwicklung von etwas Neuem oder Anderem geht und Unsicherheit darüber besteht, ob die alte Organisation hierfür tauglich ist.[191]

Bei der Entwicklung neuer Produkte reicht es nicht, die F&E-Abteilung mit einer Neuentwicklung zu beauftragen, denn diese benötigt Marktwissen des Verkaufs, Kosteninformationen des Rechnungswesens und technische Informationen der Produktion.[192] Dazu sind aktive Kommunikation zwischen den Bereichen und bereichsübergreifende Qualifikationen der Mitarbeiter erforderlich, Voraussetzungen die in hierarchischen Organisationen meist nur unzureichend vorhanden sind. „Die Hierarchie braucht zu ihrem Überleben heute Mitarbeiterqualifikationen, deren Ausbildung sie selbst in ihrem alltäglichen Betrieb eher verhindert als fördert."[193]

In Abhängigkeit von der Ausprägung der Projektmerkmale, von der strategischen Bedeutung des Projektes, von seiner Laufzeit und des organisatorischen Aufbaues kann die Durchführung von Projekten in einer der vier Grundformen der Projektorganisation vorgenommen werden:[194]

- Projektmanagement in der Linie
- Einfluss-Projektorganisation
- Matrix-Projektorganisation
- reine Projektorganisation.

---

[188] Vgl. BEYER, 2002, S.65
[189] Vgl. LITTKEMANN, 2005, S. 85
[190] Historisch betrachtet ist dies der Grund für die Entstehung von Projektmanagement (vgl. HEINTEL/KRAINZ, 1996, S. 36).
[191] Vgl. HEINTEL/KRAINZ, 1996, S. 36
[192] Vgl. HEINTEL/KRAINZ, 1996, S. 17
[193] HEINTEL/KRAINZ, 1996, S. 21
[194] Vgl. LITTKEMANN, 2005, S. 85

Die genannten Formen unterscheiden sich vor allem durch das Ausmaß der organisatorischen Kompetenzen, die dem Projektleiter übertragen werden.[195]

Die richtige Anwendung von Projektmanagement bedeutet nicht nur, einige formale Bedingungen zu erfüllen oder Regeln einzuhalten, sondern es kommt vielmehr auf die Berücksichtigung der Individualität jedes Unternehmens sowie auf das Akzeptieren und Beachten von Organisationswidersprüchen und der psychosozialen Dynamik an. Eine weitere Anforderung an das Management stellt der Umgang mit der Systemabwehr dar, die nicht durch vorherige Festlegung von Regeln und Abläufen bewältigt oder außer Kraft gesetzt werden kann.[196]

2.5.2.4 Die Relevanz externer Berater für den Innovationsprozess

Empirische Studien belegen, dass Beratungsfirmen häufig auch innovative Projekte begleiten.[197] Bei einer Untersuchung zur Rolle externer Berater im unternehmerischen Entscheidungsprozess formulierte HAUSCHILDT bereits 1969 folgende Hypothese:[198] „Wenn es in einem Entscheidungsprozess an objektspezifischem Fachwissen und an machtbegründetem Aktionswillen fehlt oder wenn Spannungen innerhalb der Unternehmung die Entschlussfindung blockieren, und/oder wenn zwischen der Unternehmung und den am Entschluss interessierten Marktpartnern Konflikte auftreten, dann wird ein Berater eingeschaltet.“[199]

Diese vier Aspekte – fehlendes Fachwissen, fehlender Aktionswillen, Spannungen innerhalb des Unternehmens, Konflikte zwischen Unternehmen und Marktpartnern – können als charakteristisch für die Ausgangslage der Beratung im Allgemeinen erachtet werden. Für die Innovationsberatung treffen sie im Besonderen zu, da die gewohnheitsmäßigen Entscheidungspraktiken im Rahmen von Innovationsprojekten versagen.[200]

Für den Erfolg des Beratereinsatzes ist es wesentlich, dass es ihm gelingt, kommunikative Formen einer lernenden Organisation zu implementieren, welche die Erfahrungen aller Beteiligten zu aktivieren und aufeinander zu beziehen imstande ist.[201] „Der Berater gewinnt in diesem Verfahren selbst erst die konkrete Erfahrung über die „Bausteine“ der sozialen Wirklichkeit – wobei auch der Bauplatz noch völlig unfertig ist.“[202]

Die Aufgabe eines Innovationsberaters ist hochkomplex und nicht jeder Berater ist dieser Herausforderung gewachsen. Die Auswahl der Berater hat somit wesentlichen Einfluss auf den Beratungserfolg.[203] Aufgrund der Informationsasymmetrie zwischen Unternehmen und Beratern ist der Prozess meist problematisch. Die Kernaufgabe des Auswahlprozesses besteht darin, dass sich die Rat suchenden Unternehmen

[195] Vgl. EBENDA
[196] Vgl. HEINTEL/KRAINZ, 1996, S. 24
[197] Vgl. HOWLEY, 2002, S. 453
[198] Vgl. LITTKEMANN, 2005, S. 204
[199] Vgl. HAUSCHILDT, in: LITTKEMANN, 2005, S. 204
[200] Vgl. HAUSCHILDT, 2004, S. 281
[201] Vgl. HEINTEL/GÖTZ, 2000a, S. 17
[202] HEINTEL/GÖTZ, 2000a, S. 17
[203] Vgl. HOFFMANN, 1991, S. 303

bereits im Vorfeld der Beratung ein Bild über Kompetenz und Seriosität des Beraters machen.[204]

Die Beraterauswahl kann nur unzureichend anhand quantitativer Kriterien durchgeführt werden. Beispielshalber spielen die Kosten des Beratereinsatzes häufig nur eine untergeordnete Rolle.[205] Die Höhe der Honorarforderung wird in diesem Zusammenhang oftmals nicht als Kostenfaktor, sondern als Indiz für die Qualität der Beratungsleistung wahrgenommen.[206]

Bei der Auswahl des Beratungsunternehmens bedarf es eines **Vertrauensvorschusses** seitens des Auftrag gebenden Unternehmens. Daraus leitet sich eine starke Personenzentriertheit von Beratungsprozessen im Allgemeinen und von Innovationsberatungsprozessen im Besonderen ab. Tendenziell werden eher Personen mit der Beratung beauftragt, die aufgrund ihres beruflichen Werdegangs bzw. durch vergleichbare Beratungsprozesse bewiesen haben, die geforderten Aufgaben lösen zu können.[207]

Bei Beendigung der Zusammenarbeit sollten die Beratungsprojekte evaluiert werden, denn der gelungene Umgang mit Unternehmensberatern kann gelernt werden und ist nicht zuletzt eine Frage der Erfahrung, die mit der Anzahl vergleichbarer Projekte wächst.[208]

---

[204] Vgl. LITTKEMANN, 2005, S. 207
[205] Vgl. LITTKEMANN, 2005, S. 209
[206] Vgl. HAUSCHILDT, 2004, S. 283
[207] Vgl. LITTKEMANN, 2005, S. 209f.
[208] Vgl. GRÜN, in: LITTKEMANN, 2005, S. 221

2.6 Zwischenresümee zum Innovationsprozess

Im Kapitel 2 wurde nach einer grundlegenden Begriffsbestimmung der prozessuale Ablauf einer Innovation, die Besonderheiten der einzelnen Innovationsphasen und organisationstheoretische Grundlagen des Innovationsprozesses beschrieben. Der Innovationsprozess wurde dabei als Abfolge von sequentiellen Entwicklungsphasen - welche eine Innovation von der Idee bis zur Nutzung zu durchlaufen hat - erläutert. Die Phasen des Innovationsprozesses bilden die organisatorische Basis für eine nachhaltige und wertorientierte Steuerung und Bewertung von Innovationsprojekten. Aufbauend auf die Innovationsphasen werden in den folgenden Kapiteln Möglichkeiten der Steuerung und der Bewertung von Innovationen aufgezeigt.

Zur Identifizierung von Innovationsaufgaben kann festgestellt werden, dass eine fundierte Kunden- und Wettbewerbsanalyse und die Nutzung des kreativen Potentials der Mitarbeiter die bedeutendsten Innovationsquellen darstellen.[209] Organisatorische und personelle Faktoren stellen eine weitere Komponente für den Innovationserfolg dar. Speziell Aspekte der Mitarbeiterführung und –entwicklung dürfen im Innovationsbereich nicht auf einzelne Personen reduziert bleiben, sondern müssen auf bereichsübergreifende Teams ausgedehnt werden, damit die erforderlichen geistigen Ressourcen für die erfolgreiche Gestaltung des Innovationsprozesses eingebracht werden können.[210]

Im Rahmen des Beratereinsatzes in innovativen Projekten nimmt vielfach nicht das „ob“, sondern das „wie“ des Einsatzes entscheidenden Einfluss auf den Erfolg des Innovationsprojektes.[211] Neben einer gründlichen Vorbereitung des Beratungsmandats ist die Innovationsberatung als interaktiver Prozess zu verstehen. Dazu bedarf es der Einbindung aller betroffenen Mitarbeiter sowie des Engagements der Unternehmensleitung.[212]

Abschließend sei die Bedeutung eines positiven Innovationsklimas für die erfolgreiche Gestaltung des Innovationsprozesses genannt. Unter positivem Innovationsklima sind die Rahmenbedingungen zu verstehen, unter denen Management und Mitarbeiter die Sensitivität und Bereitschaft zum Innovieren entwickeln können.[213]

[209] SOMMERLATTE, 1999, S. 1
[210] Vgl. KÖNIG/VÖLKER, 2002, S.190
[211] Vgl. LITTKEMANN, 2005; S. 221f.
[212] Vgl. LITTKEMANN, 2005, S. 222
[213] Vgl. KÖNIG/VÖLKER, 2002, S.189

"The purpose of valuation is to gain understanding, not to arrive at a number."
(Verfasser unbekannt)

3. Bewertung von Innovationen

3.1 Grundlagen der Innovationsbewertung

Die zur Realisierung von Innovationsvorhaben erforderlichen Ressourcen in Form von Menschen, Kapital und Zeit sind immer limitiert. Daher besteht die entscheidende Aufgabe der Innovationsverantwortlichen darin, die Innovationsvorhaben laufend zu bewerten und zu selektieren. Eine entscheidende Frage hierbei kann lauten: „Welche Innovationsprojekte sollen in Angriff genommen bzw. fortgeführt werden, damit die limitierten Ressourcen eines Unternehmens oder einer Organisation so eingesetzt werden, dass diese einen optimalen Nutzen für die innovierende Organisation oder Unternehmung generieren?"

Innovationsprojekte gelten im weitesten Sinne als Investitionsprojekte; sie fordern wie diese einen hohen Kapitaleinsatz. Allerdings sind die Erfolgsaussichten von Innovationen weniger exakt bestimmbar als die anderer Investitionen. Selbst die Höhe des Investitionsbetrages ist bei Innovationsprojekten unsicher. Dennoch besagt ein Axiom der betriebswirtschaftlichen Theorie, dass Innovationen nicht als Glückspiel, sondern als Investition mit hoher Unsicherheit betrachtet werden.[214]

Als ein dominierendes Ziel für die Innovationstätigkeit von Unternehmen wurde in den vorgestellten Kapiteln die Wertorientierung definiert. Wertorientierung dient somit auch als Leitlinie für die Detailziele innerhalb eines Innovationsprojektes: Jedes einzelne Detailziel soll zur Erreichung des Oberziels beitragen. Dazu ist es erforderlich, jedes Innovationsprojekt auf seine Zielerreichungsgrade hinsichtlich des Oberziels zu prüfen und zu bewerten.[215]

Aus der Sicht eines **idealtypischen Investors** wird die Frage nach dem finanziellen Erfolg eines Innovationsprojektes innerhalb einer bestimmten Frist vor Eintritt in das Projekt gestellt. Dazu verlangt der Investor eine permanente Quantifizierung des Auszahlungs- und Einzahlungsstromes im Zeitablauf und bewertet die Einzahlungsüberschüsse anhand vorgegebener Richtgrößen.[216]

Die Position eines idealtypischen Investors wird indessen häufig zum **realtypischen Investor** modifiziert. Dieser kann weder darauf vertrauen, dass sein Investitionsbetrag ausreicht, um das angestrebte Ergebnis hervorzubringen, noch darauf, dass seine Zeitvorstellungen realistisch sind und das Ergebnis isoliert betrachtet werden kann. Stattdessen wird dem realtypischen Investor eine erhebliche Risikotoleranz abverlangt.[217]

---

[214] Vgl. HAUSCHILDT, 1997, S. 384
[215] Vgl. KÖNIG/VÖLKER, 2002, S. 160
[216] Vgl. HAUSCHILDT, 1997, S. 384
[217] Vgl. HAUSCHILDT, 1997, S. 384f.

Ein wesentlicher Unterschied des realtypischen Investors zum idealtypischen Investor liegt in seiner Bereitschaft, eine Innovation auch dann noch zu fördern, wenn sie noch kein finanzielles Ergebnis nach der festgelegten Frist erbringt. Ihm genügen Anzeichen, dass sich weiteres Warten auf den Innovationserfolg lohnt. In die Erfolgsbeurteilung von realtypischen Investoren fließen somit auch nicht-finanzielle Orientierungshilfen ein, die einen Hinweis geben, dass weitere Erfolgserwartungen zumindest nicht unberechtigt sind. Werden Innovationen im Rahmen von Unternehmen durchgeführt, so liefert der Kapitalwert der Einzahlungsüberschüsse letztlich die Antwort auf die Frage, ob eine Innovation erfolgreich gewesen ist oder nicht.[218]

Eine Besonderheit von Innovationsprojekten ist deren dynamischer Verlauf. Eine prognostizierte Wertsteigerung oder Rentabilität muss nicht mit den tatsächlich eintretenden Fakten übereinstimmen. Deshalb ist es im Zeitablauf erforderlich, die einzelnen Projekte bezüglich der Einhaltung von Unterzielen (Zeit, Qualität, potentielle Erträge und Kosten) zu kontrollieren.[219] Jedes Innovationsvorhaben ist durch unterschiedliche technische, organisatorische, soziale, ökologische, zeitliche und wirtschaftliche Merkmale gekennzeichnet. Es bedarf daher einer komplexen Bewertung des Variantenspektrums.

3.2 Ziele und Aufgaben der Innovationsbewertung

Die Beschäftigung mit Innovationen geht zwangsläufig mit der Einschätzung und Bewertung derer Potentiale einher. Ein Innovationsprojekt wird nicht nur einmal einer Bewertung unterzogen, sondern im Laufe des Innovationsprozesses mehrmals evaluiert. Bei positiven Bewertungsergebnissen wird es in die nächste Phase des Innovationsprozesses geführt. Faktisch ist jede umgesetzte Innovation das Ergebnis eines nicht erfolgten Abbruchprozesses.[220]

Unter Bewertung im Allgemeinen wird die Ermittlung und Beurteilung des Erfüllungsgrades vorgegebener Ziele für ein bestimmtes Bewertungsobjekt verstanden. Für das Treffen von Entscheidungen im Ablauf des Innovationsprozesses und das Bewerten sind folgende Voraussetzungen zu schaffen:[221]

- Ermittlung des Ist-Zustandes für das Objekt
- Festlegung anspruchsvoller, realistischer Zielstellungen, die es mit der Innovation zu erreichen gilt und die sich aus den strategischen Gesamtunternehmenszielen ableiten
- Vergleich von Soll- und Ist-Zustand auf der Grundlage geeigneter Bewertungsmethoden

[218] Vgl. EBENDA
[219] Vgl. KÖNIG/VÖLKER, 2002, S. 160
[220] Vgl. HAUSCHILDT, 2004, o.S.
[221] Vgl. PLESCHAK/SABISCH, 1996, S. 169

Die Bewertung der gesammelten Innovationsideen nach ausgewählten, der Zielerreichung dienenden Kriterien stellt ein zentrales Instrument des Innovationsmanagements dar. Damit werden insbesondere drei Ziele verfolgt:[222]

- Auswahl der erfolgversprechenden Innovationsansätze aus einer Vielzahl von alternativen Ideen
- Klassifikation der einzelnen Ideen hinsichtlich ihrer Wirtschaftlichkeit und ihrer Marktfähigkeit, was eine zielgerichtete Zuweisung der knappen Ressourcen erlaubt
- Eliminierung derjenigen Ideen, die nicht oder wenig Erfolg versprechend sind, damit keine weiteren Ressourcen verschwendet werden

Zusammenfassend besteht das Ziel der Bewertung darin, den größtmöglichen Innovationserfolg sicherzustellen.

Aus wirtschaftlicher Sicht unterscheiden sich Innovationen vor allem im Kapitaleinsatz, in den Kosten, im Gewinn und im Rückfluss, wobei grundsätzlich drei Handlungsprinzipien unterstellt werden:[223]

- Maximalprinzip: mit gegebenem Input einen maximalen Output zu erreichen
- Minimalprinzip: mit minimalem Input einen definierten Output zu erreichen
- Optimalprinzip: ein optimales Verhältnis von In- und Output zu erreichen

Im Gegensatz zu Investoren messen **Innovatoren** den Innovationserfolg an anderen, vor allem an technischen Indikatoren wie Geschwindigkeit, Größe, Leistung, Temperaturen etc., verbunden mit dem Ehrgeiz, der Erste sein zu wollen.[224] Nach solchen nicht-finanziellen Zwischenergebnissen wird die Zielerreichung adäquat bewertet, was eine notwendige, wenn auch nicht unbedingt hinreichende Bedingung für einen späteren finanziellen Erfolg sein mag.[225]

Der Innovationsprozess ist eine wiederholte Abfolge der Konzipierung, Bewertung und Auswahl von Varianten. Das betrifft alle Entscheidungssituationen, von der strategischen Planung bis zur Gestaltung der technischen Details beim Produkt oder Verfahren. Die Innovationsbewertung ist ein aktives Instrument des Managements zur Sicherung eines größtmöglichen Erfolges und hat folgende Funktionen zu erfüllen:[226]

- Entscheidungsvorbereitungsfunktion
- Beeinflussungsfunktion
- Kontrollfunktion
- Transparenzfunktion

---

[222] Vgl. SABISCH, 1991, S. 161; KRAMER, 1987, S. 314
[223] Vgl. PLESCHAK/SABISCH, 1996, S. 172
[224] Vgl. HAUSCHILDT, 1997, S. 385
[225] Vgl. EBENDA
[226] Vgl. PLESCHAK/SABISCH, 1996, S. 172

Entscheidungsvorbereitung: Die Bewertung von Innovationen dient wesentlich der Vorbereitung von Managemententscheidungen im Innovationsprozess. Dazu wird der erreichte Stand des Innovationsprojektes mit den Unternehmenszielen, den Projektzielen oder sonstigen Richtwerten verglichen. Daraus ergeben sich Vorschläge für folgende Entscheidungstypen:[227]

- Ja/Nein-Entscheidungen bezüglich der Erreichung von Zielkriterien (zB: Wird Rentabilität erreicht?)
- Auswahlentscheidungen über die günstigste Variante
- Entscheidungen über notwendige Veränderung einzelner Kriterien

Zwischen den Zielen eines Unternehmens und den Innovationszielen bestehen wechselseitige Beziehungen. Einerseits werden die Innovationsziele von den Unternehmenszielen abgeleitet, andererseits lösen Innovationsprojekte Veränderungen im Unternehmen aus, welche die Verfolgung neuer Unternehmensziele ermöglichen.

Beeinflussungsfunktion: Durch Bewertungen im Innovationsprozess können neue Ideen für Problemlösungen generiert werden. Auch Innovationskonzepte und deren Gestaltung werden beeinflusst. Die aktive Einflussnahme auf eine Innovation setzt die Kenntnis über Wirkungsrichtung, Wirkungsintensität und Wirkungsdauer von Einflussfaktoren auf die Wirtschaftlichkeit voraus.

Kontrollfunktion: Die Innovationsbewertung dient der Kontrolle des Projektfortschrittes. Dabei werden die Zielvorgaben und der tatsächliche Projektstand gegenüber gestellt. Bei Abweichungen können aus einer Analyse der Ursachen korrektive Maßnahmen eingeleitet und Entscheidungen über den weiteren Projektverlauf abgeleitet werden. Des Weiteren können Schlussfolgerungen gezogen und neue Erkenntnisse für weitere Projekte gewonnen werden.

Transparenzfunktion: Eine Aufgabe der Innovationsbewertung besteht in der möglichst transparenten und objektiven Abbildung der verschiedenen Perspektiven (zB Investorenperspektive bzw. Innovatorenperspektive) eines Innovationsprojektes. Insbesondere der Innovationscontroller steht in seiner Funktion als Planer und kritischer Prüfer zwischen Investoren und Innovatoren und ist zugleich Anwalt beider Seiten:[228]

- In seiner Eigenschaft als Planer erarbeitet der Innovationscontroller die finanziellen Anforderungen und ermittelt die Leistungs- und Zeitziele. Dabei vertritt er den Innovator gegenüber dem Investor.
- Als Prüfer überwacht er den sachgerechten Einsatz der finanziellen Ressourcen und kontrolliert die Einhaltung der Leistungs- und Zeitziele. Hier vertritt der Innovationscontroller den Investor gegenüber dem Innovator.

Damit steht der Innovationscontroller vor einer differenzierteren Aufgabe als der Investor: Bei der Bewertung des Innovationserfolgs muss er auch technisch orientiert sein, ohne sich von seiner ökonomischen Grundperspektive zu lösen.[229]

---

[227] Vgl. PLESCHAK/SABISCH, 1996, S. 172
[228] Vgl. HAUSCHILDT, 1997, S. 385
[229] Vgl. HAUSCHILDT, 1997, S. 385

3.3 Besonderheiten der Innovationsbewertung

Da für Innovationen im Regelfall keine oder nur eingeschränkt vergleichbare Projekte und Investitionssituationen aus der Vergangenheit vorliegen, sind diese durch ein hohes Maß an Singularität gekennzeichnet. Innovationsprojekte weisen deshalb potentiell erhebliche Schwierigkeiten bei der qualitativen und quantitativen Erfassung von Erfolgsgrößen und Wirkungsparametern auf.[230]

Innovationsprojekte sind durch folgende Besonderheiten gekennzeichnet, die bei der Bewertung zu berücksichtigen sind: [231]

- **Langfristigkeit der Wirkungen:** Investitionen in Innovationen haben zumeist einen längerfristigen Charakter. Dies ist durch den meist mehrperiodigen Lebenszyklus und infolge dessen langjähriger Amortisationszeiten determiniert.[232]
- **Komplexität der Bewertungsobjekte:** Infolge der zahlreichen Interdependenzen und Unsicherheiten von Innovationsprojekten ergibt sich eine Vielzahl von Einflusskomponenten und daraus resultierend eine hohe Komplexität der Bewertungsobjekte.
- **Dynamischer Verlauf von Innovationsvorhaben:** Im laufenden Projektfortschritt ergeben sich neue Risiken und Chancen. Dadurch werden fortlaufende Präzisierungen und Aktualisierungen notwendig, damit ein der Realität entsprechendes Abbild des Innovationsprozesses gegeben werden kann.
- **Zukunftsbezug:** Vom Bewertungsstichtag aus betrachtet kann die Zielrealisation bei Innovationsvorhaben nur in der Zukunft liegen. Infolgedessen muss bei deren Bewertung von zukünftigen Größen ausgegangen werden.[233]
- **Unsicherheit:** Ein konstitutives Merkmal von Innovationen ist die Unsicherheit hinsichtlich des Erreichens gesetzter Ziele und hinsichtlich der Abschätzung zukünftiger Rahmenbedingungen. Wenngleich Investitionsprojekte, die in einer bestimmten Tradition stehen, ebenfalls eine Unsicherheitskomponente beinhalten, ist diese bei Innovationsvorhaben ungleich höher sowie von anderer Qualität und Struktur.[234] Diese Unsicherheit kann ein negatives Risiko verkörpern, aber auch eine positive Chance darstellen. In der Literatur wird vorzugsweise die Risikokomponente beschrieben.[235]

---

[230] Vgl. LINDERMEIR, 1988, S. 29
[231] Vgl. PLESCHAK/SABISCH; 1996, S. 170
[232] Vgl. LINDERMEIR, 1988, S. 31
[233] Vgl. LINDERMEIR, 1988, S. 34
[234] Vgl. LINDERMEIR, 1988, S. 30
[235] Vgl. COENNENBERG, 1985, insbesondere Kapitel 4 und 5

3.4 Anforderungen an Bewertungsverfahren für Innovationen

Da Innovationen in ihrem Reifeprozess verschiedene Phasen durchlaufen, zeichnen sie sich durch eine Anzahl von Spezifika aus, welche bei ihrer Bewertung zu berücksichtigen sind. BROCKHOFF zeigt folgende wesentliche Anforderungen an Bewertungsverfahren im Innovationsmanagement auf:[236]

- Realitätsnähe
- Breite Anwendungsmöglichkeit im Innovationsmanagement
- Benutzerfreundlichkeit
- Wirtschaftlichkeit

Da die Anforderungen an Innovationsbewertungsverfahren von signifikanter Bedeutung sind, soll auf diese im Detail eingegangen werden.

3.4.1 Realitätsnähe

In der Innovationsbewertung sind Bewertungsmodelle anzustreben, die eine möglichst realitätsnahe Abbildung der Wirklichkeit ermöglichen. Im Idealfall geben diese die Realität in allen ihren Komponenten und Wirkungszusammenhängen exakt wieder. Solche Modelle werden als homomorph bezeichnet. Da die Homomorphie aufgrund der vielfältigen und interdependenten Merkmalsausprägungen in der Innovationsbewertung nicht erreichbar ist, gibt man sich mit isomorphen, das heißt: strukturähnlichen, Modellen zufrieden, die ausreichend realitätsnahe sind.[237] Realitätsnähe wird bedingt durch:[238]

- Berücksichtigung mehrerer Zielinhalte (ökonomisch, technisch, sozial, etc.)
- Berücksichtigungen mehrer Restriktionen (finanziell, materiell, personell, etc.)
- Berücksichtigung des Risikos (marktbezogen, entwicklungsbezogen)
- Erfassung der Ergebnisse und Aufwendungen über mehrere Zeitperioden
- Vorausschau künftiger Entwicklung

[236] Vgl. BROCKHOFF, 1994, S. 252
[237] Vgl. VAHS/BURMESTER, 2005, S. 193f.
[238] Vgl. BROCKHOFF, 1994, S. 252

3.4.2 *Breite Anwendungsmöglichkeit*

Da sich Innovationsprojekte untereinander stark unterscheiden und auch innerhalb eines einzelnen Projektes phasenabhängig unterschiedliche Anforderungen gestellt werden, kommt der Prämisse einer breiten Anwendungsmöglichkeit im Innovationsmanagement herausragende Bedeutung zu. Folgende Anforderungen tragen ihr Rechnung:[239]

- Anwendbarkeit für die unterschiedlichen Stufen des Innovationsprozesses (Bewertung von Ideen und Innovationsprojekten, projektbegleitende Bewertung, Bewertung neuer Produkte und Verfahren vor Produktions- und Markteinführung)
- Möglichkeiten zur Simulation und Optimierung
- Berücksichtigung unterschiedlicher Bewertungskriterien

3.4.3 *Benutzerfreundlichkeit*

Trotz der angestrebten Isomorphie der Bewertungsverfahren müssen die Verfahren für ihre Benutzer verständlich und die Bewertungsergebnisse eindeutig sein. Die erforderlichen Eingabedaten sollen ohne großen Aufwand ermittelt und interpretiert werden können. Gefordert wird zudem eine überschaubare Datenmenge als Modellinput, damit erforderliche Änderungen oder Aktualisierungen im Projektverlauf problemlos vorgenommen werden können.[240] BROCKHOFF führt hinsichtlich der Benutzerfreundlichkeit folgende weitere Anforderungen an:[241]

- Vertraute Daten als Eingabegrößen
- Einfachheit und Verständlichkeit der Bewertung
- Aktualisierungsmöglichkeit der Berechnungen
- Rechnerunterstützung der Bewertungsvorgänge
- Integration in Forschungs- und Entwicklungsprozesse

3.4.4 *Lebenszyklusbetrachtung*

Bei der Bewertung von Innovationsprojekten müssen alle finanziellen Auswirkungen (Kosten und Erlöse) eines Neuproduktes in all seinen Lebensphasen – Initiierungsphase, Entwicklungsphase, Konzeptionsphase, Betriebsphase, Stilllegungsphase – berücksichtigt werden. Zur Analyse der Kostenperspektive über den gesamten Lebenszyklus einer Produktinnovation bietet das Product Life Cycle Costing wertvolle Anleitung.[242] Im Product Life Cycle Costing werden sämtliche Maßnahmen zur Erfas-

---

[239] Vgl. EBENDA
[240] Vgl. VAHS/BURMESTER, 2005, S. 194
[241] Vgl. BROCKHOFF, 1994, S. 252
[242] Vgl. MUSSNIG, 2001, o. S.

sung und Beeinflussung aller mit der Erzeugung eines neuen Produktes entstehenden Kosten integriert.[243]

Die Betrachtungsweise des Product Life Cycle Costing ist durch eine ganzheitliche und dynamische Perspektive geprägt. Dabei wird davon ausgegangen, dass innerhalb des Produktlebenszyklus getroffene Entscheidungen durch zuvor getroffene Entscheidungen beeinflusst werden.[244] Diese Entscheidungsinterdependenzen, werden auch als **trade-off-Beziehungen**[245] bezeichnet und dienen dazu alternative Strategien mittels trade-off-Kalkülen zu erarbeiten.

MUSSNIG unterscheidet dabei **Phasen-trade-offs** und **Faktoren-trade-offs**. So kann beispielsweise eine Substitution von Produktkomponenten die Lebenszykluskosten eines Produktes verringern oder durch eine Erhöhung der Vorlaufkosten die folgenden Herstellkosten reduziert werden und dadurch die Gesamtkosten während des Produktlebenszyklus gesenkt werden.[246] Eine weitere Trade-off-Überlegung überprüft inwieweit sich beispielsweise Qualitätsverbesserungen bzw. Entwicklungszeitverkürzungen auf die lebenszyklusbezogenen Erlöse auswirken.[247]

Trade-off-Überlegungen stellen eine wesentliche Entscheidungsbasis für die Optimierung der jeweiligen Produktstrategie dar. Abbildung 8 skizziert die methodische Vorgehensweise im Rahmen des Product Life Cycle Costing.

---

[243] Vgl. SIEGWART/SENTI, in: MUSSNIG, 2001, S. 61
[244] Vgl. MUSSNIG, 2001, S. 62
[245] Unter Trade-off wird eine negative wechselseitige Abhängigkeit zweier Aspekte verstanden. Ein ökonomischer Trade-off liegt dann vor, wenn eine Erreichung oder Verbesserung eines Aspektes (zB: Kostensenkung) nur unter Inkaufnahme der Verschlechterung oder des Verlustes anderer Aspekte (zB: Qualität) erreicht werden kann. Um eine hohe Qualität zu erlangen, müssen hohe Kosten in Kauf genommen werden und umgekehrt. Zwischen diesen beiden Eigenschaften besteht also ein Trade-off, der im konkreten Fall immer wieder neu entschieden werden muss.
[246] Vgl. MUSSNIG, 2001, S. 63
[247] Vgl. SAKURAI, in: MUSSNIG, 2001, S. 63

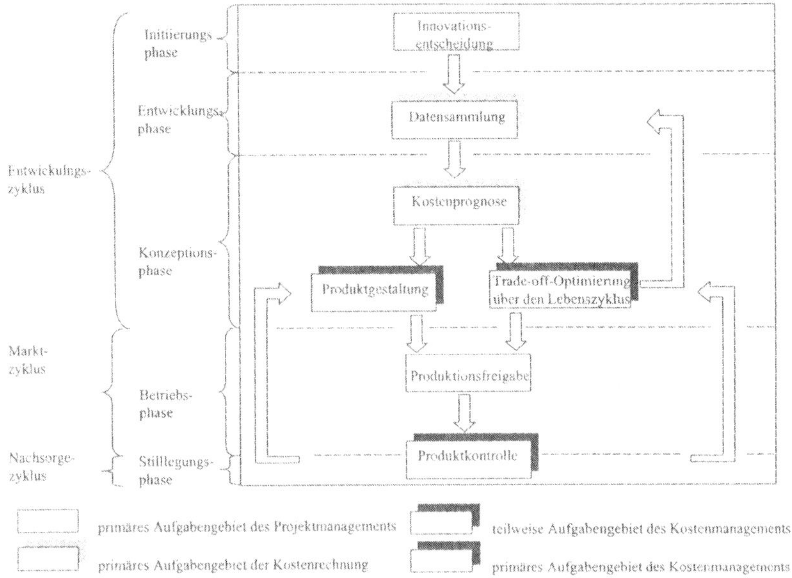

Abbildung 8: Life Cycle Costing bei Innovationsentscheidungen[248]

3.4.5 Wirtschaftlichkeit

Der Einsatz der Bewertungsverfahren sollte mit einem möglichst geringen zeitlichen und finanziellen Aufwand verbunden sein. Die Kosten sollten in einer vernünftigen Relation zum Nutzen stehen, der mit den Ergebnissen verbunden ist.[249] Eine hohe Wirtschaftlichkeit von Bewertungssystemen lässt sich unter anderem durch einen geringen Bearbeitungsaufwand erreichen. Dieser wird durch eine schnelle und aufwandsarme Berechnung, durch geringe Aufwendungen für die Datenerhebung, durch Anwendung kostengünstiger Software und durch überschaubare Input-Datenmengen erreicht.[250]

[248] Quelle: MUSSNIG, 2001, S. 64
[249] Vgl. VAHS/BURMESTER, 2005, S. 194
[250] Vgl. BROCKHOFF, 1994, S. 252

3.5 Dimensionen der Innovationsbewertung

Unter Bewertungsdimensionen werden die Evaluierungskriterien verstanden, anhand welcher der Erfolg des Innovationsobjektes gemessen wird. Wie in Abbildung 9 ersichtlich, lassen sich Kriterien zur Evaluierung von Innovationen in technische, ökonomische und sonstige Effekte einteilen.[251]

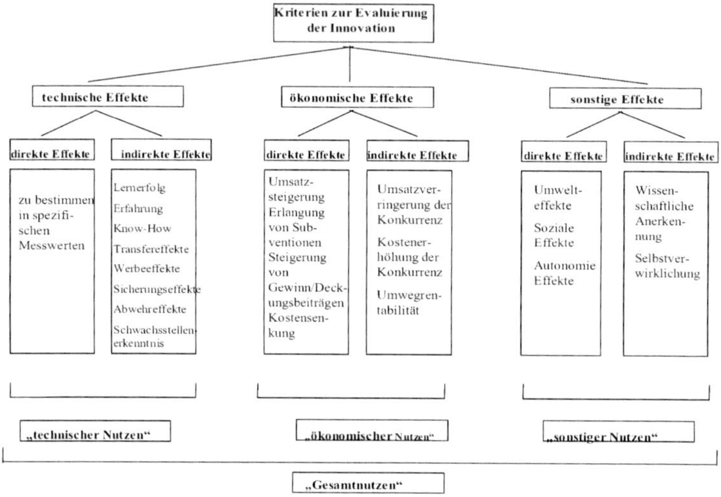

Abbildung 9: Kriterien zur Evaluierung von Innovationen[252]

Eine ausgewogene Bewertung von Innovationsprojekten erfordert, unterschiedliche Perspektiven bei der Betrachtung zu berücksichtigen. Die verschiedenen Merkmalskategorien bilden die Grundlage für die Festlegung der Bewertungskriterien der Innovationsprojekte.[253]

Technische Effekte: Die technischen Effekte von Innovationsprojekten können in sehr spezifischen Messwerten für jedes einzelne Innovationsprojekt erfasst werden. Einen interessanten Einblick in die Vielzahl von technischen Bewertungsdimensionen liefert eine einzige Studie[254], auffallenderweise geht die Fachliteratur ansonsten kaum auf technische Details der untersuchten Innovationen ein. Dies kann darin liegen, dass sich die Innovationsprojekte hinsichtlich ihrer technischen Merkmalsausprägungen sehr stark voneinander unterscheiden. HAUSCHILDT führt als weiteren Grund an, dass den wirtschafts- und sozialwissenschaftlichen Forschern oftmals das benötigte technische Wissen fehlt.[255] Bei der weiteren Erforschung von Innovationsprozessen ist also dringender Kooperationsbedarf von Betriebswirten mit Naturwissenschaftern und Technikern gegeben. [256]

[251] Vgl. HAUSCHILDT, 1997, S. 392
[252] Quelle: HAUSCHILDT, 1997, S. 392
[253] Vgl. VAHS/BURMESTER, 2005, S. 189
[254] Vgl. GEMÜNDEN, 1981, S. 208ff.
[255] Vgl. HAUSCHILDT, 1997, S. 392
[256] Vgl. HAUSCHILDT, 1997, S. 391

Auch wenn eine Innovation technisch nicht zu den geplanten Ergebnisse führen konnte, kann auf andere positive Effekte gezählt werden: Hierzu gehören Lernerfolge, die Gewinnung von Erfahrung, das Zusammenhalten eines Forschungsteams, Transfer- und Spinn-Off-Effekte, Werbeerfolge, Sicherungs- und Abwehreffekte sowie Erkenntnisse über Schwachstellen. Diese Effekte werden als **indirekte Effekte** bezeichnet.[257]

Inwieweit indirekte technische Effekte tatsächlich die Effektivität positiv beeinflussen, kann konsequenterweise erst mit den Folgeprojekten nachgewiesen werden. Insofern kann die Konzentration der Innovationsforschung auf singuläre Projekte möglicherweise zu kurz greifen.[258] Werden die direkten und indirekten Effekte eines Innovationsprojektes zusammengefasst, lässt sich ein technischer Nutzen bestimmt. Der technische Nutzen berücksichtigt die trade-offs zwischen positiven und negativen Einzeleffekten.[259]

Ökonomische Effekte: Auch bei den ökonomischen Effekten ist eine Gliederung in direkte und indirekte Effekte möglich. Die direkten ökonomischen Auswirkungen von Innovationsprojekten lassen sich in Form wirtschaftlicher Kennzahlen feststellen. Zu beachten ist, dass die Erhebung dieser Größen häufig problematisch ist.[260]

Zu den durch ökonomische Effekte beeinflussten Größen zählen unter anderem Cash Flow, Return-on-Investment, Umsatz, Gewinn, Kosten und Kapitaleinsatz.[261] EDISON hat die aus seiner Sicht dominante Bedeutung ökonomischer Effekte einer Innovation durch den Ausspruch: „Ich will nichts erfinden, womit nichts verdient werden kann!“[262] betont.

Ungleich schwieriger fällt die Bewertung der indirekten ökonomischen Effekte. Insbesondere gilt dies für die Kosten von zwar lehrreichen, jedoch nicht verwertbaren Entwicklungen, die auch als Erkenntnis bringende Fehlinvestitionen bezeichnet werden können.[263]

Weitere Fragestellungen zu den ökonomischen Effekten von Innovationsprojekten könnten lauten: Gibt es für diese Innovation einen internen oder externen Markt? Kann die Innovation (beispielsweise das Produkt) unter Berücksichtigung sämtlicher Herstell- und Vertriebskosten gewinnbringend abgesetzt werden? Zu den ökonomischen Effekten einer Innovation zählen nicht nur monetäre Größen, auch Messwerte des Absatzes, Änderungen von Marktanteilen oder qualitative Einschätzungen der Kundenzufriedenheit oder Kundenakzeptanz sind zu berücksichtigen.[264]
Bei **Prozessinnovationen** besteht der ökonomische Effekt in einem Rationalisierungsgewinn und kann naturgemäß nicht anhand einer Umsatzveränderung bestimmt werden. Auch der Kostensenkungseffekt ist oftmals in Folge von zeitlichen und sachlichen Abgrenzungen nicht eindeutig zuordenbar. Von größerer Bedeutung ist in diesem Fall die Betrachtung von mittelbaren Kostenveränderungen, etwa auf-

---

[257] Vgl. HAUSCHILDT, 1997, S. 391f.
[258] Vgl. GRÜN, 1988, S. 273ff.
[259] Vgl. HAUSCHILDT, 1997, S. 393
[260] Vgl. EBENDA
[261] Vgl. VAHS/BURMESTER, 2005, S. 190
[262] Vgl. Biographie EDISON Thomas Alpha, o.S.
[263] Vgl. MAIDIQUE/ZIRGER, 1985, S. 305
[264] Vgl. GRIFFIN/PAGE, 1993, S. 297

grund von Verbesserung der Produktionsqualität, Verminderung von Ausschuss, Verkürzung von Durchlaufzeiten etc.[265]

Der **indirekte ökonomische Effekt** einer Innovation liegt in der Wirkung auf die Konkurrenz. Diese muss mit Umsatzeinbußen oder Kostenerhöhungen rechnen. Somit lassen sich auch die ökonomischen Effekte vieldimensional darstellen. Ähnlich wie die technischen Effekten lassen sie sich nur über die Bildung einer integrierenden Messgröße, den **ökonomischer Nutzen**, ausdrücken.[266]

Sonstige Effekte: Über die technischen und ökonomischen Effekte hinaus zeitigen Innovationen weitere Effekte auf individueller oder sozialer Ebene. Diese werden als sonstige Effekte bezeichnet. Zu den sonstigen Effekten zählen für den Innovator auf individueller Ebene wissenschaftliche Anerkennung durch Publikationen, Zitationen oder andere Auszeichnungen.

Auf sozialer Ebene kann eine Innovation für die Unternehmung zur Erreichung von Humanzielen beitragen. Dies kann sich beispielsweise in einer Reduktion der Umweltbelastung durch ein innovatives Produktionsverfahren ausdrücken.[267] Die Berücksichtigung neuer gesetzlicher Rahmenbedingungen kann ebenso zu den sonstigen Effekten einer Innovation gezählt werden.[268]

Eine Gesamtbeurteilung all dieser direkten und indirekten technischen, ökonomischen und sonstigen Effekte lässt sich nach HAUSCHILDT über den **Gesamt-Nutzen** oder overall success vornehmen.[269]

---

265 Vgl. HAUSCHILDT, 1997, S. 394
266 Vgl. EBENDA
267 Vgl. HAUSCHILDT, 1997, S. 394
268 Vgl. VAHS/BURMESTER, 1997, S. 190
269 Vgl. HAUSCHILDT, 1997, S. 394

3.6 Ablauf der Innovationsbewertung

Die Bewertung von Innovationsprojekten erfolgt idealtypisch in mehreren aufeinander folgenden Schritten. Abbildung 10 stellt den Ablauf einer Innovationsbewertung schematisch dar und gibt einen Überblick über die einzelnen Aktivitäten, die mit der Bewertung von Innovationsprojekten verbunden sind.[270]

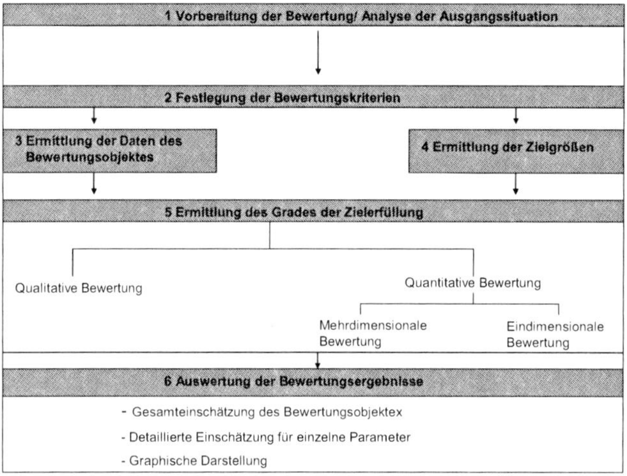

Abbildung 10: Ablauf des Bewertungsprozesses[271]

Für eine möglichst ganzheitliche Erfassung von Innovationsprojekten und deren Auswirkungen ist es erforderlich, unterschiedliche Perspektiven zu berücksichtigen. Dazu sind verschiedene Merkmalskategorien zur Beschreibung der Ausgangssituation heranzuziehen, die auch die Basis für die Festlegung der Kriterien zur Ideenbewertung bilden (Schritt 1).[272]

PLESCHAK/SABISCH führen dazu die folgenden Bewertungsdimensionen mit den zugehörigen Leistungsmerkmalen an:[273]

- **Technische Merkmale:** Leistungsfähigkeit, Funktionssicherheit, modularer Aufbau, Automatisierungsniveau, Flexibilität, Zuverlässigkeit, Integrationsgrad, Steuerungsart, Platzbedarf, Produktqualität etc.
- **Organisatorische Merkmale:** Produktprogramm, Produktumschlag, Arbeitsteilung
- **Arbeitswissenschaftliche Merkmale:** Funktionsteilung Mensch - Technik

[270] Vgl. VAHS/BURMESTER, 2005, S. 189
[271] Vgl. PLESCHAK/SABISCH, 1996, S. 175
[272] Vgl. VAHS/BURMESTER, 2005, S. 189f.
[273] Vgl. PLESCHAK/SABISCH, 1996, S. 175

- **Zeitliche Merkmale:** Wirksamwerden der Innovation, Ausbaustufen, Einführung, Lebensdauer
- **Wirtschaftliche Merkmale:** Kapitaleinsatz, Kostenersparnis, Gewinnzuwachs, Cash Flow, Liquiditätsbelastung, Umsatzsteigerung, kritische Produktionsmengen
- **Sonstige Merkmale:** Ökologische Folgewirkungen der Innovation, Berücksichtigung gesetzlicher Rahmenbedingungen

In Schritt 2 werden die aus den Merkmalen abgeleiteten Bewertungskriterien, die auch als Ziele oder Indikatoren bezeichnet werden, hinsichtlich ihrer Bedeutung für den Innovationserfolg gewichtet. Erst nach erfolgter Gewichtung der Kriterien werden die Daten des Bewertungsobjektes ermittelt (Schritt 3) und die gewünschten Ausprägungen in Form konkreter Zielgrößen festgelegt (Schritt 4).[274]

Die Festlegung der Ziele für die Innovationen ist inhaltlich sehr anspruchsvoll. Ausgangspunkt sind die Entwicklungsziele des Unternehmens, die Wettbewerbssituation, das internationale Niveau der Produkte und Verfahren, die auf den Märkten gültigen Bedingungen sowie Analysen und Prognosen. Weitere wesentliche Ansätze für die Festlegung von Innovationszielen mit Orientierung auf international bestmögliche Lösungen bietet das Benchmarking.[275]

Schließlich erfolgt die Durchführung der Bewertung in Form eines Soll-Ist-Vergleichs zwischen den ermittelten Daten und den festgelegten Zielgrößen (Schritt 5). Aufgrund der hohen Komplexität und der Interdependenzen von Innovationsprojekten sind meist mehrdimensionale Bewertungen erforderlich, die sowohl quantitative (zB erwartete Cash Flows, voraussichtliche Rentabilität) als auch qualitative Merkmalsausprägungen berücksichtigen (zB Unternehmensimage, zukünftige Innovationstätigkeit).[276]

Methodisch am schwierigsten ist es, eine Gesamtaussage über den Grad der Zielerfüllung mehrerer Zieldimensionen eines Innovationsprojektes zu tätigen. Hierbei ergänzen sich die qualitative und die quantitative Bewertung. Zunächst werden qualitativ die Vor- und Nachteile der Innovationen und ihrer Varianten hinsichtlich der angeführten Merkmale sichtbar gemacht. Für die Quantifizierung und die Zusammenfassung der Vor- und Nachteile finden Methoden und Verfahren des Niveauvergleichs Anwendung. Für die technischen, organisatorischen und arbeitswissenschaftlichen Parameter können jeweils differenziert zusammenfassende Niveaukennzahlen berechnet werden (Punktbewertungsverfahren, Nutzwertanalyse).[277]
Aufgrund der Probleme bei der Anwendung dieser Bewertungsverfahren darf deren Aussagekraft nicht überschätzt werden. Aussagekräftiger ist in diesem Zusammenhang der direkte Vergleich ausgewählter Parameter mit Zielen, Maßstäben oder Mindestanforderungen des Unternehmens. Dies ermöglicht, das Variantenfeld einzuschränken und nicht entsprechende Innovationsideen auszusondern.[278]

---

[274] Vgl. VAHS/BURMESTER, 2005, S. 190
[275] Vgl. PLESCHAK/SABISCH, 1996, S. 176
[276] Vgl. VAHS/BURMESTER, 2005, S. 190
[277] Vgl. PLESCHAK/SABISCH, 1996, S. 176
[278] Vgl. EBENDA
[279] Vgl. VAHS/BURMESTER, 2005, S. 191

Abschließend werden die Bewertungsergebnisse der einzelnen Parameter in einer Gesamteinschätzung des Bewertungsobjekts zusammengefasst (Schritt 6). Der Vergleich der Gesamteinschätzung der verschiedenen Bewertungsobjekte vermittelt einen Überblick und ermöglicht es, unzweckmäßige Innovationsideen rechtzeitig zu erkennen, die keinen oder einen unzureichenden Beitrag zur Zielerfüllung leisten.[279]

Jedes Innovationsprojekt beansprucht Kapital und Personal für die Umsetzung. Die Rangfolge der Innovationsprojekte ist daher so festzulegen, dass die Rentabilität maximiert wird und die gegebenen Begrenzungen eingehalten werden.[280]

Unter den verbliebenen Innovationsprojekten sind diejenigen am vorteilhaftesten, welche die Ziele am besten erfüllen. Eine derartige Bewertung fällt leicht, wenn die verschiedenen Merkmale einer Innovation zusammenfassend in wirtschaftlichen Kennzahlen ausgedrückt werden können. Die Kosten, der Gewinn, der Kapitalrückfluss und der erforderliche Kapitaleinsatz spiegeln verdichtet die Vor- und Nachteile von Innovationen wieder. Deshalb bauen alle Wirtschaftlichkeitsrechnungen auf diesen Primärdaten auf.[281]

Prozessbegleitende Evaluation von Innovationsprojekten: Aus Gründen der Anwendungsnähe der vorliegenden Schrift, sei an dieser Stelle auch die in Abbildung 11 dargestellte, prozessbegleitende Evaluation von Innovationsprojekten angeführt. Bei der Vielzahl an Bewertungsmethoden und –verfahren über die technischen und wirtschaftlichen Auswirkungen von Innovationsprojekten, gibt es im Unternehmensalltag dennoch Projekte, bei welchen die zur wirtschaftlichen Beurteilung erforderlichen Daten nicht oder nur mit entsprechenden Ungenauigkeiten erhoben werden können.

[280] Vgl. PLESCHAK/SABISCH, 1996, S. 176
[281] Vgl. PLESCHAK/SABISCH, 1996, S. 177

Lfd. Nr.	Messbereich	Zwischenergebnisse (= Ansatzpunkte für die Erfolgsmessung)	Messdimensionen	Messsubjekt / Bewertungsinstanz
1	Produktidee	Protokolle, Skizzen, mehr oder weniger ausgearbeitete Vorlagen	Zahl der Ideen / Alternativen	Experten unter Bezug auf Stand der Technik
2	Forschung und Entwicklung	Konstruktionen, Versuchsanlagen, Prototypen	Technischer Fortschritt, Verbesserungen der Produktivität, Anstieg des Outputs, Senkung des Input	Experten unter Bezug auf technische Leistung
3	Erfindung	Patente, Publikationen, Preise, Zitationen	Anzahl, ggf. gewichtet	Wissenschaftler
4	Investition, Marketing, Fertigung	Marktfähiges Produkt, realisierbares Verfahren	Detaillierte Beschreibungen von Verbesserungen im Vergleich zu existierenden Lösungen, Imitationen	Marketing-Manager (Produktinnovationen), Ingenieure (Prozessinnovationen)
5	Einführung der Innovation in den Markt oder Betrieb	Umsätze, Kostenersparnisse, Deckungsbeiträge, Gewinne	Geldbeiträge, Kennzahlen, Indizes, Zeit- und Betriebsvergleiche, Anstieg der Börsenkurse	Marketing- und Produktionsinstanzen, Controller, Branchen-Experten, Bankiers
6	Laufender Verkauf oder laufende Nutzung	Veränderungen von Umsätzen, Marktanteilen, Kosten, Deckungsbeiträgen, Gewinnen im Lebenszyklus		

Abbildung 11: Prozessbegleitende Erfolgsevaluierung[282]

Eine auf diesen unzureichenden Daten aufbauende Innovationsergebnisrechnung würde keine Aussagekraft mehr besitzen. HAUSCHILDT schlägt für diesen Fall das Konzept einer prozessbegleitenden Erfolgsmessung und –beurteilung vor.[283]

[282] Quelle: HAUSCHILDT, 1997, S. 419

3.7 Kategorien der Bewertungsverfahren

3.7.1 Überblick Bewertungsverfahren

Für die Bewertung von Innovationsprojekten stehen zahlreiche Methoden und Verfahren zur Verfügung, die grundsätzlich für eine Vorauswahl der Innovationsprojekte geeignet sind.[284] Wie aus Abbildung 12 ersichtlich wird, kann eine Bewertung von Innovationsvorhaben grundsätzlich eindimensional oder mehrdimensional und auf zweiter Ebene qualitativ oder quantitativ erfolgen. Den Ausgangspunkt für eine Bewertung liefern fast immer qualitative Beschreibungen der jeweiligen Innovationsideen.[285] Darauf aufbauend werden dann quantitative Größen gesucht. Die Voraussetzung hierfür sind Messvorschriften, mit deren Hilfe die einzelnen Merkmalsausprägungen quantitativ erfasst oder zumindest geschätzt werden. Durch die Quantifizierung der Bewertungsparameter werden Vergleiche der Innovationsprojekte möglich.[286] Die quantitativen Verfahren werden je nach Anzahl der Zielfunktionen weiter in eindimensionale, duale- und mehrdimensionale Bewertungssysteme unterteilt.[287]

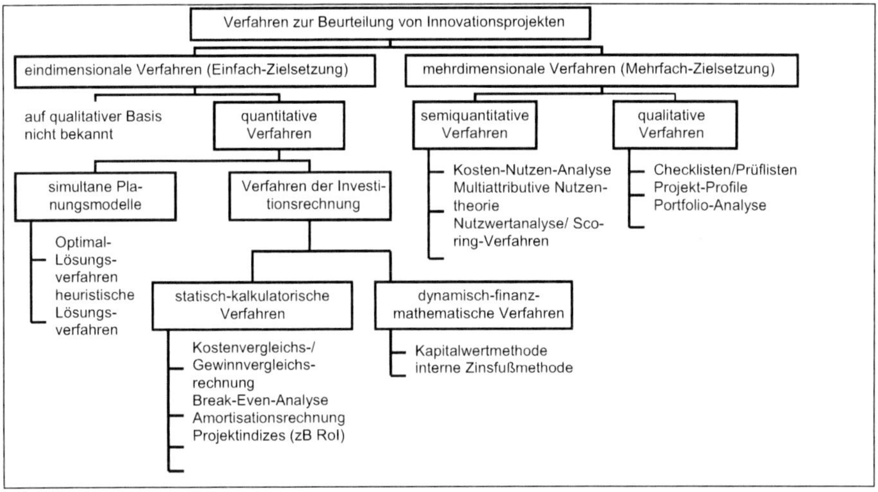

Abbildung 12: Kategorien der Bewertungsverfahren[288]

Die Bewertung von Innovationsprojekten gestaltet sich verhältnismäßig einfach, wenn nur ein Ziel vorgegeben ist, etwa die technische Leistungsoptimierung. Im Gegensatz zu dieser eindimensionalen Bewertung weisen die meisten Innovationsprojekte jedoch mehrere Ziele auf, die gleichzeitig zu erreichen sind und die teilweise

[283] Vgl. HAUSCHILDT, 1997, S. 414
[284] Vgl. PLESCHAK/SABISCH, 1996, S. 177
[285] Vgl. EBENDA
[286] Vgl. VAHS/BURMESTER, 2005, S. 195
[287] Vgl. PLESCHAK/SABISCH, 1996, S. 178
[288] Quelle: In Anlehnung an PLESCHAK/SABISCH, 1996, S. 178

miteinander konkurrieren[289], wenn die Erfüllung eines Zieles auf Kosten der Erfüllung eines anderen Zieles erfolgt.

In diesen Fällen kommen mehrdimensionale Bewertungsverfahren zum Einsatz, die durch Einbeziehung aller Ziele und Bewertungsmerkmale zu einer komplexen Gesamtaussage über die Vor- und Nachteile von Innovationsprojekten und Lösungen führen.[290] Eine weitere Funktion mehrdimensionaler Bewertungsmethoden liegt in der Vermeidung von Zielkonflikten.

Mehrdimensionale Bewertungen verlieren bei einer großen Anzahl von Zielen und den daraus abgeleiteten Bewertungskriterien wegen ihrer zunehmenden Komplexität an Übersichtlichkeit und Aussagekraft. Aus diesem Grunde ist es sinnvoll, die Anzahl der Bewertungsmerkmale zu begrenzen oder die einzelnen Kriterien zu Merkmalsgruppen zusammenzufassen.[291]

Ein Beispiel für die Zusammenfassung von Merkmalsgruppen zu aussagekräftigen Kennzahlen sind wirtschaftliche Kennzahlen wie die Rentabilität oder der Kapitalwert, da diese sowohl die Einnahmen als auch die Ausgabenseite berücksichtigen. Da nicht alle Merkmale monetär beschrieben werden können, sind auch nichtmonetäre Zielgrößen in die Bewertung einzubeziehen. Dazu zählen unter anderem technische, soziale, ökologische und psychographische Zielsetzungen.[292]

Die Berücksichtigung einer Vielzahl von unterschiedlichen Kriterien bei der Bewertung ist auf folgenden Wegen möglich:[293]

- Aufeinanderfolgende Bewertung des betreffenden Objektes nach einzelnen Zielfunktionen, was in der Regel zu unterschiedlichen Ergebnissen führt.
- Bewertung nach einem wirtschaftlichen Kriterium wie dem Gewinn unter Berücksichtigung von Nebenbedingungen für die anderen Kriterien (zB Einhaltung von Mindest- oder Höchstgrenzen).
- Komplexe Bewertung mit gleichzeitiger Berücksichtigung aller Bewertungskriterien, wozu eine Transformation der unterschiedlichen Kriterien in eine dimensionslose Bewertungszahl notwendig wird (mehrdimensionale Bewertung).

---

[289] Vgl. VAHS/BURMESTER, 2005, S. 194
[290] Vgl. PLESCHAK/SABISCH, 1996, S. 179
[291] Vgl. VAHS/BURMESTER, 2005, S. 196
[292] Vgl. EBENDA
[293] Vgl. PLESCHAK/SABISCH, 1996, S. 179

3.7.2 Qualitative- und quantitative Verfahren

In Abhängigkeit von der Art der Verfügbarkeit der Ausgangsdaten der Bewertung (qualitative bzw. quantitative Daten) werden dementsprechend qualitative und quantitative Bewertungsverfahren unterschieden. Eine Sonderform stellt das Benchmarking dar, bei welchem sowohl qualitative wie auch quantitative Daten als Vergleichsbasis dienen können.

Qualitative Bewertungsverfahren: Wenngleich qualitative Kriterien im Gegensatz zu den quantitativen Kriterien nicht direkt messbar sind, ist es unerlässlich, sie in die Bewertung einer Innovationsidee einzubeziehen.[294] So ist es beispielsweise bei einem Neuprodukt erforderlich, neben den technischen und den ökonomischen Zielgrößen auch das Design, die Farbgebung und die Benutzerfreundlichkeit zu beurteilen. Erst durch den Einbezug der qualitativen Größen ist eine ganzheitliche Bewertung möglich und es können fundierte Aussagen über den voraussichtlichen Markterfolg gemacht werden.[295]

Bei der qualitativen Bewertung erfolgt die Einschätzung des Potentials einer Innovation zur Erreichung der an sie gestellten Anforderungen durch verbale Einschätzungen, Checklisten, Ja/Neid-Entscheidungen, Wertungsskalen, Pro/Contra-Methoden, Projektanwaltsverfahren, Bewertungsdiskussionen, Polaritätsprofile, Kriteriensysteme etc. Die Evaluierung kann als subjektive Wertung von Einzelpersonen oder einer repräsentativen Gruppe von Personen (zB bei Expertenbefragungen, Kundenbefragungen) erfolgen.

Die qualitative Bewertung kann sich auch quantitativer Hilfsgrößen bedienen. So kann etwa die Komplexität eines Produkts an der Anzahl der Teile, an der Zahl von Produktfunktionen oder an der Zahl von Bearbeitungsstufen gemessen werden. Die Kundenzufriedenheit mit einem Produkt kann durch den Anteil der Wiederkäufer an der Zahl der Kunden, durch den Anteil der Kunden mit erfüllten Nutzenerwartungen oder durch die Reklamationsquote ausgedrückt werden. Durch das Zuordnen von Bewertungszahlen zu subjektiven Werturteilen können diese quantifiziert werden. Dadurch wird es möglich, qualitative Bewertungen auch in mehrdimensionale Bewertungssysteme zu integrieren.[296]

Bei der Bewertung von Innovationsvorhaben geht man von der Beschreibung der Vor- und Nachteile von Projekten und Lösungen aus. Liegen die Innovationsziele nicht in quantifizierter Form vor, dann kann auch der Grad der Zielerfüllung nur qualitativ bewertet werden.

Die qualitative Bewertung ist insbesondere in den frühen Phasen der Innovation von Bedeutung, da in dieser Phase noch nicht ausreichend quantitative Daten für die Bewertung zur Verfügung stehen. Des Weiteren würde eine ausschließlich quantitative Herangehensweise in den Anfangsphasen einer Innovationsidee diese ungerechtfertigt reduzieren. Das tatsächliche Potential kann auf diese Weise möglicherweise nicht voll entfaltet werden.

[294] Vgl. PLESCHAK/SABISCH, 1996, S. 179
[295] Vgl. VAHS/BURMESTER, 2005, S. 196
[296] Vgl. PLESCHAK/SABISCH, 1996, S. 179

Quantitative Bewertungsverfahren: Bei den quantitativen Bewertungsverfahren erfolgt die Bewertung mit Hilfe von eindimensionalen oder mehrdimensionalen Verfahren, die entweder monetäre oder nichtmonetäre bzw. kombinierte monetäre und nichtmonetäre Kennzahlen beinhalten, jedenfalls quantifizierbar sind.[297]

Eine Voraussetzung für die quantitative Bewertung sind Messvorschriften, mit deren Hilfe sich die einzelnen Merkmalsausprägungen quantitativ messen oder zumindest schätzen lassen. Durch eine Quantifizierung der Kriterien werden die erforderlichen Alternativenvergleiche wesentlich vereinfacht.[298]

Eine quantitative Bewertung ist möglich und sinnvoll, wenn für die Merkmale des Bewertungsobjektes Messvorschriften existieren bzw. die tatsächliche Merkmalsausprägung gemessen oder zumindest geschätzt werden kann. Die quantitativen Bewertungsverfahren kommen vor allem bei Innovationsprojekten mit einem hohen Reifegrad zum Einsatz, weil hier die Zieldimensionen besser quantifiziert und konkrete Aussagen über die erwarteten Zahlungsströme und –zeitpunkte getätigt werden können.[299]

Damit sichergestellt werden kann, dass tatsächlich jene Innovationsideen ausgewählt werden, deren Umsetzung den größtmöglichen Beitrag zum Unternehmenserfolg leisten, müssen die einzelnen Projekte auch hinsichtlich ihrer möglichen Wirkungen auf die Kosten- und die Erlössituation des Unternehmens bewertet werden.[300]

Entscheidend bei der Bewertung ist die Quantifizierbarkeit des Zielerreichungsgrades. Zu den quantitativen Bewertungsverfahren zählen Wertanalysen, Scoringanalysen und Wirtschaftlichkeitsrechnungen.

Benchmarking: Unter Benchmarking im Allgemeinen versteht man einen systematischen und kontinuierlichen Prozess, im Rahmen dessen die Produkte, Methoden und Prozesse eines Unternehmens mit jenen der führenden Unternehmen im jeweiligen Leistungsbereich verglichen und bewertet werden. So werden Informationen generiert, die dem Unternehmen helfen, Spitzenleistungen zu erreichen.[301]

Benchmarking nimmt gewissermaßen eine Sonderstellung unter den Verfahren zur Bewertung von Innovationen ein, da es sowohl zur Bewertung wie auch zur Ideengenerierung herangezogen werden kann und sowohl qualitative wie auch quantitative Kriterien beinhaltet. Innovationsbenchmarking stellt das ständige Streben eines Unternehmens nach Verbesserung seiner Leistungen durch Orientierung an den jeweiligen Bestleistungen in der Branche bzw. am gesamten internationalen Maßstab dar.[302]

Das Vergleichen mit Bestleistungen löst Motivation für eigenes Handeln aus, fördert die Kreativität und das Streben nach eigenen Spitzenleistungen. Benchmarking beinhaltet nicht nur die Feststellung bestimmter Tatbestände, sondern führt auch zu konkreten Schlussfolgerungen für die Leistungsverbesserung. Daher ist Benchmar-

[297] Vgl. PLESCHAK/SABISCH, 1996, S. 177
[298] Vgl. VAHS/BURMESTER, 2005, S. 195
[299] Vgl. VAHS/BURMESTER, 2005, S. 209
[300] Vgl. VAHS/SCHÄFER-KUNZ, 2005, S. 563ff.
[301] Vgl. MUSSNIG, 2001, S. 64
[302] Vgl. PLESCHAK/SABISCH, 1996, S. 198

king zugleich kreative Bewertungsmethode, auf ständige Verbesserung angelegte Unternehmensphilosophie sowie konkreter Innovationsprozess.

Benchmarking zielt sowohl auf revolutionäre, radikale Veränderungen im Unternehmen als auch auf evolutionäre, ständige Verbesserungen der Produkte, Prozesse und Organisationsstrukturen.[303]

3.7.3 Ein- und Mehrdimensionale Verfahren

In Abhängigkeit der Anzahl der Zieldimensionen des Bewertungszieles werden die Bewertungsverfahren in eindimensionale-, duale- und mehrdimensionale Verfahren gegliedert.

Eindimensionale Bewertung: Bei der eindimensionalen Bewertung wird lediglich eine Zieldimension oder ein Bewertungskriterium für die Messung der Zielerreichung herangezogen. Solche eindimensionalen Zielparameter können ein technisches Leistungsmerkmal (zB Geschwindigkeit), ein wirtschaftliches Leistungsmerkmal (zB Gewinn) oder ein sonstiges Leistungsmerkmal (zB Kundenzufriedenheit) sein. Da es für die Bewertung des Innovationsprojektes nur ein Bewertungskriterium und eine Zieldimension gibt, erfolgt diese anhand einer eindeutigen Kennzahl oder eines sonstigen Parameters.

Duale Bewertung: Die duale Bewertung unterscheidet bei der Zielerreichung lediglich zwischen „ja" oder „nein" bzw. zwischen „1" oder „0". Die Variante mit der höchsten Anzahl erfüllter Forderungen ist die günstigste. Diese Methode ist einfach zu handhaben und zwingt zu klaren Entscheidungen. Die Bewertung kann durch Einführung von Grenzen für einzelne Kriterien verfeinert werden (zB verfügbares Investitionsbudget, Einhaltung von verbindlichen Auflagen). Somit scheiden alle Innovationsvorhaben, die diese Grenzen überschreiten, aus der weiteren Betrachtung aus.[304]

Als duale Bewertung kann der Einsatz von Checklisten bezeichnet werden. Diese Methode ist einfach zu handhaben und führt zu eindeutigen Entscheidungen:[305] Unter geringem Aufwand werden eindeutige Aussagen über die Erfolgschancen einer Idee getroffen. Sinnvoll ist die Einteilung in „Musskriterien" und „Kann-Kriterien", deren Erfüllung oder Nicht-Erfüllung mit einem eindeutigen „Ja" oder „Nein" zu beantworten ist.

Mehrdimensionale Bewertung: Bei der mehrdimensionalen Bewertung kann eine beliebige Anzahl unterschiedlich dimensionierter Kriterien gleichzeitig in die Bewertung einbezogen werden. Dadurch kann eine komplexe Gesamtaussage über ein Innovationsprojekt getätigt werden. Dazu werden die Werte der Einzelkriterien in dimensionslose Bewertungszahlen transformiert, die dann unter Berücksichtigung ihrer Gewichtung additiv zu einer Gesamtbewertungszahl (Nutzwert) zusammengeführt werden.[306]

---

[303] Vgl. Pleschak/Sabisch, 1996, S. 198
[304] Vgl. Pleschak/Sabisch, 1996, S. 179
[305] Vgl. Vahs/Burmester, 2005, S. 198
[306] Vgl. Pleschak/Sabisch, 1996, S. 179

Zur Durchführung einer mehrdimensionalen Bewertung von Innovationsprojekten sind folgende Schritte erforderlich:[307]

- Auswahl der Kriterien, nach denen das Innovationsobjekt bewertet werden soll
- Auswahl der in die Bewertung einzubeziehenden Vergleichsobjekte
- Zusammenstellen der Ausgangstabelle des Vergleichs mit den eindimensionalen Werten
- Bewertung der Vergleichsobjekte
- Komplexe Bewertung der Vergleichsobjekte durch Bildung gewichteter dimensionsloser Bewertungszahlen

Als Vorteile der mehrdimensionalen Bewertung können die Komplexität der Beurteilung, eine einheitliche Gesamtaussage über das Bewertungsobjekt und die breite Anwendbarkeit in den verschiedenen Phasen des Innovationsprozesses angeführt werden. Nachteilig bei der mehrdimensionalen Bewertung wirken sich die subjektive Dimension bei der Gewichtung der Bewertungsfaktoren und eine Vermischung unterschiedlicher Sachverhalte (technisch, wirtschaftlich, sozial) aus.

Abbildung 13 zeigt den Aufbau einer mehrdimensionalen Bewertung. Der Ablauf der mehrdimensionalen Bewertung vollzieht sich in folgenden Schritten:[308]

- Auswahl der Kriterien (Parameter P_i), nach denen das Innovationsobjekt bewertet werden soll. Dabei kann es sich um eine größere Anzahl technischer, wirtschaftlicher, ökologischer und sozialer Kriterien handeln.
- Auswahl der in die Bewertung einzubeziehenden Innovationsprojekte bzw. Vergleichsobjekte (V_k). Die Bewertung baut auf dem Vergleich mit anderen Produkten, Unternehmen und Lösungsvarianten auf. Um hohe Bewertungsmaßstäbe durchzusetzen empfiehlt es sich, wichtige Konkurrenzobjekte und internationale Bestlösungen (Benchmarking) in den Vergleich aufzunehmen.
- Zusammenstellen der Ausgangstabelle des Vergleichs mit den dimensionalen Werten aik des Parameters (Kriteriums) P_i für das jeweilige Vergleichsobjekt (Variante) V_k.
- Bewertung der Vergleichsobjekte hinsichtlich der Zielerfüllung der einzelnen Vergleichsparameter mit Hilfe dimensionsloser (ungewichteter) Bewertungszahlen bik.
- Komplexe Bewertung der Vergleichsobjekte durch Bildung gewichteter dimensionsloser Bewertungszahlen b_{ik} und deren Addition zu komplexen Bewertungszahlen c_k für die Vergleichsobjekte V_k.

[307] Vgl. PLESCHAK/SABISCH, 1996, S. 172
[308] Vgl. PLESCHAK/SABISCH, 1996, S. 180

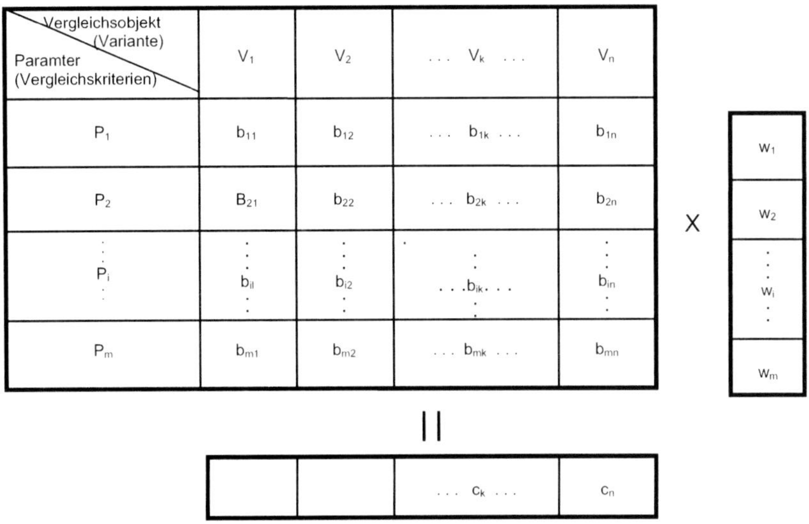

Abbildung 13: Aufbau mehrdimensionaler Bewertungssysteme[309]

Zwischen den Zielen des Unternehmens und den Innovationszielen bestehen mehrdimensionale, wechselseitige Verflechtungen. Einerseits ergeben sich die Innovationsziele aus den Unternehmenszielen, andererseits lösen Innovationsprojekte Wirkungen im Unternehmen aus, die es gestatten, neue Zielstellungen für das Unternehmen zu formulieren. Die mehrdimensionale Bewertung von Innovationsprojekten gewährleistet am ehesten eine möglichst ganzheitliche Kongruenz von Projekt- und Unternehmenszielen.[310]

3.7.4 Nichtmonetäre und monetäre Verfahren

Ein weiterer Unterschied liegt im Kriterium, das Bewertungsziel in monetären oder nichtmonetären Größen ausdrücken zu können. Demnach werden monetäre- und nichtmonetäre Bewertungsverfahren unterschieden.

Nichtmonetäre Bewertung: In die Gruppe der nichtmonetären Bewertung fallen sämtliche quantifizierbaren Verfahren mit Ausnahme der Wirtschaftlichkeitsrechnungen. Im Folgenden sollen die bedeutenden quantitativen nichtmonetären Verfahren der Innovationsbewertung näher beschrieben werden.

Die Nutzwertanalyse, die auch als Scoringverfahren oder Punktbewertungs-Modell bezeichnet wird, bietet die Möglichkeit, eine größere Anzahl von Entscheidungsalternativen anhand von mehreren miteinander verbundenen Kriterien zu bewerten und entsprechend den Präferenzen des Entscheidungsträgers zu ordnen.[311] Die Nutz-

---

[309] Vgl. PLESCHAK/SABISCH, 1996, S. 181
[310] Vgl. PLESCHAK/SABISCH, 1996, S. 171
[311] Vgl. VAHS/BURMESTER, 2005, S. 205

wertanalyse ist methodisch zwischen den qualitativen und quantitativen Verfahren angesiedelt, da sie qualitative Leistungsmerkmale quantifiziert. Darin liegt auch ein wesentlicher Vorteil der Nutzwertanalyse: Mit dieser Methode kann ein mehrdimensionales Zielsystem berücksichtigt werden, welches aus qualitativen und quantitativen Zielkriterien mit unterschiedlicher Gewichtung besteht.[312]

Durch die Transformation der verschiedenen Merkmalsausprägungen in einen einheitlichen, dimensionslosen Maßstab (Nutzwerte, Punktwerte, Scores) werden die einzelnen Zielkriterien vergleichbar gemacht. Damit eignet sich die Nutzwertanalyse besonders für die Bewertung von Produktideen mit einem mittleren oder hohen Reifegrad, bei denen regelmäßig monetäre und nicht-monetäre Mehrfachziele verfolgt werden. VAHS/BURMESTER beschreiben die Durchführung einer Nutzwertanalyse in folgenden fünf Schritten:[313]

- Einengung des Entscheidungsfeldes
- Auswahl und Gewichtung der Zielkriterien
- Ermittlung der Zielbeiträge
- Transformation der Zielbeiträge in einheitliche Zielwerte
- Ermittlung der Nutzwerte für jede Alternative und Wahl derjenigen Alternative mit dem höchsten Gesamtnutzwert

Abbildung 14 stellt den grundsätzlichen Aufbau einer Nutzwertanalyse eines Innovationsprojektes mit gewichteten Kriterien dar.

Nutzwert eines Innovationsprojektes			
Bewertungskriterium	Gewichtung	Bewertung	Erreichte Punkte
Kriterium 1	7	8	56
Kriterium 2	5	6	30
Kriterium 3	8	12	96
.			
.			
.			
Kriterium n	9		
Gesamt Punkte	100		

Abbildung 14: Nutzwertanalyse (Scoring-Verfahren)[314]

Die Wertanalyse ist eine Methode zur komplexen Bewertung von Produkten und Fertigungsprozessen. Zielsetzung der Wertanalyse ist es durch systematisches und analytisches Durchdringen der Funktionsstrukturen von Produkten den Wert des

[312] Vgl. EBENDA
[313] Vgl. EBENDA
[314] Quelle: Eigene Darstellung

Produkts zu bewerten bzw. in Vergleich zu alternativen zu setzen. Wertanalysen gehen dabei von folgenden Grundsätzen aus:[315]

- Die Produkte werden in ihre Funktionen zerlegt. Durch Funktionsanalysen wird überprüft, ob für Kunden unnötige Funktionen realisiert werden, ob Funktionen besser oder billiger erfüllt oder ob Funktionen zusammengelegt oder auf andere Baugruppen übertragen werden können.
- Den Produktfunktionen werden die zugehörigen Kosten zugeordnet. Daraus wird ersichtlich, wie teuer die einzelnen Funktionen sind und wo Ansatzpunkte liegen, die Produkteigenschaften zu verbessern und die Kosten zu verringern (zB durch Konstruktionsveränderungen, anderen Werkstoffeinsatz oder andere Herstellungstechnologien).
- In einem Prozess der Ideensuche werden neue Lösungen für die Funktionsrealisierung und Herstellung des neuen Produkts entworfen und auf der Grundlage der Ziele des Pflichtenheftes bewertet.
- Wertanalyseteams agieren interdisziplinär und bereichsübergreifend, um den verschiedenen fachlichen Anforderungen zu entsprechen.

Monetäre Bewertung: Zur Gewährleistung, dass jene Innovationsprojekte ausgewählt werden, welche den größtmöglichen Beitrag zum Unternehmenserfolg leisten, müssen die einzelnen Projekte hinsichtlich ihrer möglichen Wirkungen auf die Kosten- und die Erlössituation des Unternehmens bewertet werden.[316] Ein hilfreiches Instrument dazu sind die Wirtschaftlichkeits- oder Investitionsrechnungen, deren Grundprinzip darin besteht, die voraussichtlichen Einzahlungs- und Auszahlungsvorgänge der verschiedenen Investitionsalternativen miteinander zu vergleichen.[317]

Die quantitativ monetären Bewertungsverfahren werden vor allem bei Innovationsprojekten mit einem hohen Reifegrad eingesetzt, da zu diesem Zeitpunkt relativ konkrete Aussagen über die zu erwartenden Zahlungsströme und Zahlungszeitpunkte getätigt werden können.[318] Bei der monetären Bewertung von Innovationen werden die statischen und dynamischen Verfahren der Investitionsrechnung sowie Verfahren der Unternehmensbewertung unterschieden:

Die statischen Verfahren der Wirtschaftlichkeitsrechnung (Investitions- und Unternehmensbewertung) berücksichtigen nicht die zeitlichen Unterschiede von Einnahmen und Ausgaben und gehen von Durchschnittswerten aus. Sie werden deshalb auch als einperiodige Durchschnittsrechnungen bezeichnet. Im Unterschied dazu berücksichtigen die dynamischen Verfahren der Wirtschaftlichkeitsrechnung die tatsächlichen Zahlungszeitpunkte der Ein- und Auszahlungen über die gesamte Nutzungsdauer einer Investition (mehrperiodige Investitionsrechnung) hinweg.

Eine finanzielle Bewertung von Innovationsprojekten ist allerdings nicht immer möglich. Dies gilt insbesondere, wenn es sich um Prozesse, Plattformen oder die Generierung neuer Technologien oder Features handelt. In diesem Fall ist die Wirtschaftlichkeitsrechnung durch andere Bewertungsverfahren, beispielsweise die Nutzwertanalyse, zu ergänzen.

---

[315] Vgl. PLESCHAK/SABISCH, 1996, S. 196
[316] Vgl. VAHS/BURMESTER, 2005, S. 209
[317] VAHS/SCHÄFER-KUNZ, 2005, S. 563 ff.
[318] Vgl. VAHS/BURMESTER, 2005, S. 209

In Abhängigkeit von den Bewertungskriterien und aufbauend auf den Zielen der Projektbewertung können verschiedene Bewertungsmethoden eingesetzt werden, welche auf unterschiedlichen qualitativen oder quantitativen Verfahren beruhen.

3.8 Zwischenresümee zur Bewertung von Innovationen

Zusammenfassend kann der Einsatz der Bewertungsverfahren in Abhängigkeit vom Reifegrad des jeweiligen Innovationsprojektes dargestellt werden. Daraus wird ersichtlich, dass bei Innovationen mit einem noch geringen Reifegrad eher qualitative Bewertungskriterien im Vordergrund stehen, während bei einem hohen Reifegrad eher quantitative Bewertungsverfahren angemessen erscheinen. Den Ausgangspunkt einer Bewertung bilden meistens qualitative Beschreibungen der jeweiligen Innovation. Darauf aufbauend wird versucht, quantitativ messbare Größen zu finden.[319] Insbesondere die in dieser Arbeit ausführlich diskutierten kapitaltheoretischen und realoptionstheoretischen Bewertungen von Innovationen erfolgen aufgrund der erforderlichen aussagekräftigen Detaildaten (zB freie Zahlungsströme) erst in einer späten Innovationsphase.

Empirische Studien der Innovationsforschung belegen, dass nur ca. 20-30 % aller Produktinnovationen am Markt eingeführt werden. Davon wiederum erweist sich weniger als die Hälfte als wirtschaftlich erfolgreich, das entspricht in etwas 12 % der Ausgangsmenge.[320] Oberste Zielsetzung einer nachhaltig wertorientierten Unternehmensführung muss es in Kenntnis der hohen Ausfalls- und Verlustquoten bei Innovationsprojekten sein, die begrenzten betrieblichen Ressourcen auf jene Innovationsprojekte zu fokussieren, die pro eingesetzter Ressourceneinheit den größten Erfolg für das Unternehmen (Wertbeitrag, Kostenoptimierung, etc.) erwirtschaften.

Voraussetzung für eine effektive Selektion von Innovationsprojekten und anschließend effiziente Ressourcenzuteilung sind eine klare Innovationsstrategie und geeignete Bewertungsverfahren, welche die speziellen Anforderungen und Besonderheiten der Innovationsprojekte berücksichtigen.

[319] Vgl. Vahs/Burmester, 2005, S. 194
[320] Vgl. Commes/Lienert, 1983, S. 349

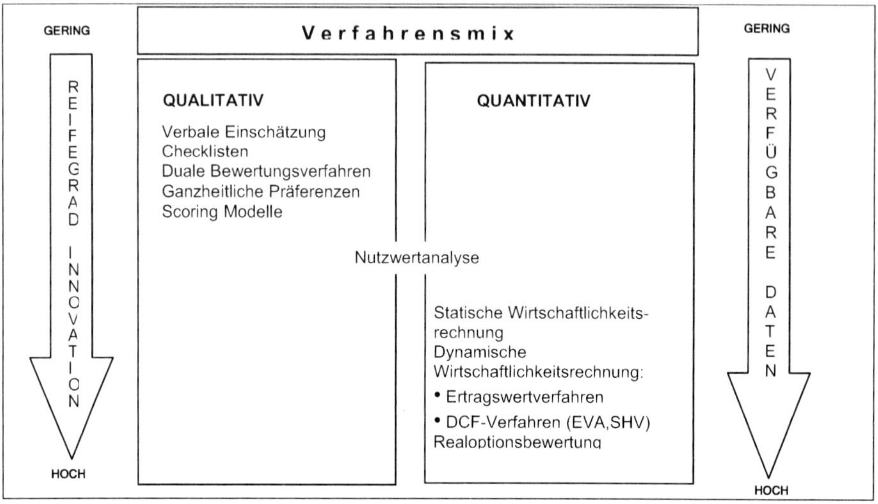

Abbildung 15: Bewertungsverfahren in Abhängigkeit vom Reifegrad[321]

Da nicht alle Leistungsmerkmale einer Innovation monetär beschrieben werden können, sind auch nichtmonetäre Zielgrößen in die Bewertung einzubeziehen. Dazu zählen unter anderem technische, soziale, ökologische und psychographische Zielsetzungen.[322] Benötigt werden Batterien von Messwerten, die je nach Fortschritt des Innovationsprozesses eingeschaltet werden können.[323] Die wichtigsten Bewertungskriterien zur Beurteilung und Auswahl von Innovationsprojekten umfassen Markt- und Wettbewerbskriterien, F&E-Kriterien, Produktionskriterien sowie Spill-over-Kriterien.[324]

Unter wirtschaftlichen Gesichtspunkten ist eine Innovation ein Erfolg, wenn sich das eingesetzte Kapital zielentsprechend verzinst.[325] Aus Sicht des Investors sind daher wirtschaftliche Kennzahlen wie die Rentabilität oder der Kapitalwert eines Innovationsprojektes von zentraler Bedeutung.

Für den technischen Entwicklungsprozess ist der Innovator[326] verantwortlich. Sein Erfolg wird an gänzlich anderen Kriterien wie beispielsweise der Geschwindigkeit, Sicherheit oder der technischen Leistungsfähigkeit einer Innovation gemessen. Letztendlich sind es diese Kriterien, welche die Voraussetzungen für den wirtschaftlichen Erfolg schaffen.

[321] Quelle: Eigene Darstellung in Anlehnung an VAHS/BURMESTER, 2005, S. 195
[322] Vgl. VAHS/BURMESTER, 2005, S. 196
[323] Vgl. HAUSCHILDT, 1997, S. 420
[324] Vgl. EBENDA
[325] Vgl. EBENDA
[326] Als Innovator wird bei HAUSCHILDT der Ideenbringer und/oder technische Umsetzer bezeichnet. Er ist für die Erreichung des technischen Innovationserfolges verantwortlich. Im Gegensatz dazu stellt der Investor die erforderlichen Ressourcen mit entsprechenden Renditeerwartungen zur Verfügung.

Integrative Innovationsbewertung: Zur Bewertung von Innovationen bestehen in der Unternehmenspraxis eine Vielzahl an weiteren Methoden und Verfahren. Von großer Bedeutung in der Innovationsbewertung ist es, die Chancen, Risiken und Auswirkungen des Innovationsprojektes auf die Unternehmung möglichst ganzheitlich zu erfassen. Hierzu ist es erforderlich sowohl qualitative wie auch quantitative Bewertungskriterien simultan zu berücksichtigen.[327]

Die integrative Innovationsbewertung beurteilt in mehreren Schritten die Technologie- und die Marktseite von Innovationsprojekten anhand von vorgegebenen Fragestellungen systematisch. Die Ergebnisse dieser Analyse werden nicht in einer einzigen Kennziffer präsentiert, sondern differenziert nach qualitativen und quantitativen Kriterien dargestellt und den verschiedenen Themengebieten zugeordnet. Bei der integrativen Innovationsbewertung kommt einer ausführlichen Analyse potentieller Kundengruppen eine ebenso große Bedeutung zu, wie beispielsweise einer ausführlichen Mitbewerbsanalyse.[328]

Aufgrund der zentralen Bedeutung der wirtschaftlichen Dimension von Innovationen und deren ökonomischer Rückwirkungen auf die Gesamtunternehmung bzw. Organisation soll das folgende 4. Kapitel dieser Schrift der kapitaltheoretischen Bewertung von Innovationsprojekten gewidmet werden.

---

[327] Vgl. HAUSCHILDT, 1997, o. S.

[328] Vgl. VAHS/BURMESTER, 2005, S. 216

„Pläne bedeuten gar nichts, Planung hingegen alles."
(DWIGHT D. EISENHOWER)

4. Kapitaltheoretische Bewertung von Innovationen

4.1 Einführung in die kapitaltheoretische Innovationsbewertung

4.1.1 Grundlagen der Wertorientierung

Gegenstand dieses Kapitels ist die Bewertung des Potentials von Innovationsprojekten auf Basis kapitaltheoretischer Grundlagen. Durch die derzeitige Ausrichtung und Konzentration auf den Shareholder Value (SHV) als oberstes finanzwirtschaftliches Ziel haben die kapitaltheoretischen Bewertungsverfahren unter der Bezeichnung Wertorientierung einen neuen Aufschwung erfahren. Inwieweit die Wertorientierung als valides und korrektes Ziel in der Innovationsbewertung verwendet werden kann, soll in diesem Kapitel aufgezeigt werden. Damit einher geht die Frage nach den Grenzen der Anwendbarkeit der kapitaltheoretischen Verfahren.[329]

Wertorientierung besagt, dass die Beurteilung von Investitionen nach Maßgabe der ökonomischen Rendite, die sie für die Investoren schafft, zu erfolgen hat.[330] Unter Rendite wird die von den Investoren erwartete Verzinsung ihres eingesetzten Kapitals unter Berücksichtigung des von ihnen getragenen Risikos verstanden.[331] Bei Unternehmen setzt sich die Verzinsung des eingesetzten Kapitals aus den ausgeschütteten Dividenden und der Wertsteigerung des Aktionärsvermögens zusammen.[332] Primäres Ziel der Wertorientierung ist somit die Maximierung des Shareholder Value.[333]

Wertorientiertes Innovationsmanagement bedeutet, dass Innovationen nach ihrem zukünftigen Wertbeitrag ausgewählt werden. Entgegen der aktuellen Kritik an der Orientierung am Shareholder Value, und den damit verbundenen Auswirkungen versichert RAPPAPORT, dass Wertorientierung in seinem Verständnis der langfristigen und nachhaltigen Unternehmensentwicklung eine besondere Bedeutung beimisst.[334] Die Zielsetzung der kapitaltheoretischen Bewertung von Innovationsprojekten besteht darin, in einer möglichst frühen Innovationsphase Informationen über die Ertragskraft zu erhalten. In weiterer Folge dienen diese Informationen dazu, die bewerteten Innovationsprojekte gegenüberzustellen. Die begrenzten Ressourcen werden an die ertragreichsten und mit der Gesamtunternehmensstrategie akkordierten Innovationsprojekte vergeben.

Bei den Kapitalwertverfahren wird davon ausgegangen, dass sich der Wert eines Innovationsprojektes aus dem Wert der zukünftigen Kapitalerträge ableitet. Ertragswerte, die durch das Innovationsprojekt erwirtschaftet werden können, werden durch Prognosen ermittelt und auf den Bewertungszeitpunkt diskontiert. Auf diese Weise

---

[329] Vgl. BEYER, 2002, S. 31
[330] Vgl. RAPPAPORT, 1995, S. 12
[331] Vgl. BÜHNER/WEINBERGER, 1991, S. 188
[332] Vgl. BEYER, 2002, S. 31
[333] Vgl. COPELAND/KOLLER/MURRIN, 1998, S. 35
[334] Vgl. RAPPAPORT, 1999, S. 11

bestimmt sich der Zeitwert des Geldes. Der Kapitalwert stellt demnach den Gegenwartswert aller aus einem Innovationsprojekt zu erwartenden zukünftigen Zahlungsströme dar.

Unter Zahlungsströmen werden alle mit dem Innovationsobjekt in Zusammenhang stehenden Ein- und Auszahlungen verstanden, die zu gewissen Zahlungszeitpunkten getätigt werden und mit Unsicherheitsgraden behaftet sind.[335] Für die Bewertung von Innovationsprojekten besteht eine Reihe unterschiedlicher Investitionskalküle, die unter dem Begriff Investitionsrechnung zusammengefasst werden kann.[336] Die Rechenkalküle der verschiedenen Bewertungsverfahren werden nach folgenden Gesichtspunkten systematisiert:[337]

- Berücksichtigung von Zeitperioden
- Berücksichtigung von Unsicherheiten über Ein- und Auszahlungen
- Einzelinvestitions- oder Programmbewertung

Zu den wichtigsten Ausprägungen der Kapitalwertverfahren gehören die Ertragswertmethode und die verschiedenen Discounted-Cash-Flow-Verfahren (DCF-Verfahren). Diese unterscheiden sich voneinander durch die Definition der Ertragswerte, der Zahlungsströme und der entsprechenden Abzinsungsfaktoren.[338]

Bei den DCF-Verfahren wird der Kapitalwert C_0 einer Zahlungsreihe im Zeitpunkt t_0 nach folgender Gleichung definiert:[339]

$$C_0 = -a_0 + \sum_{t=1}^{n} \frac{c_t}{(1+i)^t} + \frac{R_n}{(1+i)^n}$$

a_0	*Investition im Bezugszeitpunkt t_0*
c_t	*Überschuss der Einzahlungen über die Auszahlungen (=Cash Flow) in der Periode t*
i	*(risikoadjustierter) Kalkulationszinsfuß*
n	*Nutzungsdauer des Investitionsobjektes*
R_n	*Fortführungswert zum Zeitpunkt n*

Die Beurteilung von Innovationsprojekten erfolgt durch Diskontierung prognostizierter Cash Flows mit den Kapitalkosten in welchen auch das Risiko berücksichtigt ist.[340] Mit Hilfe der DCF-Verfahren wird der finanzwirtschaftliche Wert eines Innovationsprojektes unter Berücksichtigung von Aspekten wie Zukunftsorientierung, Risiko und

[335] Vgl. Busse von Colbe/Laßmann, 1990, S. 3
[336] Vgl. Perridon/Steiner, 1997, S. 37
[337] Vgl. Perridon/Steiner, 1997, S. 38
[338] Vgl. Koch, 1999, S. 17
[339] Vgl. Busse von Colbe/Laßmann, 1990, S. 47
[340] Vgl. Rappaport, 1995, S. 35

zeitlich verteiltem Zahlungsstrom ermittelt. Durch die Integration dieser Elemente, entsprechen die DCF-Verfahren den Attributen von Innovationen.[341]

Neben den verschiedenen DCF-Verfahren hat sich auch die traditionelle Ertragswertmethode in den letzten Jahren für die Bewertung von Unternehmen und Innovationsvorhaben durchgesetzt. Theoretisch führen die Ertragswertmethode und die DCF-Verfahren unter der Voraussetzung gleicher Bewertungsannahmen zu identischen Ergebnissen, da beide auf dem Kapitalwertkalkül aufbauen. In der Praxis jedoch divergieren die Annahmen und somit die Ergebnisse.[342]

4.1.2 Grundlagen der Innovationsfinanzierung

Die Klassifikation der Finanzierungsformen von Innovationsprojekten kann anhand der Kriterien Kapitalherkunft (Innen- vs. Außenfinanzierung), Rechtstellung des Kapitalgebers (Eigenkapital, Fremdkapital, Mischform), Fristigkeit des Kapitals (kurz-, mittel- und langfristige Finanzierung) oder Finanzierungsanlass (z.B. Gründung, Betriebserweiterung, Innovationstätigkeit) vorgenommen werden.[343]

Je nach Herkunft des Kapitals wird zwischen Innen- und Außenfinanzierung unterschieden.[344] Zu den Formen der Innenfinanzierung zählen die Verwendung von einbehaltenen Unternehmensgewinnen (Selbstfinanzierung) sowie die Finanzierung aus Abschreibungen und Rückstellungen (Finanzierung aus freigesetztem Kapital).[345]

Während die Innenfinanzierung für kleine, Gewinn erzielende Unternehmungen mit geringer Wachstumsorientierung die zentrale Finanzierungsform darstellt, benötigen innovative Start-ur-Unternehmen, sowie Wachstumsunternehmen in den überwiegenden Fällen eine Finanzmittelzufuhr von außen. Insbesondere gilt dies für junge Technologieunternehmen, die neben Forschung und Entwicklung der Produkte und Verfahren, den Marktaufbau und die Überwindung von Markteintrittsbarrieren finanzieren müssen.[346]

In Abhängigkeit der Rechtstellung der Kapitalgeber wird zwischen Eigen-, Mezzanin- und Fremdkapital unterschieden. Werden Fremd- und Eigenkapital als gegenpolige Instrumente der Unternehmensfinanzierung gegenübergestellt, bestehen Unterschiede bezüglich Haftung, Erfolgsbeteiligung, zeitliche Verfügbarkeit, Liquiditätsbelastung, Besicherung und Mitspracherechte. Der Eigenkapital-Geber partizipiert sowohl anteilig an den Risiken wie auch am Gewinn und an der Wertsteigerung des Unternehmens. In Abhängigkeit von der Rechtsform sowie vertraglicher Vereinbarungen hat der Eigenkapitalgeber unmittelbaren Einfluss auf Entscheidungen.[347] Die Entscheidungsbasis für die Finanzierungszusage oder –verweigerung und damit für den Abbruch oder die Umsetzung des Innovationsprojektes bilden meist kapitaltheoretische Bewertungsverfahren.

[341] Vgl. BEYER, 2002, S. 45
[342] Vgl. BEYER, 2002, S. 74
[343] Vgl. SCHWARZ, 2004, S. 345
[344] Vgl. DRUKARCZYK, 2003, S. 95
[345] Vgl. SCHWARZ, 2004, S. 345
[346] Vgl. SCHWARZ, 2004, S. 346
[347] Vgl. SCHWARZ, 2004, S. 345

Unter Innovationsfinanzierung werden alle finanzierungsrelevanten Maßnahmen zur Realisierung eines Innovationsvorhabens verstanden. Das Betätigungsfeld der Innovationsfinanzierung umfasst die Unterstützung von Entscheidungsprozessen, Kapitalbedarfsplanung, Liquiditätssteuerung, Bewertung von Finanzierungsalternativen und die operative Umsetzung der Maßnahmen. Zur Bewältigung der vielfältigen Aufgaben bei der Finanzierung von Innovationsvorhaben ist eine ganzheitliche Sicht des Innovationsprozesses und seiner Phasen förderlich.[348]

Eine prozessorientierte Betrachtung von Innovationen hält Implikationen für die Innovationsfinanzierung bereit. Im Idealfall werden die Phasen des Innovationsprozesses mit den Finanzierungsphasen zu Meilensteinen verknüpft, an deren Erreichung sich die Innovationsfinanzierung orientiert. [349] Solche Meilensteine können die Erreichung vorher vereinbarter Produkt-, Vermarktungs- oder Wertziele sein.

Das Prinzip der Meilensteine basiert auf der Grundannahme, dass Folgeleistungen im Innovationsprozess nur dann zu erbringen sind, wenn die zuvor definierten Meilensteine hinreichend erfüllt wurden.[350] Demzufolge sind Investoren nur dann bereit ein Innovationsprojekt weiter zu finanzieren, wenn die vorherigen Meilensteine erfolgreich abgeschlossen wurden.[351] Dieses Konzept impliziert somit eine stufenweise Finanzierung von Innovationsvorhaben und begrenzt das unternehmerische Risiko für den Investor beträchtlich. Die stufenweise Innovationsfinanzierung kommt sowohl bei der unternehmensinternen Innovationsfinanzierung (zB über Corporate Venture Capital und Budgets) als auch bei der Außenfinanzierung (zB durch Venture Capital) zum Einsatz.[352]

Im Kontext des wertorientierten Innovationscontrollings erweist sich die Stufenfinanzierung als werthaltige Finanzierungsstrategie, weil die Investoren nach jeder Stufe die Möglichkeit haben zu überprüfen, ob die Innovation ihre Renditeanforderungen erfüllt. Für die Investoren ist dies eine werthaltige Form der Kapitalallokation, da sie permanent die Flexibilität haben, in definierten zeitlichen Abständen den Abfluss von Kapital in nicht Wert schaffende Innovationen unterbinden zu können.[353]

Auch aus Sicht der Agency Theorie bringt die Stufenfinanzierung erhebliche Vorteile, da sie Anreize zu vertragskonformem Verhalten liefert. Dies beruht darauf, dass jeweils zuvor definierte Stufen der Innovation finanziert werden und eine Anschlussfinanzierung an die Erreichung definierter Meilensteine gebunden ist. Verhält sich der Innovator nicht vertragskonform, so hat der Investor die Möglichkeit, aus dem Vertragsverhältnis auszusteigen, indem er eine weiterführende Finanzierung des Innovationsvorhabens verweigert.[354] Ergänzend sei auch der Begriff des „moral hazard"[355] angeführt, der in Analogie zur Versicherungswirtschaft besagt, dass der Versicherte nach Abschluss einer Versicherung zum höheren Risiko tendiert. Durch die stufenweise Innovationsfinanzierung ist der Innovator sehr wohl angehalten risikobewusst

348 Vgl. BEYER, 2002, S. 193
349 Vgl. BEYER, 2002, S. 194
350 Vgl. HAUSCHILDT, 1997, S. 416
351 Vgl. BEYER, 2002, S. 195
352 Vgl. COOPER, 2002, o. S.
353 Vgl. BEYER, 2002, S. 195
354 Vgl. BEYER, 2002, S. 195
355 „Moral Hazard" ist ein Begriff aus der Versicherungswirtschaft und kann mit „moralischer Versuchung", nach Abschluss einer Versicherung zu höherem Risiko zu tendieren, übersetzt werden.

zu agieren, da eine weitere Finanzierung des Projektes an die Erreichung der definierten Meilenstein gekoppelt ist.

4.1.3 Kritik an konventionellen Kennzahlen- und Bewertungssystemen

Eine Ursache für die Forcierung der Wertorientierung im Innovationsmanagement liegt in den Unzulänglichkeiten der konventionellen Kennzahlen- und Bewertungssysteme begründet. Insbesondere die traditionellen periodengebundenen Erfolgsgrößen des Rechnungswesens stoßen auf Kritik. Speziell der Gewinn gibt nur unzureichend Auskunft über das Erfolgspotential und die zukünftige Wertentwicklung von Innovationsprojekten. Deshalb können Investitionsentscheidungen auf Basis periodengebundener Erfolgsgrößen zu keiner optimalen Allokation von Ressourcen führen.[356]

Ähnliche Mängel wie der Gewinn weisen auch die Kennzahlen des Rechnungswesens auf. RAPPAPORT führt insbesondere die Tatsache an, dass Größen wie der ROI (Return on Investment), ROS (Return on Sales) oder der CFROI (Cash Flow Return on Investment) auf manipulierbaren Buchwerten des Rechnungswesens basieren.[357] Gemeinsam ist den Größen des Rechnungswesens, dass sie tendenziell die Erfolge der Vergangenheit und nur unzureichend die künftige Wertentwicklung wiedergeben.[358] In der folgenden Auflistung werden weitere Kritikpunkte an den rechnungswesengestützten Zielgrößen dargestellt:[359]

- Beeinflussbarkeit des buchhalterischen Gewinns durch die Ausübung von Ansatz- und Bewertungswahlrechten
- Vergangenheitsorientierte Betrachtungsperspektive ohne Berücksichtigung zukünftiger Potentiale
- Mangelnde Übereinstimmung zwischen jahresabschlussorientierten Kennzahlen und der Wertentwicklung am Kapitalmarkt
- Keine Abbildung des Kapitalbedarfs zur Finanzierung zukünftiger Investitionen
- Mangelnde Berücksichtigung des leistungswirtschaftlichen Risikos
- Keine Berücksichtigung des finanzwirtschaftlichen Risikos aufgrund von Verschuldung
- Vernachlässigung der Dividendenpolitik
- Vernachlässigung der Kapitalkosten
- Fokussierung auf kurzfristige Gewinne entsprechen nicht dem langfristigen Beurteilungshorizont von Investitionen
- Keine Berücksichtigung des Zeitwertes des Geldes

Die Kritik an rechnungswesengestützten Zielgrößen macht diese zu unzureichenden Erfolgsmaßstäben für die Bewertung und Steuerung von Innovationsprojekten. Insbesondere Aspekte wie Vergangenheitsorientierung, Risikovernachlässigung und

[356] Vgl. COPELAND/KOLLER/MURRIN, 1998, S. 33-61
[357] Vgl. BEYER, 2002, S. 34
[358] Vgl. SIEGERT, 1995, S. 584
[359] Vgl. BEYER, 2002, S. 33f.

mangelnder Zukunftsbezug entsprechen nicht den Attributen von Innovationen.[360] Da das Rechnungswesen konzeptionell auf dem Prinzip des Gläubigerschutzes und dem Vorsichtsprinzip aufbaut, kann zumindest kein generelles Versagen für die Innovationsbewertung unterstellt werden.[361]

4.2 Bewertungszugang Investitionsbewertung

4.2.1 Grundlagen der Investitionsbewertung

Da Innovationsprojekte auch als Investitionsprojekte mit erhöhter Unsicherheit betrachtet werden können, bilden die verschiedenen Investitionsrechenverfahren eine theoretische Grundlage für die Bewertung von Innovationsprojekten. Dazu werden modifizierte Planungs- und Kontrollrechnungen benötigt, die die spezifischen Controllingeigenschaften einer Innovation berücksichtigen. Dies bedeutet, dass eine konsequente Überwindung des fehlenden Projekt-, Erfolgs- und Zukunftsbezugs der Innovation in den Abrechnungen stattfinden muss. Dies lässt sich erreichen, indem man die Innovation wie eine Investition in den Abrechnungen des Rechnungswesens behandelt.[362] Kosten und Erlöse werde dabei wie Zahlungen im finanzwirtschaftlichen Sinn behandelt und so der Bezug zu einem investitionstheoretisch gestalteten Rechnungswesen geschaffen.[363] Eine Innovationsabrechnung setzt sich demnach aus folgenden Rechnungswesenbausteinen zusammen:

Projektbezug der Innovation: Dazu wird der Innovation im Kontenplan des betrieblichen Rechnungswesens eine oder mehrere Nummern zugewiesen. Die Berücksichtigung des Projektbezugs der Innovation im Rechnungswesen hat folgende abrechnungstechnischen Konsequenzen:[364]

- Aufspaltung der Projektkosten im Rahmen der Kostenartenrechnung
- Einrichtung von gesonderten, das Projekt betreffenden Kostenstellen
- Abrechnung des Projekts als Kostenträger
- Erstellung von Vergleichsrechnungen

Erfolgsbezug der Innovation: Zur Ermittlung des wirtschaftlichen Innovationserfolgs sind alle relevanten Ausgaben und Einnahmen des Innovationsprojektes zu berücksichtigen. Dies erfordert in zeitlicher Hinsicht die Aufstellung kumulativer Beträge, in sachlicher Hinsicht die Erfassung aller Ausgaben, sowohl mit Aufwands- bzw. Kostencharakter als auch mit Aktivierungscharakter.[365] Dadurch werden neben den Erfolgen der operativen Bereiche auch die Projekterfolge aus innovativen Tätigkeiten und deren Beitrag zum Unternehmenserfolg ersichtlich.[366] Der Erfolgsbezug der Innovation im Rechnungswesen wird durch die Erstellung einer investitionsähnlichen

[360] Vgl. BEYER, 2002, S. 34
[361] Vgl. PAPE, 1997, S. 36
[362] Vgl. LITTKEMANN, 1996, S. 1930 ff.
[363] Vgl. KÜPPER, 1985, S. 26 ff.
[364] Vgl. LITTKEMANN, 2005, S. 35
[365] Vgl. LITTKEMANN, 2005, S. 35
[366] Vgl. MÄDER, 1993, S. 49

Erfolgsrechnung für die Innovation (Projekt-Deckungsbeitragsrechnung) mit kumulativen, vergangenheitsbezogenen Größen umgesetzt.[367]

Zukunftsbezug der Innovation: Der Investitionscharakter der Innovation verlangt die Einbeziehung zukünftiger Daten in die Erfolgsermittlung. Diese sind unerlässlich für die Entscheidung der Projektfortführung.[368] Hinsichtlich der praktischen Ausgestaltung der Planungs- und Kontrollrechnungen gilt es zu bedenken, dass die unsicheren Daten derart gekennzeichnet werden, dass es nicht zur Verwechslung mit sicheren Daten kommen kann. Um den Zukunftsbezug der Innovation im Rechnungswesen zu berücksichtigen, muss die Erfolgsabrechnung um die Erstellung von investitionsähnlichen Erfolgsrechnungen für die Innovation (Projekt-Deckungsbeitragsrechnungen) mit kumulativen, vergangenheits- und zukunftsbezogenen Größen ergänzt werden.[369]

Der fehlende Projektbezug der Innovation wird im internen Rechnungswesen durch eine kostenbezogene Abrechnung hergestellt. Diese sieht für das Innovationsprojekt eine separate Kostenarten-, Kostenstellen- und Kostenträgerrechnung vor. Der fehlende Erfolgs- und Zukunftsbezug einer Innovation lässt sich durch eine investitionsorientiert erstellte Projekt-Deckungsbeitragsrechnung realisieren (ergebnisbezogene Abrechnung).[370] Im Folgenden werden die statischen und dynamischen Investitionsrechenverfahren bezüglich ihrer Einsatztauglichkeit in der Innovationsbewertung analysiert.

4.2.2 Verfahren der Investitionsbewertung

4.2.2.1 Statische Investitionsrechenverfahren

Die statischen Investitionsrechenverfahren werden aufgrund ihrer einfachen Handhabung zur Grobbewertung von Innovationsprojekten eingesetzt. Die Besonderheiten der verschiedenen statischen Investitionsrechenverfahren werden im Folgenden dargestellt:

a) Kostenvergleichsrechnung: Bei der Kostenvergleichsrechnung werden die Gesamtkosten pro Jahr oder die durchschnittlichen Stückkosten (Forschungs- und Entwicklungskosten, Projektierungskosten, Anlaufkosten usw.) der verschiedenen Innovationsprojekte einander gegenübergestellt. Dabei stellt die kostengünstigste Alternative eine optimale Problemlösung dar.[371]

Unter Kosten wird in der Betriebswirtschaft der bewertete Verzehr von Gütern und Dienstleistungen verstanden, der durch den Prozess der betrieblichen Leistungsherstellung entsteht. Es wird zudem zwischen Grund- und Zusatzkosten (=kalkulatorische Kosten) unterschieden, welche beide in der Innovationsbewertung berücksichtigt werden müssen.[372]

---

[367] Vgl. LITTKEMANN, 2005, S. 35
[368] Vgl. JENSEN/LAWSON, 1985, S. 29 ff.
[369] Vgl. LITTKEMANN, 2005, S. 36
[370] Vgl. EBENDA
[371] Vgl. VAHS/BURMESTER, 2005, S. 210
[372] Vgl. PLESCHAK/SABISCH, 1996, S. 201

Jedes Innovationsprojekt wird hinsichtlich der Wirkungen auf die Entwicklung der Kosten und des Gewinns untersucht. Das Ziel besteht darin, durch effizientere Produkte, durch rationelle Verfahren und Methoden, durch produktive Betriebsmittel und Fertigungsprozesse die Kosten je Leistungseinheit wesentlich zu senken und damit den Gewinn des Unternehmens zu erhöhen.[373]

Die Nachteile der Anwendung der Kostenvergleichsrechnung für Innovationsprojekte sind zum einen, dass sich die Kosten in allen Jahren der Innovationslaufzeit gleich verhalten und die Kostenstrukturen der zu vergleichenden Innovationsprojekte identisch sind, zum anderen wird die Erlösseite völlig außer Acht gelassen, deren Optimierung ein Hauptziel insbesondere von Produktinnovationen ist.[374] Ein derartiges Vorgehen kann dazu führen, dass trotz der Wahl der kostengünstigsten Alternative kein Gewinn erwirtschaftet wird. Damit scheidet die Kostenvergleichsrechnung, insbesondere für Produktinnovationen, als adäquate Bewertungsform aus.[375]

b) Gewinnvergleichsrechnung: Bei der Gewinnvergleichsrechnung werden neben den voraussichtlichen Kosten eines Innovationsprojektes auch die damit verbundenen voraussichtlichen Erlöse berücksichtigt. Unter mehreren Innovationsprojekten kommt somit jenes Projekt zur Umsetzung, welches den höchsten durchschnittlichen Gewinn pro Periode erwirtschaftet.[376]
Bei Innovationsprojekten tritt der Gewinnzuwachs sowohl als pagatorischer- wie auch als kalkulatorischer Gewinn auf. Der pagatorische, auf Zahlungsvorgänge zurückzuführende Gewinn ermittelt sich aus der Differenz von Ertrag minus Aufwand. Der kalkulatorische Gewinn bestimmt sich aus der Differenz der (geplanten) Umsatzerlöse minus Kosten. Da insbesondere auch die Eigenkapitalzinsen zu den kalkulatorischen Kosten zählen, wirken sie Gewinn mindernd.[377]

Die Gewinnvergleichsrechnung stellt eine logische Weiterentwicklung der Kostenvergleichsrechnung dar. Sie führt allerdings nur unter den Voraussetzungen gleicher Laufzeit und identischer Umsetzungskosten der Innovationsprojekte zu entscheidungsrelevanten Bewertungsergebnissen. Da diese Prämissen nur in den seltensten Fällen gegeben sind, ist auch die Gewinnvergleichsrechnung für die Bewertung von Innovationsprojekten sehr eingeschränkt tauglich.[378]

c) Rentabilitätsrechnung: Bei der Rentabilitätsvergleichsrechnung werden Kostenersparnis bzw. Gewinnzuwachs zum durchschnittlich gebundenen Kapital ins Verhältnis gesetzt und damit die Durchschnittsverzinsung des Kapitaleinsatzes bestimmt.[379] Die Entscheidungsalternative mit der höchsten Rentabilität wird als optimal bewertet, sofern diese über der geforderten Mindestrentabilität liegt. Die Mindestrentabilität orientiert sich an den alternativen Anlagemöglichkeiten auf dem Kapitalmarkt. Die mit dem Innovationsprojekt verbundenen Risiken werden erforderlichenfalls mit einem Risikozuschlag berücksichtigt.[380]

---

[373] Vgl. EBENDA
[374] Vgl. VAHS/BURMESTER, 2005, S. 210
[375] Vgl. EBENDA
[376] Vgl. EBENDA
[377] Vgl. PLESCHAK/SABISCH, 1996, S. 202
[378] Vgl. VAHS/BURMESTER, 2005, S. 210
[379] Vgl. PLESCHAK/SABISCH, 1996, S. 205
[380] Vgl. VAHS/BURMESTER, 2005, S. 211

$$\text{Rentabilität} = \frac{\text{Gewinnzuwachs(Kostenersparnis)}}{\text{DurchschnittlicherKapitaleinsatz}} \cdot 100\,(\%)$$

Ein wesentlicher Vorzug der Rentabilitätsrechnung besteht darin, dass Alternativen mit unterschiedlich hohem Kapitaleinsatz vergleichbar werden. Von praktischem Interesse ist der Fall, wo die billigere Alternative die höhere Rendite erwarten lässt und Differenzkapital zusätzlich angelegt werden kann. Dadurch wird eine Verbesserung der Gesamtkapitalrentabilität erreicht.[381]

Durch zusätzliche Berücksichtigung des geplanten Umsatzes kann die Rentabilitätsrechnung als ROI-Methode (Return on Investment) aufgewertet werden. Dabei wird der Quotient aus Gewinn und Umsatz als Umsatzrentabilität bezeichnet, der Quotient aus Umsatz und investiertem Kapital als Kapitalumschlag.[382]

$$ROI = \frac{Gewinn}{Umsatz} \cdot \frac{Umsatz}{investiertesKapital} \cdot 100\,(\%)$$

Die Rentabilitätsrechnung wird zwar in vielen Bereichen dem Anspruch der Investoren gerecht, die eine Aussage über die voraussichtliche Kapitalverzinsung erwarten, dennoch können auch bei dieser Methode die allgemeinen Mängel der statischen Verfahren zu Fehlentscheidungen führen.[383]

d) Statische Amortisationsrechnung: Die statische Amortisationsrechnung gibt Auskunft darüber, nach welchem Zeitraum das für eine Investition erforderliche Kapital wieder in das Unternehmen zurückfließt. Andere Bezeichnungen für diese Berechnungsform sind beispielsweise Kapitalflussrechnung, Cash-Flow-Rechnung, Pay-back-, Pay-off- oder auch Pay-out-Rechnung.[384]

Einfacher formuliert lautet die entscheidende Frage: Nach wie vielen Jahren ist die Summe der Einnahmen eines Innovationsprojektes größer als die Summe der Ausgaben? Das Innovationsprojekt, welches die kürzeste Amortisationsdauer besitzt und gegebenenfalls eine maximale zulässige Amortisationszeit nicht überschreitet, gilt als optimal.[385]

$$Amortisationsdauer = \frac{Kapitaleinsatz}{\varnothing laufendeEinnahmen - \varnothing laufendeAusgaben}$$

Durch die Amortisationsrechnung kann überprüft werden, ob ein Innovationsprojekt, welches die Rentabilitätskriterien erfüllt, auch den Mittelrückfluss in der geforderten Zeitdauer gewährleistet. Dem Aspekt der Liquiditätssicherung kommt somit eine besondere Bedeutung zu.[386]

[381] Vgl. PLESCHAK/SABISCH, 1996, S. 206
[382] Vgl. VAHS/BURMESTER, 2005, S. 211
[383] Vgl. EBENDA
[384] Vgl. PLESCHAK/SABISCH, 1996, S. 207
[385] Vgl. VAHS/BURMESTER, 2005, S. 211
[386] Vgl. PLESCHAK/SABISCH, 1996, S. 206

Werden anstelle des durchschnittlichen jährlichen Rückflusses jahresbezogene Rückflüsse (weder auf- noch abgezinst) angesetzt, dann kann die statische Betrachtung zumindest teilweise überwunden werden.[387]

Von den bisher betrachteten statischen Verfahren unterscheidet sich die Amortisationsrechnung zum einen in der Berücksichtigung von liquiditätswirksamen Größen (Einnahmen und Ausgaben) und zum anderen in der Berücksichtigung mehrerer Nutzungsperioden.[388]

Problematisch für die Anwendung der Amortisationsrechnung bei Innovationsprojekten ist die Möglichkeit, dass die Alternative mit der kürzesten Amortisationszeit nicht auch den höchsten Gesamtgewinn erwirtschaftet (Abbildung 16).[389] Wohl aber kann sie dazu dienen, die kritische Nutzungsdauer eines Innovationsprojektes zu bestimmen, damit die Umsetzung der entsprechenden Produktidee sich zumindest ausgabenneutral auswirkt. Die Amortisationsrechnung dient somit weniger der Erfolgseinschätzung als vielmehr der Risikoeinschätzung eines Innovationsprojektes.[390]

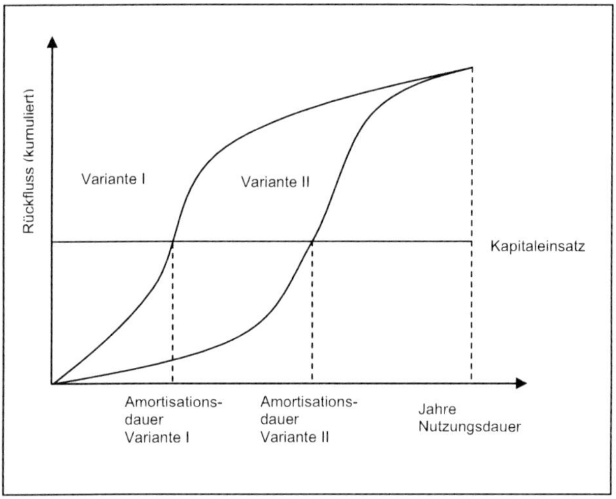

Abbildung 16: Amortisationsdauer bei Verlauf des Rückflusses[391]

e) Zusammenfassung statische Verfahren: Die statischen Bewertungsverfahren kommen meist kombiniert zur Anwendung und bauen in den Ergebnissen aufeinander auf. Durch ihre leichte Anwendbarkeit sind in der Praxis insbesondere die Rentabilitätsrechnung und die Amortisationsrechnung weit verbreitet.[392]

Die entscheidende Schwäche der statischen Verfahren für die Innovationsbewertung liegt in ihrer Eigenheit als einperiodige Durchschnittsrechnungen. Im Kontrast hierzu

387 Vgl. WARNECKE/BULLINGER/HICHERT/VOGELE, 1990, o.S.
388 Vgl. VAHS/BURMESTER, 2005, S. 212
389 Vgl. PLESCHAK/SABISCH, 1996, S. 207
390 Vgl. VAHS/BURMESTER, 2005, S. 212
391 Quelle: PLESCHAK/SABISCH, 1996, S. 207
392 Vgl. PLESCHAK/SABISCH, 1996, S. 205

dauern Innovationsprojekte und deren Durchsetzung am Markt häufig länger als ein Jahr. Zudem weisen einzelne Perioden unterschiedliche Charakteristika auf. Schließlich gehen die statischen Verfahren von realitätsfernen Voraussetzungen wie gleicher zeitlicher Nutzungsdauer und gleicher Höhe des Kapitaleinsatzes der zu vergleichenden Projekte aus.[393]

Vorteilhaft sind die einfache Anwendbarkeit und der für den Einsatz erforderliche, vergleichsweise geringe Informationsstand über die Innovationsprojekte. Insbesondere bei kurzfristigen Innovationsvorhaben oder bei unsicheren Vorhersagemöglichkeiten liefern die statischen Bewertungsverfahren durchaus brauchbare Ergebnisse, die durch die kombinierte Anwendung von unterschiedlichen Wirtschaftlichkeitsrechnungen (beispielsweise der Rentabilitäts- und der Amortisationsrechnung) noch verbessert werden können.[394]

4.2.2.2 Dynamische Investitionsrechenverfahren

Das Hauptmerkmal der dynamischen Investitionsrechenverfahren liegt in der Berücksichtigung der zeitlichen Unterschiede im Anfall von Einzahlungen (Erträge) und Auszahlungen (Kapitaleinsatz, Kosten) durch Auf- und Abzinsung (Diskontierung) auf einen einheitlichen Bezugspunkt.[395] Die Unterschiede zwischen den Verfahren sind im Folgenden dargestellt:

a) Kapitalwertmethode: Bei der Kapitalwertmethode (net present value method oder auch Barwertmethode) wird der Wert einer prognostizierten Zahlungsreihe (Rückflüsse) zu einem fixen Bezugspunkt mit einem vorgegebenen Kalkulationszinsfuß ermittelt.[396] Eine Alternative ist dann vorteilhaft, wenn ihr Kapitalwert positiv ist. Dann übersteigt ihre Effektivverzinsung die geforderte Mindestverzinsung.[397]

Eine auf einen bestimmten Zeitpunkt abgezinste Zahlung wird als Barwert (Gegenwartswert) bezeichnet. Der Kapitalwert ist somit die Differenz der Barwerte aller Ein- und Auszahlungen, die ursächlich mit dem Innovationsprojekt in Beziehung stehen.[398] Er ermöglicht eine Vergleichbarkeit der alternativen Innovationsprojekte.[399]

[393] Vgl. VAHS/BURMESTER, 2005, S. 212
[394] Vgl. EBENDA
[395] Vgl. PLESCHAK/SABISCH, 1996, S. 207
[396] Vgl. KROPFBERGER, 1974, S. 246
[397] Vgl. EBENDA
[398] Vgl. PLESCHAK/SABISCH, 1996, S. 210
[399] Vgl. VAHS/BURMESTER, 2005, S. 213

Die Grundformel zur Berechnung des Kapitalwertes lautet wie folgt:

$$KW = \sum_{t=1}^{n} \frac{(E_t - A_t)}{(1+i)^t} - KE = \sum_{t=1}^{n} R_t \cdot (1+i)^{-t} - KE$$

KW	*Kapitalwert*
E_t	*Einzahlungen am Ende der Zeitperiode t*
A_t	*(risikoadjustierter) Kalkulationszinsfuß*
t	*Zeitperiode von 0 bis n (Jahre)*
i	*Kalkulationszinsfuß*
$(1 + i)^{-t}$	*Abzinsungsfaktor*
KE	*Kapitaleinsatz für die Investition*
$R_t = E_t - A_t$	*Jährlicher Durchschnittlicher Rückfluss*

Die Liquiditätserlöse am Ende der Nutzungsdauer werden dabei wie Einzahlungen abgezinst.[400]

Der Kapitalwert stellt somit die zu erwartende Steigerung der Verzinsung des eingesetzten Kapitals bei einem definierten Zinssatz i bezogen auf den Investitionszeitpunkt dar.[401] Die Kapitalwertberechnung geht von einem Kalkulationszinsfuß i aus, der die gewünschte Mindestverzinsung zum Ausdruck bringt. Da der Kapitalwert wesentlich von der Höhe des Kalkulationszinsfußes abhängt, kommt dessen Festlegung eine herausragende Bedeutung zu. Ansatzpunkte für die Berechnung des Kalkulationszinsfußes liefern die Unternehmensziele, branchenübliche Durchschnittswerte, durchschnittliche Unternehmensrenditen oder durchschnittliche Zinssätze des Kapitalmarktes.[402]

Die Kapitalwertmethode bringt eine Vereinfachung der Projektwahl mit sich, da nicht nach einer optimalen, sondern lediglich nach einer zufrieden stellenden Lösung gesucht werden muss. Als zufrieden stellend kann ein Innovationsprojekt bezeichnet werden, wenn ein positiver Kapitalwert erwirtschaftet wird.[403]

b) Interne-Zinsfuß-Methode: Durch die Interne-Zinsfuß-Methode (discounted cash flow method) kann die Effektivverzinsung einer Innovation (Investition, Strategie) ermittelt werden. Dabei wird jener Zinssatz gesucht, bei dem der Kapitalwert der Rückflüsse 0 ist.[404] Hierfür wird die Grundgleichung der dynamischen Investitionsrechnung für einen Kapitalwert von K = 0 nach dem Diskontierungssatz aufgelöst.[405] Die Interne-Zinsfuß-Methode basiert also auf dem gleichen Grundansatz wie die Kapital-

[400] Vgl. PLESCHAK/SABISCH, 1996, S. 208
[401] Vgl. VAHS/BURMESTER, 2005, S. 213
[402] Vgl. PLESCHAK/SABISCH, 1996, S. 208
[403] Vgl. KROPFBERGER, 1974, S. 249
[404] Vgl. KROPFBERGER, 1974, S. 243
[405] Vgl. BLOHM/LÜDER, in: KROPFBERGER, 1974, S. 243

wertmethode.[406] Die Durchführung eines Innovationsprojektes ist dann sinnvoll, wenn der berechnete interne Zinsfuß über dem Kalkulationszinsfuss liegt.[407]

Die Grundformel zur Berechnung des internen Zinsfußes lautet wie folgt:

$$KW = 0 = \sum_{t=1}^{n} \frac{(E_t - A_t)}{(1+r)^t} - KE = \sum_{t=1}^{n} R_t \cdot (1+r)^{-t} - KE$$

KW	*Kapitalwert*
E_t	*Einzahlungen am Ende der Zeitperiode t*
A_t	*(risikoadjustierter) Kalkulationszinsfuß*
t	*Zeitperiode von 0 bis n (Jahre)*
r	*Kalkulationszinsfuß*
$(1 + i)^{-t}$	*Abzinsungsfaktor*
KE	*Kapitaleinsatz für die Investition*
$R_t = E_t - A_t$	*Jährlicher Durchschnittlicher Rückfluss*

Aufgrund des aufwendigen mathematischen Lösungsansatzes (Polynom n-ten Grades für die Ermittlung von r) behilft man sich durch ein Näherungsverfahren[408]. Dabei werden für eine Investition zwei Kapitalwerte mit unterschiedlichen Kalkulationszinsfüßen (i_1 bzw. i_2) berechnet.

$$r = i_1 - KW_1 \cdot \frac{i_2 - i_1}{KW_2 - KW_1}$$

Die interne Zinsfuß-Methode ist in ihrer Aussagekraft den Rentabilitätskennziffern vergleichbar. Zur Bewertung eines einzelnen Projektes ergibt sich die Vorteilhaftigkeit durch Vergleich mit dem Kapitalmarktzinssatz oder der durchschnittlichen Unternehmensrentabilität (=Eigenkapitalrentabilität). Werden mehrere Innovationsprojekte miteinander verglichen, so erfolgt die Reihung nach dem maximal erreichten internen Zinsfuß.[409] Ausgewählt wird jenes Innovationsprojekt, welches die höchste Verzinsung verspricht bzw. dessen Verzinsung eine geforderte Mindestrentabilität (Anspruchsniveau) übersteigt.[410]

In diesem Zusammenhang sei darauf verwiesen, dass die interne Zinsfuß-Methode der Kapitalwertmethode in der Bewertungsaussage unterlegen ist. Des Weiteren kann es bei Auswahlentscheidungen unter bestimmten Voraussetzungen Widersprüche zwischen beiden Methoden geben.

---

[406] Vgl. PLESCHAK/SABISCH, 1996, S. 209
[407] Vgl. VAHS/BURMESTER, 1996, S. 213
[408] Zur Lösung dieser Aufgabenstellung sei auf das NEWTON-Verfahren hingewiesen.
[409] Vgl. PLESCHAK/SABISCH, 1996, S. 209
[410] Vgl. KROPFBERGER, 1974, S. 243

c) Annuitätenmethode: Die Annuitätenmethode ist eine Variante der Kapitalwertmethode. Unter Annuität wird die Umrechnung eines Wertes auf gleich hohe Jahresbeträge verstanden. Bezogen auf den Kapitalwert bedeutet dies, mittels des Annuitätenfaktors (auch als Wiedergewinnungsfaktor bezeichnet) einen pro Jahr der Nutzungsdauer gleich großen Kapitalwert zu ermitteln. [411]

$$a = KW \cdot \frac{i \cdot (1+i)^n}{(1+i)^n - 1}$$

a	*Annuität*

Eine Investition in ein Innovationsprojekt kann dann als vorteilhaft bezeichnet werden, wenn ihre Annuität positiv ist. Beim Vergleich mehrerer Innovationsprojekte sind diejenigen mit der höchsten Annuität den anderen vorzuziehen.[412] Das Hauptproblem in der praktischen Anwendung liegt wie bei der Kapitalwertmethode in der Festsetzung des Kalkulationszinsfußes.[413]

d) Zusammenfassung dynamische Verfahren: Da die dynamischen Verfahren der Investitionsbewertung die Charakteristika von Innovationsprojekten realistischer abbilden und dabei mehr Parameter berücksichtigen, eignen sich diese besser zur Bewertung von Innovationsprojekten als die statischen Verfahren.[414] Nachteilig bei den dynamischen Methoden sind insbesondere ihre realitätsfernen Prämissen wie die Annahme einer vollkommenen Prognostizierbarkeit der zukünftigen Ein- und Auszahlungen. Kritisierbar ist auch die Wahl des Kalkulationszinssatzes für die Kapitalkosten, der – meist subjektiv gewählt – einen entscheidenden Einfluss auf das Bewertungsergebnis ausübt.[415] Nachteilig bei allen Wirtschaftlichkeitsrechnungen für Innovationen ist, dass die qualitativen Aspekte der Innovationsprojekte nicht berücksichtigt werden. Insofern empfehlen VAHS/BURMESTER, ergänzend eine Nutzwertanalyse durchzuführen.[416]

[411] Vgl. PLESCHAK/SABISCH, 1996, S. 210
[412] Vgl. VAHS/BURMESTER, 2005, S. 214
[413] Vgl. PLESCHAK/SABISCH, 1996, S. 210
[414] Vgl. VAHS/BURMESTER, 2005, S. 214
[415] Vgl. VAHS/BURMESTER, 2005, S. 215
[416] Vgl. EBENDA

4.3 Bewertungszugang Unternehmensbewertung

4.3.1 Grundlagen der Unternehmensbewertung

Eine weitere Ausgangsbasis für die wirtschaftliche Bewertung von Innovationen bilden die Verfahren der Unternehmensbewertung. Mit diesen Verfahren soll der Beitrag von Innovationsprojekten zur Veränderung des Unternehmenswertes untersucht werden. Durch ein durchgängiges Kennzahlensystem sowohl bei der Unternehmensbewertung als auch bei der Innovationsbewertung wird dies erleichtert. Nachstehende Abbildung zeigt Bewertungsmodelle, welche in früheren Dekaden von theoretischer und praktischer Bedeutung waren. Nach einiger Zeit kamen stets neue Erkenntnisse auf, und das bis dahin als Stand der Wissenschaft angesehene Bewertungsmodell musste einem neuen Paradigma weichen.[417]

	Paradigma	Dekade
1.	Der Substanzwert (Bilanz)	um 1920
2.	Der Ertragswert	um 1940
3.	Der Marktwert	um 1950
4.	Wachstum	um 1960
5.	Die DCF-Verfahren	um 1970
6.	Corporate Governance	um 1980
7.	Realoptionen	um 1990
8.	Wissenskapital	um 2000

Abbildung 17: Paradigmen der Unternehmensbewertung[418]

Auf dem Gebiet der Unternehmensbewertung haben sich in den letzten Jahren keine radikalen, aber dennoch einige bemerkenswerte Entwicklungen vollzogen.[419] Von zahlreichen Erkenntnissen und Entwicklungen aus dem angloamerikanischen Raum angeregt ist mittlerweile auch im deutschsprachigen Raum eine verstärkte Orientierung am Shareholder-Value-Ansatz als Basis für die Ermittlung des Unternehmenswertes festzustellen.[420] Dabei wird in Bezug auf den Shareholder-Value-Ansatz insbesondere die Verbindung von Finanzierungstheorie und strategischem Management betont, wodurch der Shareholder-Value-Ansatz einerseits zur Unternehmensbewertung und andererseits zur wertorientierten strategischen Unternehmensführung als geeignet erscheint.[421]

Aufbauend auf diesem Bewertungskalkül und Ansatz zur Unternehmensführung sollte innerhalb des Zielsystems eines Unternehmens die Schaffung von Shareholder-

[417] Vgl. SPREMANN, 2002, S. 140
[418] Vgl. EBENDA
[419] Vgl. MANDL, 2000, S. 182
[420] Vgl. NADVORNIK, 1995, S. 375
[421] Vgl. HACHMEISTER, 1997, S. 824

Value an oberster Stelle stehen, welcher durch die Allokation knapper Ressourcen auf konkurrierende Investitions- bzw. Innovationsvorhaben sowie durch das wertorientierte Management des bestehenden Investitionsportfolios entsteht.[422] Als Entscheidungsbasis zur Auswahl Wert schaffender Innovationsprojekte und zum anschließenden strategischen Management bereits realisierter Innovationsvorhaben wird ein Rechenwerk benötigt, das eine marktorientierte Bewertung der potentiellen Realinvestitionen ermöglicht. Diesbezüglich hat sich die Kapitalwertmethode als Standard zur Entscheidungsfindung etabliert.[423]

Zur Ermittlung des Marktwerts und zur Messung der angestrebten Wertsteigerung von Investitionsprojekten hingegen werden, basierend auf dem Kalkül der dynamischen Investitionsrechnung, mehrere Verfahren herangezogen.[424] Trotz konzeptioneller Unterschiede bei der Implementierung basieren diese grundsätzlich auf dem Discounted-Cash-Flow-Ansatz.[425]

4.3.2 Verfahren der Unternehmensbewertung

4.3.2.1 Die DCV-Verfahren

4.3.2.1.1 Einteilung der DCF-Verfahren

Unter der Bezeichnung Discounted Cash Flow (DCF) werden unterschiedliche Bewertungsansätze zusammengefasst. Der seit einiger Zeit verstärkte Anforderungsdruck des angloamerikanisch dominierten internationalen Geschäftes für Unternehmenstransaktionen hat auch deutschsprachige Wirtschaftsprüfer bewogen, ihre Bewertungsstandards in Richtung DCF-Verfahren anzupassen.[426] Ein weiterer Aspekt, der parallel mit der Etablierung der DCF-Verfahren diskutiert wird, ist die Anwendbarkeit der DCF-Verfahren für steuerliche Aspekte.[427]

In einer ersten Differenzierungsstufe der DCF-Verfahren lassen sich der Equity Ansatz (Eigenkapital- oder Nettoansatz) und der Entity Ansatz (Gesamtkapital- oder Bruttoansatz) unterscheiden. Die Unterscheidung der beiden Ansätze erfolgt über die einstufige bzw. mehrstufige Ermittlung des Marktwertes des Eigenkapitals (Shareholder Value).[428] Unter der Voraussetzung gleicher Bewertungsannahmen führen die DCF-Verfahren und die Ertragswertmethode theoretisch zu identischen Ergebnissen, da beide auf dem Kapitalwertkalkül aufbauen. Praktisch jedoch divergieren die Annahmen und somit die Ergebnisse.[429]

[422] Vgl. Volgger, 2004, S. 1
[423] Vgl. Hommel, 1999, S. 22
[424] Vgl. Volgger, 2004, S. 2
[425] Vgl. Slater, 1998, S. 448
[426] Vgl. Beyer, 2002, S. 74
[427] Vgl. Jonas, 1995, S. 83-98
[428] Vgl. Beyer, 2002, S. 75
[429] Vgl. Drukarczyk, 1995, S. 330

Ertragswert Methode	**DCF Methoden**		
	Equity Ansatz	Entity Ansatz	
Nettokapitalisierung		Bruttokapitalisierung	
		WACC Ansatz	APV Ansatz
Direkte, einstufige Ermittlung des Marktwertes des Eigenkapitals		Indirekte, mehrstufige Ermittlung des Marktwertes des Eigenkapitals	

Abbildung 18: Kapitaltheoretische Bewertungsansätze[430]

Direkte, einstufige Ermittlung: Beim Equity Ansatz wird der Shareholder Value einstufig ermittelt. Dabei werden die den Kapitalgebern zufließenden Überschüsse, die Zahlungen an Fremdkapitalgeber (Zinsen und Tilgungszahlungen) sowie die Steuern abgezogen und mit den Eigenkapitalkosten diskontiert.[431] Es bleiben die Kosten der Fremdkapitalgeber unberücksichtigt, da das Fremdkapital auf Ebene der Innovation bzw. Geschäftseinheit abgezogen wird. Das als Nettokapitalisierung bezeichnete Verfahren entspricht grundsätzlich dem der Ertragswertmethode.

Die Ertragswertmethode baut im Unterschied zum Equity Ansatz auf den periodenbezogenen Nettoentnahmen der Eigentümer auf. Nur unter der Annahme der Vollausschüttung sämtlicher Überschüsse und der Befriedigung der Ansprüche von Fremdkapitalgebern zeitigen der Cash Flow des Equity Ansatzes und die Entnahmen der Ertragswertmethode die gleichen Ergebnisse.[432]

Indirekte, mehrstufige Ermittlung: Bei der Bruttokapitalisierung (Entity Ansatz) wird der Marktwert des Eigenkapitals in einem mehrstufigen Verfahren indirekt erhoben. Dabei wird zunächst der Gesamtkapitalwert durch Addition der Wertbeiträge jeder Geschäftseinheit bzw. Innovation, der Zentrale und des nicht betriebsnotwendigen Vermögens bestimmt und anschließend der Marktwert des Fremdkapitals abgezogen.[433] Durch diese Vorgehensweise wird implizit eine Trennung der leistungswirtschaftlichen Bereiche von den Finanzierungsbereichen erreicht.[434]

Die Diskontierung des Gesamtkapitalwerts erfolgt nach dem Weighted Average Cost of Capital-Ansatz (WACC) mit den gewogenen durchschnittlichen Kapitalkosten. Alternativ dazu steht das Adjusted Present Value (APV) Verfahren zur Verfügung.[435]

[430] Vgl. BEYER, 2002, S. 75
[431] Vgl. HACHMEISTER, 1998, S. 94
[432] Vgl. DRUKARCZYK, 1998, S. 285ff.
[433] Vgl. BEYER, 2002, S. 76
[434] Vgl. HACHMEISTER, 1996, S. 254
[435] Vgl. BEYER, 2002, S. 76

4.3.2.1.2 Der Equity Ansatz

Beim Equity Ansatz wird der Marktwert des Eigenkapitals direkt (einstufig) ermittelt ohne wie bei den nachfolgend beschriebenen mehrstufigen Verfahren zuerst den Gesamtunternehmenswert zu berechnen. Der Equity Ansatz unterscheidet sich von den Entity Ansätzen dadurch, dass die den Anteilseignern zufließenden Überschüsse nach Steuern mit den Eigenkapitalkosten diskontiert werden.[436]

Die auf diese Weise ermittelten Überschüsse wiederum unterscheiden sich von den nachfolgend beschriebenen Free Cash Flows aus dem WACC- bzw. dem APV-Ansatz.

Problematisch am Equity Ansatz sind Zirkularitätsprobleme. Zur Lösung der anhängigen Zirkularitätsprobleme bieten sich mehrere Lösungsvarianten an: Beispielsweise können periodenkonstante Eigenkapitalkosten unterstellt werden. Diese Annahme impliziert, dass die Kapitalkosten lediglich das leistungswirtschaftliche, nicht jedoch das finanzielle Risiko erfassen.[437]

4.3.2.1.3 Der WACC Ansatz

Kapitaltheoretisch wird Wert geschaffen, wenn der Kapitalertrag einer Kapitalanlage in einer Berichtsperiode ihre Kapitalkosten übersteigt. Der Kapitalertrag ist das operative Nettoergebnis ohne Zinsen auf Basis einer kalkulatorisch richtigen Bewertung des Ressourcenverbrauches.[438] Beim WACC Ansatz ergeben sich die Kapitalkosten aus dem gewogenen Durchschnitt von Fremdkapitalkosten und Eigenkapitalkosten zuzüglich einer angemessenen Risikovorsorge für den Kapitaleinsatz.[439]

NIPPEL weist bei der Kalkulation des Wertbeitrages einer Innovation bzw. einer Geschäftseinheit nach dem WACC Ansatz auf das Zirkularitätsproblem hin.[440] Das Zirkularitätsproblem entsteht dadurch, dass der WACC die Fremd- und Eigenkapitalkosten im Verhältnis ihrer Marktwerte gewichtet. Hierfür ist die Kenntnis dieser Marktwerte erforderlich, welche jedoch erst mittels WACC berechnet werden sollen.[441]

---

[436] Vgl. HACHMEISTER, 1996, S. 253
[437] Vgl. BEYER, 2002, S. 83
[438] Vgl. RUHSERT, KETZER, RUHSERT, 2002, S. 42
[439] Vgl. EBENDA
[440] Vgl. NIPPEL, 1999, S. 346f
[441] Vgl. BEYER, 2002, S. 78

$$c = \frac{V_{EK}}{V} \cdot e + \frac{FK}{V} \cdot i$$

c	*Kapitalkosten*
V_{EK}	*Marktwert des Eigenkapitals*
V	*Marktwert des Gesamtkapitals*
FK	*Marktwert des Fremdkapitals*
e	*Eigenkapitalkosten*
i	*Fremdkapitalkosten*

Des Weiteren wird bei der Anwendung der gewogenen, durchschnittlichen Kapitalkosten der Unternehmung (WACC) als Diskontierungsfaktor für die Free Cash Flows von Innovationen unterstellt, dass die Eigenkapitalkosten einer Innovation mit denen der gesamten Unternehmung übereinstimmen. Damit wird impliziert, dass das leistungswirtschaftliche Risiko einer Innovation identisch dem operativen Risiko der Gesamtunternehmung ist. Dies entspricht kaum der betrieblichen Realsituation.[442]

4.3.2.1.4 Der APV Ansatz

Unter Adjusted Present Value (APV) wird das Konzept der „angepassten" Barwerte verstanden. Der Gesamtkapitalwert wird beim APV Ansatz komponentenweise errechnet. Dabei errechnet sich der vorläufige Unternehmenswert unter der Grundannahme der vollständigen Eigenfinanzierung aus den ***Marktwert des Eigenkapitals*** der gesamten diskontierten Free Cash Flows. Der Wert des Steuervorteils aus tatsächlicher anteiliger Fremdfinanzierung wird isoliert bewertet und anschließend dem Unternehmenswert hinzugerechnet.[443]

4.3.2.1.5 Die Gegenüberstellung der DCF-Ansätze

Der Equity Ansatz ermittelt den Marktwert des Eigenkapitals direkt durch die Nettokapitalisierung, während die beiden Entity Ansätze (WACC und APV Ansatz) nach dem Prinzip der Bruttokapitalisierung vorgehen. Dabei wird der Unternehmensgesamtwert ohne Berücksichtigung von Zinsen und Änderung des Fremdkapitalbestandes im Free Cash Flow berechnet.[444] Hieraus resultieren unterschiedliche Kapitalkostensätze für die Diskontierung der Free Cash Flows.[445]

Für die Bewertung von Innovationsprojekten ist es von entscheidender Bedeutung, welcher der beschriebenen Ansätze für die Ermittlung der Wertbeiträge verwendet wird. Die Eignung eines bestimmten Bewertungsansatzes lässt sich in der Bewertungspraxis anhand der auftretenden Ergebnisabweichungen einschätzen.[446]

---

[442] Vgl. Brealey/Myers, 1996, S. 458
[443] Vgl. Hachmeister, 1996, S. 256
[444] Vgl. Copeland/Koller/Murrin, 1998, S. 159-163,
[445] Vgl. Rappaport, 1995, S. 39-57
[446] Vgl. Beyer, 2002, S. 85

In der einschlägigen Literatur wird darauf verwiesen, dass die verschiedenen Ansätze zu äquivalenten Ergebnissen führen müssen, da alle Verfahren auf Basis der Kapitalwerttheorie arbeiten.[447] Empfehlungen über die Verwendung eines Bewertungsansatzes können grundsätzlich nur vor dem Hintergrund der gültigen Finanzierungsstrategie gegeben werden.[448]

	APV Ansatz	**WACC Ansatz**	**Equity Ansatz**
Finanzierungsstrategie: Konstanter absoluter Fremdkapitalbestand	Korrektes Ergebnis Ohne Anpassung	Zirkularitätsproblem	Zirkularitätsproblem
Finanzierungsstrategie: Konstante Kapitalstruktur	Ohne Anpassung des Marktwerts des Eigenkapitals (ME): Geringfügige systematische Abweichung Mit ME-Anpassung: Korrektes Ergebnis, aber falsche Aufteilung in Wertkomponenten	Korrektes Ergebnis ohne Anpassung	Zirkularitätsproblem

Abbildung 19: Ergebnisvergleich der DCF-Verfahren[449]

4.3.2.2 Die Ertragswert-Verfahren

Während der noch zu erläuternde Substanzwert von vergangenheits- oder gegenwartsorientierten Werten ausgeht, werden liegen der Bestimmung des Ertragswerts zukünftige Daten zugrunde. In Anlehnung an die Investitionstheorie, insbesondere an die dynamischen Methoden der Kapitalwertberechnung, werden sämtliche zukünftigen Ein- und Auszahlungen betrachtet.[450] Entsprechend ermittelt das Ertragswert-Verfahren den Unternehmenswert auf Basis von Zukunftserfolgen.[451] Die Ertragswertmethode geht nach der Nettomethode vor und ermittelt direkt den Wert des Eigenkapitals durch Abstellen auf den Mittelfluss zwischen Unternehmen und Eigenkapitalgebern.[452]

[447] Vgl. HACHMEISTER, 1996, S. 267
[448] Vgl. BEYER, 2002, S. 85
[449] Vgl. BEYER, 2002, S. 86
[450] Vgl. THOMMEN, 1996, Band 2, S. 373
[451] Vgl. HELBLING, 1995, S. 92
[452] Vgl. BÖRSIG, 1993, S. 84f.

4.3.2.3 Die Liquidationswert-Verfahren

Unter Liquidationswert wird der Erlös aus dem voraussichtlichen Verkaufspreis für einzelne Vermögensteile einer Unternehmung verstanden. Er eignet sich als Grundlage der Wertermittlung für Unternehmungen bzw. Innovationsprojekte, die nicht mehr weitergeführt werden können.[453]
Der Liquidationswert wird dem Fortführungswert im Sinne von Ertragswert oder Discounted Cash Flow gegenübergestellt. Für die Entscheidung des Eigentümers über Fortführung oder Liquidation ist der höhere der beiden Werte maßgeblich, sofern eine Liquidation nicht rechtlich oder faktisch ausgeschlossen ist.[454] Zur Errechnung des Liquidationswertes werden die einzelveräußerbaren Güter mit ihren Einzelzerschlagungswerten, die Schulden mit ihren Ablösebeträgen angesetzt und die so entstehenden Summen saldiert. Die Basis für das Mengengerüst der Güter bilden Bilanz und Inventar.[455]

Bei der Ermittlung des Liquidationswertes müssen liquidationsspezifische Lasten (zB Sozialpläne) berücksichtigt werden, die sich normalerweise nicht oder nur unvollständig in der Bilanz oder im Inventar finden. Diese dürfen nur passiviert werden, wenn sie durch den Beschluss einer Betriebsänderung hinreichend konkretisiert sind, spätestens bei Unterrichtung des Betriebsrates.[456] Der Liquidationswert wird auf einen bestimmten Bewertungsstichtag hin berechnet und verlangt bei der Bestimmung von Teilwerten viele Schätzungen. Soweit die Liquidation Zeit beansprucht, die über ein Jahr hinausgeht, ist der damit verbundene Wert der Güter abzuzinsen.[457]

4.3.2.4 Die Substanzwert-Verfahren

Bei der Substanzwertmethode wird der Wert des materiellen und immateriellen Unternehmensvermögens, das zur Leistungserstellung benötigt wird, berechnet. Immaterielle Vermögenswerte (zB Patente, Lizenzen) werden lediglich dann dem Substanzwert zugerechnet, wenn sie losgelöst vom Unternehmen einen realisierbaren Wert darstellen. Ist dies nicht der Fall, werden diese zum Goodwill[458] gerechnet.[459]

Der Substanzwert eines Unternehmens geht vom „Nachbau auf der grünen Wiese“ aus: Die Basis für die Ermittlung der zu bewertenden Güter bilden Bilanz und Inventar. Die Aktiva werden dabei in betriebsnotwendiges und nicht betriebsnotwendiges Vermögen eingeteilt. Für das betriebsnotwendige Vermögen werden Wiederbeschaffungskosten für die Güter im gebrauchten Zustand angesetzt. Für nicht betriebsnotwendiges Vermögen werden Veräußerungspreise oder Liquidationswerte angesetzt. Die Schulden werden ebenfalls in betriebs- und nicht betriebsnotwendige Schulden

[453] Vgl. THOMMEN, 1996, Band 2, S. 372
[454] Vgl. BALLWIESER, 2004, S. 181
[455] Vgl. EBENDA
[456] Vgl. BERGER/RING, 2003, S. 100
[457] Vgl. BALLWIESER, 2004, S. 181
[458] Ist der Ertragswert größer als der Substanzwert, so wird die Differenz als Goodwill bezeichnet. Der Goodwill beinhaltet sämtliche immateriellen Vermögenswerte, die nicht bilanziert oder nicht bilanzierungsfähig sind. (vgl. THOMMEN, 1996, S. 374)
[459] Vgl. THOMMEN, 1996, S. 376

unterteilt. Dabei werden erstere mit Nominalwerten und letztere mit Ablösebeträgen angesetzt.[460]

Die Grundidee der Substanzwertermittlung besteht darin, dass ein Unternehmen so viel wert sein müsste wie die Ersparnis eines potentiellen Käufer verglichen mit einem sonst gebotenen Nachbau. Diese Aussage greift jedoch zu kurz, da:[461]

- ein potentieller Käufer die Substanz in der bestehenden Form infolge von Überalterung, technisch überkommener Einrichtungen etc. gar nicht nachzubauen gedenkt;
- die Einzelbewertung der die Substanz ergebenden Elemente Verbundeffekte vernachlässigt;
- die finanziellen Vorteile von Geschäftswertfaktoren (wie Standortvorteil, Belegschaftsqualität, Marken, Kundenbeziehungen, Reputation etc.) beeinflusst werden, diese jedoch weder vollständig identifiziert noch ihre Nachbaukosten einzeln bestimmt werden können.

Eine Substanzwertbestimmung ist nur aussagekräftig, wenn Geschäftswertfaktoren, Synergieeffekte, technische und sonstige Weiterentwicklungen irrelevant sind, was jedoch bei nahezu allen Unternehmen ausgeschlossen werden kann.[462] Dies gilt auch insbesondere für die Wertermittlung von Innovationsprojekten.

4.3.3 Die Gegenüberstellung der wichtigsten Verfahren

Von signifikanter Bedeutung sind in der Innovationsbewertung die verschiedenen DCF-Verfahren und die Ertragswert-Verfahren. Die wesentlichen Unterschiede werden nachfolgend systematisiert:

Brutto- versus Nettorechnung: Als Hauptunterscheidungsmerkmal zwischen den DCF-Verfahren und dem Ertragswert-Verfahren wird in der Literatur die ausschließliche Anwendung der Netto-Methode beim Ertragswert-Verfahren gegenüber den Brutto- und Nettoansätzen der DCF-Verfahren angeführt.[463] Wie bereits erwähnt, kommen alle Verfahren, ob Brutto- oder Nettoansätze, zu den gleichen Ergebnissen, sofern die Auswirkungen einer Veränderung der Kapitalstruktur adäquat berücksichtigt werden.[464]

Bestimmung der Kapitalkostensätze: Ein weiterer Unterschied der beiden Methoden liegt in der Ermittlung der Kapitalkostensätze für das Eigenkapital begründet. Diese hängen von den individuellen Investitionsalternativen der Eigenkapitalgeber ab und sollen deren Risikoneigung widerspiegeln.[465] Da es bei einer Vielzahl verschiedener Eigner nicht möglich ist, eine gemeinsame Risikoneigung zu veranschlagen, werden bei der praktischen Anwendung des Ertragswert-Verfahrens oft mehr oder

[460] Vgl. BALLWIESER, 2004, S. 182
[461] Vgl. EBENDA
[462] Vgl. EBENDA
[463] Vgl. SCHULZE, 2000, S. 361
[464] Vgl. IDW, 1998, S. 2f.
[465] Vgl. SIEBEN, 1995, S. 726 f.

weniger pauschale Risikozuschläge zum landesüblichen Zins angenommen.[466] Im Gegensatz dazu wird bei den DCF-Verfahren eine kapitalmarktorientierte Bestimmung der Eigenkapitalkosten durch die noch zu beschreibenden Verfahren des CAPM oder APT durchgeführt. [467]

Bei der Ertragswertmethode erfolgt eine unzureichende Anpassung der Kapitalkosten an Veränderungen in der Kapitalstruktur. Die Notwendigkeit einer sehr differenzierten Behandlung dieses Problems innerhalb der DCF-Verfahren kann mittlerweile als gefestigte Erkenntnis der Finanzierungstheorie angesehen werden, so dass deren Vernachlässigung bei der Ertragswertmethode zumindest in der Theorie nicht mehr gerechtfertigt werden kann. Den Bruttomethoden wird indes vorgeworfen, dass die Ermittlung des WACC auf einem Zirkelschluss beruht: Wie erwähnt ergeben sich die erforderlichen Rechengrößen aus Marktwerten, die erst Ergebnis der Berechnungen sein sollten.[468]

Berücksichtigung von Steuern: Die Berücksichtigung des Steuervorteils durch Fremdfinanzierung wird bei den verschiedenen Bewertungsansätzen auf unterschiedliche Weise, jedoch mit gleichem Ergebnis berücksichtigt. Beim WACC-Ansatz wirkt sich der Steuervorteil in einer Verringerung der Kapitalkosten aus, während die Free Cash Flows denen einer Unternehmung nach Steuern entsprechen.[469] Das Ertragswertverfahren hingegen berücksichtigt nur tatsächlich geleistete Steuerzahlungen.[470] Dennoch führen diese unterschiedlichen Vorgangsweisen zu identischen Ergebnissen, zumal die Vorgehensweise der Ertragswertmethode bei der Berücksichtigung des Steuervorteils der des Equity-Ansatzes entspricht.[471] Für die Berechnung der Steuerschuld sind in allen Fällen Ertragsgrößen und nicht Zahlungsgrößen relevant, so dass immer eine Berechnung zukünftiger Gewinne erforderlich wird.

Finanzierungsannahmen: Betreffend die Finanzierungsprämissen geben die DCF-Verfahren eine klare Anleitung. Hingegen erfolgt dies bei der Ertragswertmethode nur vage durch Bezug auf eine Kapitalstruktur in Buchwerten. Dies führt unweigerlich zu schwankenden Kapitalisierungssätzen, was in der Regel jedoch nicht beachtet wird.[472] Damit man mit konstanten Kapitalisierungssätzen rechnen darf, wäre auch bei der Ertragswertmethode zwangsläufig die Annahme einer in Marktwerten konstanten Kapitalstruktur erforderlich.[473]

Bei der Bewertung von Innovationsprojekten ist von einer ex ante Betrachtung auszugehen. Durch die schwierige Prognose zukünftiger Größen ergeben sich hohe Unsicherheiten und Bewertungsrisiken. Diese können, wenn auch vereinfacht, bei den Ertragswertverfahren realitätsnäher berücksichtigt werden. Dadurch stellen die Ertragswertverfahren zur Bewertung von Innovationen die anwenderfreundlichere Methode dar.

[466] Vgl. BALLWIESER, 1994, S. 1404
[467] Vgl. SCHULZE, 2000, S. 363
[468] Vgl. BALLWIESER, 1995, S. 124
[469] Vgl. SCHULZE, 2000, S. 365
[470] Vgl. SIEBEN, 1995, S. 725f.
[471] Vgl. SCHULZE, 2000, S. 366
[472] Vgl. HACHMEISTER, 1996, S. 267
[473] Vgl. SCHULZE, 2000, S. 368

4.3.4 *Integration der Bewertungsverfahren durch das LÜCKE-Theorem*

Das Management ist im Allgemeinen eher damit vertraut, in Kostengrößen (=Kostentheorie) als in Zahlungsgrößen (=Investitionstheorie) zu denken und darauf aufbauend Entscheidungen zu treffen.[474] Besonders die Bewertung von zukunftsbezogenen, mit hoher Unsicherheit behafteten Innovationsprojekten stellt hohe Anforderungen an die Entscheidungsträger. Es ist daher nicht verwunderlich, dass in solchen Bewertungs- und Entscheidungssituationen gerne auf die vertrauten Kostengrößen zurückgegriffen wird. Das LÜCKE-Theorem stellt einen Ansatz zur Verbindung der Investitionstheorie mit der Kostentheorie dar und ermöglicht eine Überleitung der Periodengewinne in Zahlungsüberschüsse.[475]

Es ist davon auszugehen, dass die Barwerte diskontierter **Periodengewinne** und diskontierter **Zahlungsüberschüsse** im Regelfall nicht übereinstimmen, denn Auszahlungen – beispielsweise für Investitionen – fallen zu einem anderen Zeitpunkt an, als deren Kostenäquivalent (zB Abschreibungen). Das von LÜCKE erstmals abgeleitete Theorem gibt an, wie periodische Erfolgsgrößen umzurechnen sind, damit aus ihnen der selbe Kapitalwert errechnet werden kann wie aus Zahlungsgrößen. Die Lösung besteht in einer kapitalwertorientierten Korrektur der Gewinne.[476]

Die Theorie der Unternehmensbewertung baut darauf auf, dass bei der Bewertung von Unternehmen oder Unternehmensteilen, und damit auch von Innovationsprojekten, von den Zahlungsströmen der Eigner auszugehen ist. Da Entnahmeüberschüsse ohne Ertrags- und Einzahlungsüberschüsse nicht zu ermitteln sind, soll deren Zusammenhang näher untersucht werden.

Das LÜCKE-Theorem[477] besagt, dass der Unterschied zwischen Einzahlungs-, Ertrags- und Entnahmeüberschüssen nur in der zeitlichen Verschiebung der Zahlungsflüsse zu sehen ist, so dass deren Summen über die Totalperiode immer identisch sind (***Kongruenzprinzip***).[478] Für die Anwendung des LÜCKE-Theorems auf die Innovationsbewertung bedeutet dies, dass eine alternative Verwendung der Überschussgrößen zu identischen Ergebnissen führen muss, so lange die zeitlichen Verschiebungen und deren Summen über die Totalperiode identisch sind.[479] Es kann folglich insgesamt nicht mehr ausgeschüttet werden, als an Ertragsüberschüssen erwirtschaftet wurde:[480]

$$\sum_{t=0}^{T}(Entnahmen_t - Einlagen_t) = \sum_{t=0}^{T}(Erträge_t - Aufwendungen_t)$$

Die Grundlage der Unternehmensbewertung bildet die Investitionsrechnung. Diese baut in der Regel auf Zahlungsgrößen auf, da nur diese die Zinswirkung entspre-

[474] Vgl. MUSSNIG, 2001, o.S.
[475] Vgl. MUSSNIG, 2001, S. 147
[476] Vgl. MUSSNIG, 2001, S. 147
[477] Vgl. LÜCKE, 1965, o. S.
[478] Vgl. SCHULTZE, 2000, S. 80
[479] Vgl. GÜNTHER, 1997, S. 86ff.
[480] Vgl. SCHULTZE, 2000, S. 338

chend berücksichtigen.[481] Denn nur tatsächlich eingenommenes Geld kann wieder angelegt werden und Zinsen erwirtschaften.

LÜCKE untersucht die Anwendbarkeit von handelsrechtlichen Erfolgsgrößen und Größen der Kosten- und Leistungsrechnung für die Investitionsrechnung und kommt zu dem Ergebnis, dass diese an Stelle von Einzahlungsüberschüssen verwendet werden können.[482] Für die Unternehmensbewertung muss die Investitionsrechnung jedoch die Zahlungsströme zwischen Unternehmen und Eigner berücksichtigen und nicht die betrieblichen Einzahlungsüberschüsse der Ebene Umwelt – Unternehmen.[483]

Für die Anwendung des LÜCKE-Theorems in der Innovationsbewertung bedeutet dies, dass der Kapitalwert der Periodengewinne um die kalkulatorischen Zinsen auf das zu Beginn der jeweiligen Periode gebundene Kapital vermindert wird, welches dem Kapitalwert der Zahlungsüberschüsse entspricht. Die kalkulatorischen Zinsen berücksichtigen die Differenz zwischen den bis zur Vorperiode aufsummierten kalkulatorischen Gewinnen vor Zinsen und den bis zur Vorperiode aufsummierten Zahlungsüberschüssen.[484]

Da das LÜCKE-Theorem vergleichbar wenige Eingabeparameter erfordert und eine flexible Handhabung und Überleitung der periodenbezogenen Erfolgsgrößen zu den diskontierten Zahlungsgrößen ermöglicht liefert es eine wertvolle theoretische Grundlage für die Innovationsbewertung.

4.4 Ermittlung der kapitaltheoretischen Rechengrößen

4.4.1 Ermittlung des Kapitalrückflusses

Unter Kapitalrückfluss oder Cash Flow werden alle aus einer Investition bzw. Innovation resultierenden Kapitalrückflüsse abzüglich der auszahlungswirksamen Kosten während der gesamten Nutzungsdauer verstanden. Der Kapitalrückfluss beinhaltet somit mehr als Kostenersparnis und Gewinnzuwachs, da er auch kalkulatorische Kosten wie beispielsweise kalkulatorische Abschreibungen mit einbezieht. Der Cash Flow ermöglicht somit eine Aussage über die finanzielle Wiedergewinnung des verausgabten Kapitals und die Liquiditätssituation.[485]

Für jede Unternehmung ist der Mittelzufluss aus der betrieblichen Umsatztätigkeit (=Cash Flow) eine wichtige Größe zur Planung und Kontrolle der Liquidität und darüber hinaus ein finanzielles Abbild des Erfolges der Unternehmensstrategie.[486]

Durchschnittlicher jährlicher Rückfluss: Dieser vernachlässigt zeitabhängige Schwankungen von Ertrag und Kosten und geht von den durchschnittlichen Basis-

[481] Vgl. KLOOCK, 1981, S. 876
[482] Vgl. LÜCKE, 1965, o. S.
[483] Vgl. SCHULTZE, 2000, S. 81
[484] Vgl. MUSSNIG, 2001, S. 147
[485] Vgl. PLESCHAK/SABISCH, 1996, S. 204
[486] Vgl. THOMMEN, 1996, Bd. 2, S. 124

werten der Kostenersparnis bzw. des Gewinnzuwachses aus und wird wie folgt berechnet:[487]

$$\varnothing R\ddot{u}ckfluss = \Delta G_{kalk} + \Delta AB_{kalk} + \Delta EKZ$$

Rückfluss pro Jahr der Nutzungsdauer: Dabei werden die jahresbezogenen Rückflüsse untersucht und können zwei Komplexen zugeordnet werden:[488]

- **Einmalige Zahlungen** sind Auszahlungen, die im Rahmen der Realisierung des Projekts anfallen (Kapitaleinsatz), und Einzahlungen, die sich aus dem Liquiditätserlös am Ende der Nutzungsdauer ergeben.
- **Laufende Zahlungen** sind Auszahlungen, die für den Betrieb und die Leistungsverwertung der Innovation erforderlich sind (Betriebskosten), und Einzahlungen, die aus den Verkaufsprozessen resultieren (Umsatzerlöse).

Für die wertorientierte Bewertung von Innovationen ist die an den Kapitalgebern orientierte Interpretation des Cash Flows relevant. Dies ist der Ansatzpunkt des Free Cash Flow, der die Zahlungen an die Eigenkapital- und Fremdkapitalgeber erfasst.[489] Der Free Cash Flow gibt den aus den laufenden unternehmerischen Aktivitäten resultierenden finanziellen Überschuss an, der nicht wieder in das operative Geschäft investiert werden muss. Des Weiteren ist er eine Maßzahl für den monetären Nutzen der unternehmerischen Tätigkeit für die Kapitalgeber. [490]

Der Free Cash Flow kann, wie in Abbildung 20 ersichtlich, entweder direkt aus den Zahlungsströmen oder indirekt durch Korrekturen aus dem Jahresüberschuss ermittelt werden. [491] Grundsätzlich kann der Cash Flow auf eine direkte und auf eine indirekte Art berechnet werden.[492] Bei der **direkten Berechnung** ermittelt sich der Cash Flow aus: fondswirksamen Ertrag – fondswirksamer Aufwand. Bei der **indirekten Berechnung ist der** Cash Flow das Ergebnis aus: Reingewinn + nicht fondswirksamer Aufwand – nicht fondswirksamer Ertrag.

[487] Vgl. PLESCHAK/SABISCH, 1996, S. 204
[488] Vgl. EBENDA
[489] Vgl. BEYER, 2002, S. 88
[490] Vgl. HACHMEISTER, 1998, S. 60
[491] Vgl. BEYER, 2002, S. 88
[492] Vgl. THOMMEN, 1999, Band 2, S. 124

	Direkte Cash Flow Ermittlung		Indirekte Cash Flow Ermittlung
	Betriebliche Einzahlungen aus laufender unternehmerischer Tätigkeit	 +/-	Bilanzieller Jahresüberschuss Abschreibungen / Zuschreibungen
-	Betriebliche Auszahlungen aus laufender unternehmerischer Tätigkeit	+	Nettozuführungen zu langfristigen Rückstellungen
=	**Betrieblicher (Operating) Cash Flow vor Zinsen und Steuern**		
-	Ertragssteuerzahlungen		
=	**Betrieblicher (Operating) Cash Flow vor Zinsen und nach Steuern**		
-	Investitionen in das Anlagevermögen		
-	Investitionen in das Working Capital		
=	**Free Cash Flow**		

Abbildung 20: Ermittlungsschema der Free Cash Flows[493]

Die Prognose zukünftiger Free Cash Flows von Innovationsvorhaben ist das zentrale Element für die wertorientierte Bewertung von Innovationen. Die Höhe der Free Cash Flows hängt von leistungswirtschaftlichen Parametern ab und variiert von Periode zu Periode. Des Weiteren wird von einem Planungshorizont ausgegangen (Going Concern Hypothese), der nur in Fällen fest definierter Investitionslaufzeit begrenzt ist.[494]

Für den Ausschluss von subjektiven Einflüssen bei der Bewertung eines Innovationsprojektes empfiehlt sich, die Methode der Discounted Free Cash Flows einzusetzen. Denn durch die Diskontierung wird der zeitliche Anfall der Ein- und Auszahlungen berücksichtigt. Diese Methode erlaubt es, die Innovationsvorhaben aus der Sicht eines Investors objektiv zu beurteilen und die erforderlichen Daten entsprechend zu prognostizieren.[495]

Für eine aussagekräftige Prognose ist es erforderlich, eine Projektbeurteilung vom Marktbedarf abzuleiten und ein Zielproduktprofil in Zusammenarbeit zwischen Marketing und F&E zu erarbeiten. Aus dem Zielprofil lässt sich ein Entwicklungsplan mit den notwendigen Zeiten, Milestones, Ressourcen, Aktivitäten und entsprechenden Umsatzerwartungen ableiten. Damit wird erreicht, dass qualitative Faktoren (zB Produkt-Soll-Profil, Marktattraktivität, Wettbewerbssituation) mit quantitativen Faktoren (zB klinische Daten, Marktpotential, Marktanteile, Preiserwartungen) verknüpft werden. Diese Daten bieten die Basis für eine Umsatz- und Kostenplanung und ermöglichen die Errechnung des Discounted Free Cash Flows (DFCF).[496]

---

[493] Vgl. PAPE, 1997, S. 103
[494] Vgl. GÜNTHER, 1997, S. 109
[495] Vgl. BOUTELLIER/VÖLKER/VOIT, 1999, S. 138
[496] Zur Beurteilung der Projekte in den verschiedenen Kategorien empfiehlt sich eine übergeordnete Projektgruppe aus Vertretern der verschiedenen am Innovationsvorhaben beteiligten Fachabteilungen wie Entwicklungsbereich, Produktion, Marketing, Design, Zulassungsstelle.

Damit die große Anzahl an geforderten Daten in aussagekräftiger Qualität generiert werden kann, kommen für diese Art der Evaluierung nur Innovationsprojekte ab einer bestimmten Entwicklungsstufe in Frage, denn es müssen Basisdaten vorliegen, die das Projekt bewertbar machen.

Für jedes in die Bewertung einbezogene Projekt wird ein Zielprofil festgelegt. Daraus leiten sich das technische Entwicklungsziel und in weiterer Folge der technische Entwicklungsplan ab. In einem nächsten Schritt können dann die Marktperspektiven analysiert werden (Marktvolumen, Marktanteil und Preisvorstellung), aus welchen sich Umsatzprognosen ableiten lassen.
Dazu können die im Marketing üblichen Instrumente wie SWOT-Analysen (Stärken/Schwächen-Profile), Analyse der Schlüsselfaktoren (Key Value Driver) sowie der Vergleich des Projektes hinsichtlich seiner technischen Spezifikationen mit anderen am Markt präsenten Produkten durchgeführt werden.[497]

Im Unterschied zur Bewertung etablierter Unternehmen stehen für die Prognose der Free Cash Flows in der Innovationsbewertung kaum Daten aus der Vergangenheit zur Verfügung. Diese Problematik ist sowohl bei den DCF-Verfahren wie auch bei der Ertragswertmethode gegeben. Das Prognoseverfahren ist unabhängig von der Bewertungsmethode und unterscheidet sich lediglich darin, ob Cash Flows oder Erträge zu prognostizieren sind.[498]

Zur Prognose der zukünftigen Free Cash Flows wird von COPELAND/KOLLER/MURRIN folgende Vorgangsweise empfohlen:[499]

1. Analyse der strategischen Position
2. Entwicklung von Leistungsszenarien
3. Erstellen einer detaillierten Prognose
4. Realistische Überprüfung der Gesamtprognose

In der reichhaltigen Literatur zu gängigen Prognoseverfahren wird eine Vielzahl von Verfahren angeführt, wobei grob zwischen quantitativen und qualitativen Verfahren unterschieden werden kann.[500]

Quantitative Prognoseverfahren: Unter den quantitativen Verfahren werden mathematisch/statistische Prognoseverfahren verstanden. Diesen Verfahren ist gemeinsam, dass sie die Free Cash Flow Prognosen auf Erkenntnisse über Determinanten der Entwicklung des Innovationsprozesses aufbauen. Auch der funktionale Zusammenhang dieser Determinanten findet Berücksichtigung.[501]

Qualitative Prognoseverfahren: Im Gegensatz dazu basieren die qualitativen Verfahren auf Experteneinschätzungen und synthetisieren die Expertenmeinungen mit quantitativen Informationen zu einer Prognose der zukünftigen Free Cash Flows. Qualitative Verfahren werden hauptsächlich für Zwecke der strategischen Planung

---

497 Vgl. BOUTELLIER/VÖLKER/VOIT, 1999, S. 137
498 Vgl. BEYER, 2002, S. 92f.
499 Vgl. COPELAND/KOLLER/MURRIN, 1998, S. 224
500 Vgl. PERRIDON/STEINER, 1997, S. 609-624
501 Vgl. GERPOTT, 1999, S. 110

verwendet. Sie finden aber auch Anwendung, wenn nur unzureichende Vergangenheitsdaten vorliegen bzw. diese nicht quantifiziert werden können.[502]

Quantitative Prognoseverfahren					
Trendextrapolation (GAP-Analyse)	Regression			Lebenszyklusanalyse	Input/ Output Analyse
	Einfache Regression	Multiple Regression	Ökonometrische Modelle		
Qualitative Prognoseverfahren					
Explorative Methoden				Normative Methoden	
Delphi Methode	Szenarios	Historische Analoge	Morphologie	Relevanzbaum	Systemanalyse

Abbildung 21: Übersicht Prognoseverfahren[503]

Da jedes der genannten Verfahren spezifische Vor- und Nachteile aufweist, werden im Rahmen der Detailprognose mehrere Verfahren aus beiden Kategorien parallel zum Einsatz gebracht. Diese Vorgehensweise bietet sich insbesondere bei Innovationen als komplexen Bewertungsgegenständen an. Komplexitätssteigernd wirken bei allen Verfahren vor allem der Neuigkeitsgrad von Innovationen sowie die Vielfalt der Einflussfaktoren auf die zukünftigen Free Cash Flows.[504]

4.4.2 Ermittlung der Kapitalkosten

Die Kapitalkosten sind bei der wertorientierten Bewertung von Innovationsprojekten in zweierlei Hinsicht von Bedeutung. Einerseits ist die Realisierung der Innovationen an sich ein entscheidender Kostenfaktor. Andererseits sind die Kapitalkosten ein Bewertungsparameter, woran die erzielbare Kapitalrendite eines Innovationsprojektes gemessen wird. Überschreitet die prognostizierte Kapitalrendite eines Innovationsprojektes die Kapitalrendite des gesamten im Unternehmen investierten Kapitals, so wird durch dieses Innovationsprojekt Wert geschaffen.

Die Kapitalkosten eines Unternehmens setzen sich aus den gewichteten Kosten für das Eigen- und Fremdkapital zusammen. Unter Fremdkapital wird das gesamte Kapital verstanden, welches der Unternehmung von Dritten zur Verfügung gestellt wird. Die Fremdkapitalkosten werden direkt durch die Diskontsätze ermittelt. Unter Eigenkapitalkosten werden die Kosten für das gesamte von den Eigentümern (Inhaber, Aktionäre, etc.) zur Verfügung gestellte Kapital verstanden. Die Bestimmung der Eigenkapitalkosten gestaltet sich wesentlich komplexer als die der Fremdkapitalkosten.

---

[502] Vgl. BEYER, 2002, S. 98
[503] Quelle: HORVATH, in: BEYER, 2002, S. 97
[504] Vgl. BEYER, 2002, S. 98

Sowohl bei den Eigenkapital- als auch bei den Fremdkapitalkosten werden Opportunitätskosten berücksichtigt. Opportunitätskosten sind jene Renditen, welche der Kapitalgeber bei risikoäquivalenten Alternativanlagen erzielen könnte.[505] Zur Ermittlung der Kosten für das Eigenkapital werden in der Literatur eine Vielzahl an Verfahren vorgestellt. Im Folgenden werden die zwei dominierenden Verfahren zur Ermittlung der Kosten des Eigenkapitals näher beschrieben:

Das Capital Asset Pricing Model: Das Capital Asset Pricing Model (CAPM) ist ein Kapitalmarktgleichgewichtsmodell, welches die Preisbildung auf dem Kapitalmarkt nachvollziehbar macht. Dabei werden die Rendite- und Risikoerwartungen des Marktes unter Unsicherheit reflektiert.[506] Diese drückt den Erwartungswert der Rendite in Abhängigkeit vom Risiko aus.[507] Die Grundannahme besteht darin, dass jeder Investor sein individuelles Portfolio aus einer Kombination des risikobehafteten effizienten Marktportfolios mit einer risikolosen Anlage erstellt.[508] Die zu erwartende Rendite für den Investor setzt sich aus dem risikolosen Zinssatz als Entschädigung für den Konsumverzicht zuzüglich der Rendite für die Risikoübernahme zusammen. Errechnet wird diese aus dem Produkt der Entschädigung pro Risikoeinheit multipliziert mit dem Risikomaß des Portfolios.[509]

Das Arbitrage Pricing Model: Die Arbitrage Pricing Theory (APT) ist das zum CAPM alternative kapitaltheoretische Erklärungsmodell für Wertpapierrenditen, welches ebenfalls zur Ermittlung der Eigenkapitalkosten dient.[510] Im Gegensatz zum CAPM basiert das Arbitrage Pricing Modell (APT) auf lediglich zwei Grundannahmen, die zudem eine höhere Plausibilität aufweisen. Die beiden Grundannahmen des APV sind die Abwesenheit von Arbitragemöglichkeiten und ein lineares Faktorenmodell, durch welches die Renditen in Abhängigkeit von Risiken abgebildet werden.[511]

Die erste Grundannahme der APT – die Arbitragefreiheit – bedingt, dass kein risikoloser Gewinn möglich ist. Anleger haben demnach keine Möglichkeit, Renditen zu erwirtschaften, ohne im Saldo Kapital einzusetzen und (systematisches oder unsystematisches) Risiko einzugehen.[512] Die zweite Grundannahme bilden Faktorenmodelle, welche empirische Beobachtungen zur Entwicklung von Aktienkursen in Abhängigkeit von bestimmten Faktoren darstellen.[513]

Die Rendite (R_i) eines Wertpapieres setzt sich entsprechend folgender Gleichung zusammen:[514]

[505] Vgl. KOCH, 1999, S. 26
[506] Die theoretischen Grundlagen wurden unabhängig voneinander von SHARPE (1964), LINTNER (1965) und MOSSIN (1966) aufbauend auf den Arbeiten von TOBIN (1958) gelegt.
[507] Vgl. RUDOLPH, 1979, S. 1038-1044
[508] Vgl. PERRIDON/STEINER, 1979, S. 261
[509] Vgl. PERRIDON/STEINER, 1979, S. 262
[510] Vgl. BETSCH/GROH/LOHMANN, 1998, S. 75
[511] Vgl. ROSS, 1977, S. 204ff
[512] Vgl. PERRIDON/STEINER, 1997, S. 274
[513] Vgl. NOWAK, 1994, S. 24
[514] Vgl. ROSS, in: BEYER, 2002, S. 106

$$R_i = \underbrace{E(R_i)}_{(a)} + \underbrace{b_{i1}F_1 + b_{i2}F_2 + ... + b_{ik}F_k}_{(b)} + \underbrace{\varepsilon_i}_{(c)}$$

R_i	*Rendite eines Wertpapiers i*
$E(R_i)$	*erwartete sichere Rendite aus dem Wertpapier i*
F_k	*unerwartete Komponente einer Ausprägung des Faktors k*
B_{ik}	*Sensitivität der Rendite eines Wertpapiers i gegenüber der Ausprägung des Faktors k*
k	*Anzahl der Faktoren*
ε_i	*wertpapierspezifische Rendite, die dem unsystematischen Risiko unterliegt*

Unterschiedliche empirische Studien kommen zu dem Schluss, dass das APM in der Praxis gute Ergebnisse erbringt.[515] Bei einem Vergleich zwischen dem APM und dem CAPM auf Basis empirischer Kapitalmarktdaten schneidet in den meisten Untersuchungen das APM besser ab.[516]

4.4.3 Ermittlung des Kapitalwertes

An einem Beispiel aus der Pharmaindustrie soll die kapitaltheoretische (wertorientierte) Bewertung eines Innovationsprojektes illustriert werden. Mithilfe des vorgestellten Instrumentariums können die Umsätze als Basis der zu erwartenden Gewinne für Neuprodukte nachvollziehbar prognostiziert werden. Es sei bereits ein Zielprofil in Zusammenarbeit von F&E und Marketing erstellt worden. Ein Zielprofil in der Pharmabranche wird bestimmt durch den therapeutischen Einsatz, das Wirkungsprofil, wissenschaftliche Daten für die Zulassungsbehörde, die Wettbewerbssituation sowie den medizinischen Bedarf und die Markterwartungen.

Aus diesem Zielprofil lässt sich ein Entwicklungsplan mit den notwendigen Zeiten, Milestones, Ressourcen und Aktivitäten ableiten. Basierend auf einem Marketingplan ist es möglich, die Umsatzerwartungen abzuleiten. Damit können qualitative Faktoren (zB klinische Daten, Marktpotential, Marktanteile, Preiserwartungen) derart verknüpft werden, dass eine Umsatz- und Kostenplanung und damit eine Free-Cash-Flow-Planung je Projekt erfolgen kann. Der Free Cash Flow wird anschließend für eine kapitalmarktorientierte Bewertung des Innovationsprojekts gemäß der Kapitalwert Methode verwendet.[517]

Festsetzung Absatzpreis: Eine besondere Herausforderung in der kapitaltheoretischen Innovationsbewertung bildet die Prognose und Planung der erzielbaren Absatzpreise. Dazu liefern die Ansätze des Target Costings und das Target Pricing wertvolle Hilfestellung. Unter Target Costing wird ein umfassendes Bündel von Management-Methoden und Instrumenten verstanden, das in der frühen Phase der

[515] Vgl. ROLL/ROSS, 1980
[516] Vgl. KOCH, 1999, S. 32
[517] Vgl. BOUTELLIER/VÖLKER/VOIT, 1999, S. 138ff.

Produktgestaltung die Formulierung und Umsetzung von Kostenzielen unterstützt.[518] Diese Methode basiert auf einer strikten Marktorientierung, dem Kostenmanagement in der Entwicklungsphase, sowie der Beeinflussung der Kosten über den gesamten Lebenszyklus hinweg fundiert.[519] Die Grundidee der Methode bildet das Verständnis, dass nicht die Herstellkosten das Preisniveau bestimmen, sondern die am Markt durchsetzbaren Preise das Niveau der anzustrebenden Kosten determinieren.[520]

Ermittlung des Nettoumsatzes: In der betrieblichen Praxis stellen sich bei sämtlichen quantitativen Bewertungsmethoden die zu treffenden Marktannahmen als problematisch dar. Auch wenn die realen Entwicklungskosten die geplanten um ein Vielfaches übersteigen können, ist der Einfluss dieser Kosten auf die Projektbewertung deutlich geringer als bei falschen Marktannahmen. Eine akkurate Bewertung des Marktpotentials von Innovationsprojekten hat daher eine eminente Bedeutung im Rahmen des wertorientierten Innovationsmanagements.

Anhand eines Beispiels aus der Pharmaindustrie soll die Errechnung des zu erwartenden Nettoumsatzes eines Produktes dargestellt werden. Dabei soll ersichtlich werden, wie viele soziologische Faktoren in die Bewertung einbezogen werden müssen, damit eine der vielen Erfolgsgrößen für den wirtschaftlichen Erfolg eines Medikamentes ermittelt werden kann.[521] Die Attraktivität eines Marktes wird von dessen Marktpotential, Marktvolumen, Wachstum und der Wettbewerbsintensität determiniert. Zur Bestimmung des Marktvolumens muss der Markt abgegrenzt und darüber befunden werden, ob der Gesamtmarkt als Ganzes bearbeitet oder die Strategie auf bestimmte Marktsegmente ausgerichtet werden soll. Dies setzt die Kenntnis des relevanten Marktes und der Marktsegmente voraus.[522] Abbildung 22 stellt die Ableitung des Nettoumsatzes vom Marktpotential bzw. Marktvolumen dar.

[518] Vgl. HORVATH/NIEMAND/WOLBOLD, in: MUSSNIG, 2001, S. 54
[519] Vgl. HIROMOTO, in: MUSSNIG, 2001, S. 54
[520] Vgl. MUSSNIG, 2001, S. 54
[521] Vgl. BOUTELLIER/VÖLKER/VOIT, 1999, S. 140f.
[522] Vgl. KÖNIG/VÖLKER, 2002, S. 19

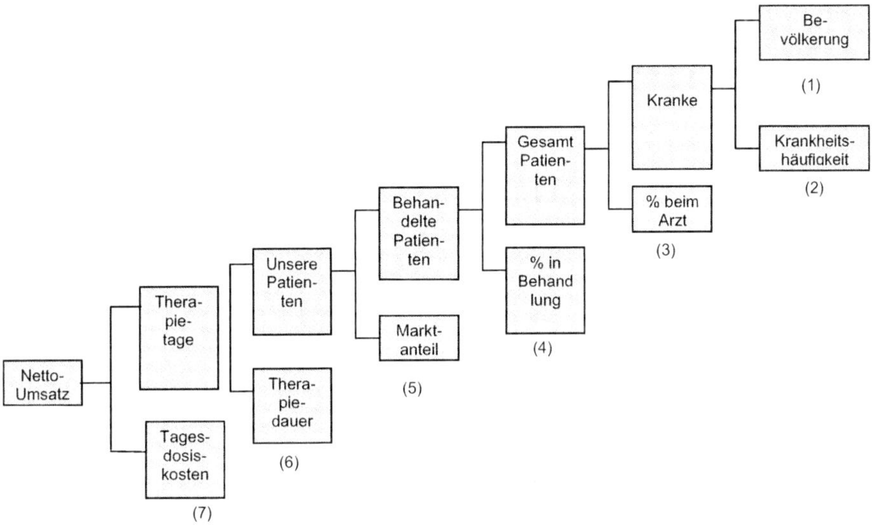

Datenquellen:
(1) offz. Amtliche Statistiken
(2) Morbiditätsplan, publ.
(3) Marktforschungsdaten
(4) Marktforschungsdaten
(5) Erwartung gem. Marktstrategie
(6) Aus Klin. Daten
(7) Abgeleitet aus Klin. Daten, Markt-Preisniveau, Pharmaökonom. Studien

Abbildung 22: Ermittlung des Projektumsatzes[523]

Ermittlung der Herstell- und Vertriebskosten: Hier geht es darum, die gesamten mit einem Innovationsvorhaben in Verbindung stehenden Kosten aufzuzeigen. Einen prozessualen Ausgangspunkt zur Bestimmung sämtlicher im Produktlebenszyklus anfallenden Kosten stellt das Product Life Cycle Costing dar.[524] Im angeführten Beispiel werden die Herstellkosten auf Basis von Standardwerten (Richtkalkulationen) ermittelt, wobei als Grundlage die gemäß klinischen Studien ermittelte durchschnittliche Tagesdosis herangezogen wird. Die Kosten für Vertrieb und Marketing leiten sich aus den zu erwartenden Vertriebskosten und den Marketingplänen ab. Kosten, welche sich aus der Zusammensetzung des Marketing-Mix ergeben, fließen ebenfalls in die Beurteilung mit ein.

Ermittlung der Investitionskosten: Alle erforderlichen zusätzlichen Investitionen in Sachanlagen oder außerordentliche Beeinflussungen im Working Capital (zB lange Zahlungsziele in diesem Geschäftsfeld) sind als negative Cash Flows entsprechend zu berücksichtigen.[525]

Ermittlung der Kapitalkosten: Abschließend werden die gewichteten und versteuerten durchschnittlichen Kapitalkosten (WACC) errechnet. Diese ergeben sich aus

[523] Quelle: BOUTELLIER/VÖLKER/VOIT, 1999, S. 140
[524] Vgl. MUSSNIG, 2001, S. 62
[525] Vgl. BOUTELLIER/VÖLKER/VOIT, 1999, S. 140

der Summe von (gewichtetem) eingesetztem Eigenkapital und Fremdkapital, welches für sämtliche Investitionen, Herstellkosten, Umlaufvermögen etc. benötigt wird. Wird das gesamte erforderliche Kapital in Relation zu den erwirtschafteten Free Cash Flows gesetzt, erhält man die Rendite auf das eingesetzte Kapital.

Ein anwendungsbezogener Zugang zur Ermittlung der Kapitalkosten errechnet diese aus dem gewogenen Mittel der Fremdkapitalkosten zuzüglich der Renditeerwartungen der Eigenkapitalgeber (Aktionäre).[526]

Ermittlung des Geschäftswertes des Innovationsvorhabens: Die Umsatzerlöse abzüglich der erwarteten Kosten ergeben den jährlichen Free Cash Flow. Dieser wird mit den durchschnittlichen Kapitalkosten abgezinst. Es resultiert daraus der Barwert oder Net Present Value (NPV) des Innovationsprojektes. Der Planungszeitraum erstreckt sich dabei auf 10 bis 15 Jahre. In Abbildung 23 wird der erwartete Wert des Innovationsprojektes dargestellt.[527]

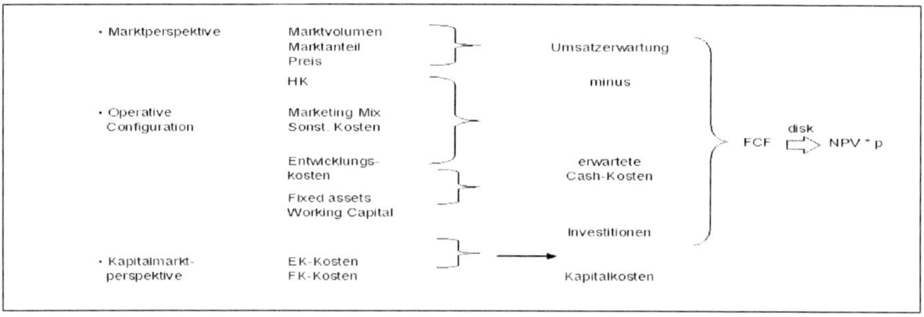

Abbildung 23: Ermittlung des erwarteten Projektwertes[528]

Bewertung der Realisierungswahrscheinlichkeit: Innovationsvorhaben ist gemeinsam, dass die Projektrealisierung hinsichtlich eines angestrebten Zielprofils unsicher ist. Deshalb sind auch noch andere mögliche Entwicklungen (darunter ein „Minimumprofil") mit den jeweiligen K.O.-Kriterien zu definieren und im Sinne eines Entscheidungsbaumes zu bewerten. Für jede erwartete Alternative können Umsatz- und Kostenerwartungen errechnet werden, woraus sich ein erwarteter Kapitalwert ableiten lässt.[529]

Da es sich bei Innovationsvorhaben um Projekte mit unsicherer Realisierungswahrscheinlichkeit handelt, wird der ermittelte Kapitalwert mit dem Faktor der kumulierten Realisierungswahrscheinlichkeit des Projektes ($p<1$) multipliziert.[530] Jedes Projekt, welches einen positiven Kapitalwert hervorbringt, ist prinzipiell lohnend.

Für marktnahe Innovationsvorhaben – diese sind primärer Inhalt der vorliegenden Arbeit – ist der Barwert oder Net Present Value (NPV) ein geeigneter Indikator zur Bewertung und Selektion von Innovationsvorhaben. Denn die Prognostizierbarkeit

[526] Quelle: Siemens AG Österreich, 2004, IAM
[527] Vgl. BOUTELLIER/VÖLKER/VOIT, 1999, S. 140
[528] Quelle: BOUTELLIER/VÖLKER/VOIT, 1999, S. 141
[529] Vgl. BOUTELLIER/VÖLKER/VOIT, 1999, S. 140
[530] Vgl. BOUTELLIER/VÖLKER/VOIT, 1999, S. 137

zukünftiger Zahlungsströme ist eine Voraussetzung zur Anwendung der dynamischen Bewertungsverfahren. Dies ist nur bei marktnahen Innovationsprojekten gewährleistet.[531]

Eine ergänzende Komponente zur Evaluierung von Innovationsvorhaben ist die so genannte Break Even Time, aus der hervorgeht, nach welcher Zeit die kumulierten Free Cash Flows eines Projektes positiv werden. Dies ist gleichbedeutend mit der Erwirtschaftung eines positiven Wertbeitrags.[532]

Kritisch sind vor allem der notwendige Formalismus und der doch erhebliche Zeitaufwand zur Sammlung und Beurteilung der Daten zu betrachten. Eine weitere besondere Herausforderung stellt der Zeithorizont der Planungsperiode über den Lebenszyklus des Innovationsvorhabens dar. Dieser kann sich über 5 bis 15 Jahre erstrecken. Bei der Beurteilung der ermittelten Werte ist zu beachten, dass es sich aufgrund der Langfristigkeit und der Unsicherheit der Geldflüsse nicht um akribisch ermittelte buchhalterische Werte handeln kann, sondern um subjektive Schätzungen. Hier sind insbesondere die technischen und kaufmännischen Fachkompetenzen mit entsprechendem Gespür für die Machbarkeit gefordert. Spezielle Kenntnisse des Innovationscontrollers über das operative Geschehen sind unabdingbar, damit diese die Aufgabe eines strategisch denkenden Finanzmanagers einnehmen kann.[533]

[531] Vgl. König/Völker, 2002, S. 164
[532] Vgl. König/Völker, 2002, S. 170
[533] Vgl. Boutellier/Völker/Voit, 1999, S. 147

4.5 Zwischenresümee zur kapitaltheoretischen Innovationsbewertung

Zusammenfassend kann festgestellt werden, dass die DCF-Verfahren durch ihren Zukunftsbezug, ihre Zahlungs- und Zielorientierung, ihre investorenorientierte Risikoberücksichtigung und ihre ganzheitliche Betrachtung als Ziel- und Steuerungsgröße zur Bewertung von Innovationsprojekten geeignet sind.[534]

Neben den DCF-Verfahren existieren andere Bewertungsmethoden unterschiedlicher theoretischer Fundierungen und praktischer Relevanz. Die Ertragswert-Methode wurde als kapitaltheoretisch fundierte Methode vorgestellt, die das finanzielle Erfolgspotential des Bewertungsgegenstandes abbildet. Errechnet wird der Ertragswert als Bruttokapitalwert durch Diskontierung der zukünftigen Periodenerfolge auf den Bewertungsstichtag.[535]

Als weitere kapitaltheoretisch fundierte Bewertungsmethoden sind der Economic Value Added (EVA)[536] und der Cash Flow Return on Investment (CFROI) zu nennen. Der EVA basiert dabei nicht auf dem Cash Flow, sondern auf einer angepassten, periodengebundenen Gewinngröße. Beim EVA wird der Shareholder Value über den so genannten Net Operating Profit After Tax (NOPAT) ermittelt. Es wird dann Wert geschaffen, wenn eine positive Differenz zwischen der Gesamtkapitalrentabilität und den Gesamtkapitalkosten besteht.[537]

Mit der kapitaltheoretischen Innovationsbewertung und mit dem wertorientierten Innovationsmanagement wird eine Entscheidungshilfe zur Bewertung der Realisierbarkeit und Ertragskraft von Innovationsprojekten angeboten. Die kapitaltheoretischen Bewertungsverfahren eignen sich als Basis zur Erstellung eines Innovationsportfolios der verschiedenen Innovationsprojekte. Unter Berücksichtigung der Innovationsstrategie der Unternehmung und des Wertbeitrages des jeweiligen Innovationsprojektes kann aus diesen die weitere Vorgangsweise abgeleitet werden.

Problematisch bei den kapitaltheoretischen Verfahren ist, dass speziell in den frühen Phasen einer Innovation die zur kapitaltheoretischen Bewertung erforderlichen quantitativen Daten nicht oder nicht ausreichend zur Verfügung stehen.

Abbildung 24 zeigt einen Überblick über die Verfahren der Wirtschaftlichkeitsrechnung zur Innovationsbewertung. Daraus wird ersichtlich, dass in Abhängigkeit von den Prognosevoraussetzungen vorzugsweise die statischen bzw. die dynamischen Bewertungsverfahren zum Einsatz kommen. Durch die Wirtschaftlichkeitsrechnungen nicht abgedeckt werden langfristige Innovationsprojekte mit unsicheren Prognosemöglichkeiten. Zur Schließung dieser Lücke wird in Kapitel 6 der Einsatz einer Innovationssimulation vorgestellt.

---

[534] Vgl. PAPE, 1997, S. 136

[535] Vgl. BALLWIESER, 1993, S. 153

[536] Die Ausgangsbasis zur Ermittlung des Economic Value Added (EVA) bildet eine Unternehmensbewertung auf Basis von periodisch erzielten Gewinnen. Die grundlegenden Arbeiten dazu stammen von STEWART (1991).

[537] Vgl. BEYER, 2002, S. 56

Verfahren der Wirtschaftlichkeitsrechnung zur Innovationsbewertung	
Statische Verfahren	**Dynamische Verfahren**
• Kostenvergleichsrechnung • Gewinnvergleichsrechnung • Rentabilitätsrechnung • Break-Even-Analyse • Projektindizes (ROI, etc.)	• Interne Zinsfußmethode • Kapitalwertverfahren • Ertragswertmethode • Verschiedene DCF-Verfahren (EVA, MVA, SHV-Ansatz)
Eignung zur Bewertung von Innovationsprojekten	
+ wenig Information erforderlich +/- einperiodig - Durchschnittsrechnung - vergangenheitsorientiert - Vernachlässigung von Zeitwert - Vernachlässigung des Risikos	+ mehrperiodig + Berücksichtigung von Zahlungs- + verlauf + Berücksichtigung der Kapitalkos- - ten - Integration des Risikos möglich hoher Informationsbedarf Prognoseschwierigkeit
Anwendung	
Kurzfristige Innovationsprojekte mit **unsicheren** Prognosemöglichkeiten	**Langfristige** Innovationsprojekte mit **sicherer** Prognosemöglichkeit

Abbildung 24: Wirtschaftlichkeitsrechnungen für Innovationen[538]

Die kapitaltheoretischen Bewertungsergebnisse von Innovationsprojekten können nicht dazu dienen, den Entscheidungsträgern die unternehmerische Verantwortung und Risikobereitschaft abzunehmen. Des Weiteren gilt es zu bedenken, dass durch Innovationsvorhaben Know How und Erfahrung aufgebaut werden. Dies ermöglicht Folgeprojekte und schafft Optionen, die auch einen Wert haben. Somit ergibt sich der Gesamtwert eines Projektes aus dem Wert des Innovationsprojektes und aus dem Wert der damit geschaffenen Realoptionen, die in Kapitel 5 analysiert werden.

[538] Quelle: Eigene Darstellung

"One must always look ahead, but it is difficult to look further than one can see."
(WINSTON CHURCHILL)

5. Realoptionsbasierte Innovationsbewertung

5.1 Grundlagen der realoptionsbasierten Innovationsbewertung

Unter einer Realoption versteht man das Recht, aber nicht die Pflicht, innerhalb eines vereinbarten Zeitraums während der Laufzeit der Option zu vorab festgelegten Kosten, dem Basis- oder Ausübungspreis, tätig zu werden – beispielsweise ein Projekt zu verschieben, zu erweitern, zu reduzieren oder aufzugeben.[539]

Innovationsprojekte haben grundsätzlich Optionscharakter. Es besteht zum einen die Möglichkeit, Innovationen in den unterschiedlichen Projektphasen zu vermarkten. Die kapitaltheoretischen Bewertungsverfahren unterstellen einen passiven Entscheidungsträger. Durch Innovationen entstehen Handlungsräume, die auf Grund ihrer Analogie zu Finanzoptionen auch als Realoptionen bezeichnet werden und signifikanten Einfluss auf das Bewertungsresultat nehmen.[540]

Zum anderen schaffen Innovationsprojekte zusätzlich zu ihrem direkt erwarteten Barwert (Net Present Value) spätere Optionen. Durch den Einstieg in ein neues Gebiet eröffnen sich weitere Möglichkeiten, Folgeprojekte können realisiert werden, die ohne das Erstprojekt nicht möglich gewesen wären.[541] Diese Eigenart legt die Anwendung der Optionspreistheorie bei der Projektbewertung nahe. Allerdings sind der Übertragbarkeit dieser Theorie von Finanzoptionen auf Realinvestitionen Grenzen gesetzt, weil Innovationsprojekte keine am freien Markt gehandelten Güter darstellen und somit keiner Marktbewertung unterliegen.

Die bisher beschriebenen Methoden und Verfahren der Innovationsbewertung, insbesondere die kapitaltheoretischen Verfahren, vernachlässigen einen wesentlichen Aspekt bei der Beurteilung von Innovationsobjekten: Die Flexibilität der Entscheidungsträger, auf das Eintreten bestimmter Umweltsituationen reagieren zu können, wird nicht bewertet.[542]

Die theoretischen und praktischen Probleme der kapitaltheoretischen DCF-Bewertung lassen die Analyse einer alternativen realoptionstheoretischen Bewertungsmethode für sinnvoll erscheinen. Den DCF-Methoden wird von ihren Kritikern eine systematische Unterbewertung von Investitionen mit der Begründung unterstellt, dass ein Management die Fähigkeit und die Flexibilität besitzt, auf unvorhergesehene Ereignisse mit Änderungen in der unternehmerischen Handlungsstrategie zu reagieren.[543]

---

[539] Vgl. COPELAND/ANTIKAROV, 2002, S. 21f.
[540] Vgl. COPELAND/KOLLER/MURRIN, 2000, S. 399; KOCH, 1999, S. 32ff.
[541] Vgl. BOUTELLIER/VÖLKER/VOIT, 1999, S. 144f
[542] Vgl. BACKHAUS/WERTHSCHULTE, 2002, S. 227
[543] Vgl. BEYER, 2002, S. 112

Beispielhaft kann die Entscheidungsmöglichkeit angeführt werden, ob ein Produkt bis zur Marktreife weiterentwickelt wird oder ob der Innovationsprozess aufgrund von kurzfristigen Umweltveränderungen abzubrechen ist. Handlungsflexibilität ist ein Ansatzpunkt der Realoptionsbewertung; so kann der zustandsbedingte Wert einer Innovation über den gesamten Lebenszyklus geschätzt werden.

Bei der Realoptionsbewertung stellt die Handlungsflexibilität für das Management Optionsrechte[544] dar, die nach den Prinzipien von Finanzoptionen bewertet werden können.[545] Theoretisch basiert die Realoptionsbewertung im Innovationsprozess auf der Analogie zwischen Finanzoption und Realoption, wobei im Innovationsprozess unter Realoption eine Handlungsoption für die Verwendung, Verwertung und Nutzung von Ressourcen verstanden wird.[546] Typischerweise kommt die Realoptionsbewertung bei Innovationsprojekten zur Anwendung, wenn die Handlungsflexibilität gegeben ist, bei Erreichen bestimmter Meilensteine[547] über Abbruch oder Weiterführung des Projektes zu entscheiden.

[544] Unter Optionsrecht wird das verbriefte Recht verstanden, einen Vermögensgegenstand zu einem im Voraus festgelegten Preis innerhalb einer spezifizierten Zeit zu kaufen (Call) oder zu verkaufen (Put). Ist die Wahrnehmung der Option nur am Verfallstag möglich, spricht man von einer „europäischen Option“; ist die Wahrnehmung hingegen während eines Zeitraumes bis zum Verfallstag möglich, wird von einer „amerikanischen Option“ gesprochen.

[545] Vgl. Brealey/Myers, 1996, S. 591

[546] Vgl. Hommel/Müller, 1999, S. 178f.

[547] Im Zuge des Stage-Gate-Prozesses werden im Laufe des Innovationsprozesses Meilensteine definiert, bei denen vordefinierte Zielwerte – als Basis für die Fortführung des Innovationsprojektes – zu erreichen sind.

5.2 Bewertungsmodelle von Realoptionen

5.2.1 Das Modell von Black/Scholes

Eine der Grundlagen für eine Realoptionsbewertung wurde im Modell von Black/Scholes geschaffen.[548] In diesem Modell wird eine Differentialgleichung konstruiert, die eine Brownsche Bewegung[549] des Kassapreises des Basisinstruments ausdrückt. Die Lösung der Differentialgleichung stellt folgende Call-Preisfunktion für einen europäischen Call auf ein dividendenfreies Basisinstrument dar:[550]

$$C = B \cdot N(d_1) - X(d_2) \cdot e^{-r \cdot T}$$

$$d_1 = \ln(B / X) + (r + \sigma^2 / 2)T / (\sigma / \sqrt{T})$$
$$d_2 = d_1 - \sigma\sqrt{T}$$

C	*Preis eines Calls*
B	*Kassakurs des Basisinstrumentes (zB Aktie)*
X	*Ausübungspreis der Option*
r	*Risikofreier Zinssatz*
N	*Kumulative Standardnormalverteilung*
σ	*Volatilität des Basisinstrumentes*
T	*Restlaufzeit*

Das Black-Scholes-Modell gab zahlreichen Autoren den Anstoß, sich mit der Preisbestimmung unterschiedlicher Arten von Optionen zu beschäftigen und die eigenen Voraussagen empirisch zu überprüfen.[551] Das Black-Scholes-Modell beruht auf sieben Annahmen, die seine Anwendbarkeit in der Realoptionsanalyse erheblich einschränken:[552]

1. Die Option wird nur zum Fälligkeitsdatum ausgeübt. Es handelt sich also um eine europäische Option.
2. Es gibt nur eine einzige Unsicherheitsquelle. Ein konstanter Zinssatz wird angenommen.
3. Die Option basiert auf einem einzigen risikobehafteten Basiswert. Zusammengesetzte Optionen sind folglich ausgeschlossen.
4. Es kommen nur dividendenlose Basisobjekte infrage.

---

[548] Vgl. Black/Scholes, 1973, S. 637-654

[549] Mit der Brownschen Bewegung wird ein stochastischer Prozess bezeichnet, der normalverteilte, unabhängige Zuwächse hat (Wiener-Prozess).

[550] Vgl. Beyer, 2002, S. 113f.

[551] Vgl. Copeland/Antikarov, 2002, S. 127

[552] Vgl. Ebenda

5. Der Marktpreis und das stochastische Verhalten des Basisobjekts sind bekannt.
6. Die Varianz der Rendite des Basisobjekts bleibt im Zeitverlauf konstant.
7. Der Basis- beziehungsweise Ausübungspreis ist bekannt und bleibt konstant.

Diese Grundannahmen des BLACK-SCHOLES-Standardmodells schränken das Bewerten von Realoptionen sehr ein; dieses ist daher zur realitätsnahen Einschätzung von Innovationsprojekten wenig geeignet.[553]

5.2.2 Das Binomialmodell von COX

Im Binomialmodell von COX wird anstelle eines einperiodigen Bewertungsansatzes eine Bewertungsgleichung für beliebig viele Perioden erstellt.[554] Die Bewertung erfolgt durch eine Diskontierung der erwarteten Zahlungsüberschüsse mit einem risikofreien Zins, wobei am Verfallstag begonnen wird und rekursiv bis zum aktuellen Ausgangspunkt die Bewertung für beliebig viele Perioden wiederholt wird.[555] Wie bei Finanzoptionen wird auch der Wert von Realoptionen von mindestens fünf Grundvariablen beeinflusst.[556]

- Der Wert des zu Grunde liegenden risikobehafteten Objekts: Im Falle von Realoptionen handelt es sich hierbei um ein Projekt, eine Investition oder eine Akquisition. Steigt der Wert des Basisobjekts, so steigt auch der Wert der zugehörigen Option.
- Der Basis- oder Ausübungspreis: Hierbei handelt es sich um den Geldbetrag, der bei Optionserfüllung fällig wird – zu dem das Basisobjekt im Falle einer Call-Option also gekauft und im Falle einer Put-Option verkauft wird. Je höher der Basispreis einer Option, desto niedriger der Wert des Calls und desto höher der Wert des Puts.
- Die Optionsfrist/-laufzeit: Je länger die Laufzeit, desto höher ist tendenziell der Optionswert.
- Die Standardabweichung des Wertes eines risikobehafteten Basisobjekts: Je höher das mit dem Basisobjekt verbundene Risiko, desto höher ist auch der Optionswert, weil die Payoffs (Renditen) einer (Call-)Option davon abhängen, ob und inwieweit der Wert des Basisobjekts den vereinbarten Basispreis übersteigt.
- Der risikofreie Zinssatz über die Laufzeit der Option: Je höher der risikofreie Zinssatz, desto höher ist auch der Optionswert.

Eine mögliche sechste Variable stellen die Dividenden dar, die vom Basisobjekt im Verlauf ausgeschüttet werden (Barauszahlungen bzw. -einnahmen)[557].

---

[553] Vgl. COPELAND/ANTIKAROV, 2002, S. 128
[554] Vgl. COX, 1979, S. 229ff.
[555] Vgl. MEISE, 1998, S. 64ff.
[556] Vgl. COPELAND/ANTIKAROV, 2002, S. 22f.
[557] Vgl. COPELAND/ANTIKAROV, 2002, S. 23

Bei der Innovationsbewertung bedingen Realoptionen das Vorliegen eines sequentiellen Entscheidungsproblems. Nach einer grundsätzlichen Entscheidung für die Fortführung eines Innovationsprojektes muss zu einem späteren Zeitpunkt auch über die Durchführung einer Erweiterungsinvestition befunden werden.[558] Nachdem unter Realoption allgemein die künftigen Realinvestitionsmöglichkeiten verstanden werden, können alle unternehmerischen Entscheidungssituationen damit in Verbindung gebracht werden.[559] Jede Realoption hat grundsätzlich den Charakter einer Warteoption: Dem Inhaber ist es definitionsgemäß möglich, eine Entscheidung zu verzögern, damit er die weitere Entwicklung entscheidungsrelevanter Rahmenbedingungen abwarten kann.[560]

Sämtliche realwirtschaftlichen Handlungsflexibilitäten lassen sich auf Call- und Put-Optionen zurückführen. Diese entsprechen in der Optionsanalogie den Investitions- und Desinvestitionsoptionen.[561] Durch beliebige Kombinationen dieser Grundformen können auch komplexe Realoptionen dargestellt werden, die mehrere Entscheidungen zu einem Zeitpunkt oder nacheinander ermöglichen.[562]

5.3 Klassifikation von Realoptionen

5.3.1 Verzögerungsoption

Die Kapitalwertberechnung ist, wie bereits erwähnt, stichtagsbezogen. Nur unzureichend berücksichtigt werden die zeitlichen Schwankungen bei der Verteilung der erwarteten Cash Flows und des Diskontsatzes.[563] Die Option der Verzögerung einer Innovation entspricht der Chance, von günstigeren Markt-, Investitions- oder Finanzierungssituationen zu profitieren. Die durch eine Verzögerung der Investition verlorenen Nettoerträge entsprechen den Dividendenzahlungen bei Aktien und können entsprechend berücksichtigt werden.[564]

Sinnvollerweise ist daher vor der Durchführung einer Innovation zu entscheiden, wann der günstigste Moment für die Umsetzung dieser gegeben ist. Selbst wenn der Vorteil einer sofortigen Umsetzung einer Innovation offensichtlich ist, sollte man diese Durchführung einer zu einem späteren Zeitpunkt gegenüberstellen.[565]

Eine Verzögerung der Innovationsrealisierung bietet sich immer dann an, wenn zu einem Zeitpunkt erhebliche Unsicherheiten bei den zentralen Werttreibern eines Innovationsvorhabens bestehen.[566] Die Nutzen und die Kosten des Abwartens sind dabei einander gegenüberzustellen. Der Nutzen der Verzögerung liegt meist in einer Verbesserung des Informationsstands sowie in einer Reduktion der Unsicherheiten.

---

[558] Vgl. VOLGGER, 2004, S. 201
[559] Vgl. CRASSELT/TOMASCEWSKI, 2002, S.131
[560] Vgl. KÜHNE ET AL., 2000, S. 46
[561] Vgl. RAMS, 1999a, S. 353
[562] Vgl. VOLGGER, 2004, S. 202
[563] Vgl. VOLGGER, 2004, S. 203
[564] Vgl. LAUX, 1993, S. 942
[565] Vgl. FRIEDL, 2002, S. 74
[566] Vgl. HOMMEL, 1999, S. 25

Die Kosten des Zuwartens können in entgehenden Einzahlungen und/oder einer Verschlechterung der Wettbewerbsposition liegen.[567]

Bei der Bewertung einer Verzögerungsoption müssen die Opportunitätskosten berücksichtigt werden, welche mit der Verzögerung der Innovationsrealisierung verbunden sind.[568] Bei zeitlich beschränkten Lizenz- und Patentrechten bestehen diese Opportunitätskosten in entgangenen Cash Flows, die bei der früheren Durchführung einer Innovation erzielt worden wären. Ein Unternehmen wird daher eine Verzögerungsoption umso früher ausüben, je höher die mit einem Aufschub verbundenen Opportunitätskosten sind.[569]

5.3.2 Abbruchsoption

Innovationsvorhaben müssen nicht über den gesamten Zeitraum ausgeführt werden; auf negative Einflüsse wie schwierige Marktbedingungen oder Extremereignisse hin kann durch eine Abbruchsoption ein Innovationsprojekt vorzeitig aufgegeben und veräußert werden. Diese Vorgehensweise hat den Charakter einer amerikanischen Verkaufsoption auf eine Aktie, an dessen Inhaber während der Optionslaufzeit Dividenden ausgeschüttet werden.[570]

5.3.3 Erweiterungs- und Konsoliderungsoption

Durch Erweiterungs- und Konsolidierungsoptionen reagieren die Unternehmen auf veränderte Marktentwicklungen flexibel, da der Projektumfang der jeweiligen Marktsituation angepasst wird, wie bei flexiblen Fertigungssystemen oder bei Produkteinführungen in begrenzten Testmärkten.[571]

Bei einer Erweiterungsoption wird die Handlungsflexibilität, etwa durch erweiterte Produktionskapazität, als eine Kaufoption auf diese Kapazitätserweiterung gesehen.[572] Abhängig davon, ob die Erweiterung des Volumens innerhalb eines bestimmten Zeitraumes oder am Ende einer definierten Zeitspanne durchgeführt werden kann, handelt es sich um eine amerikanische oder um eine europäische Call-Option.[573]

In Analogie zu Finanzoptionen entspricht die Erweiterungsoption einem Call und die Konsolidierungsoption einem Put. Eine Erweiterungsoption gilt auch als zusätzliche Investition I^E. Kann ein Projekt um x% erweitert werden, entspricht dies einem Call auf x% des Bruttoprojektwertes mit dem Ausübungspreis I^E. Der Gesamtwert des

[567] Vgl. Crasselt/Tomascewski, 2002, S. 132
[568] Vgl. Ebenda
[569] Vgl. Copeland et al., in: Volgger, 2004, S. 205
[570] Vgl. Myers/Majd, 1990, S. 1ff.
[571] Vgl. Zimmermann, 1998, S. 281 ff.
[572] Vgl. Laux, 1993, S. 952
[573] Vgl. Volgger, 2004, S. 205

Projektes setzt sich aus dem Wert ohne Flexibilität (V-I) und dem Optionswert der zukünftigen Investitionsmöglichkeit zusammen und beträgt $(V-I) + \max(xV- I^{E}, 0)$.[574]

Eine Einschränkungs- bzw. Konsolidierungsoption kommt dann zum Einsatz, wenn der Erfolg der produzierten Güter oder Dienstleistungen hinter den ursprünglichen Erwartungen zurückbleibt.[575] Die Konsolidierungsoption gilt dabei als Verkaufsoption auf einen Teil der Produktionskapazität.[576] Konsolidierungsoptionen ermöglichen Einsparungen in der Höhe der bei reduziertem Produktionsumfang vermiedenen variablen Kosten, welche in Optionsanalogie mit dem Ausübungspreis gleichgesetzt werden. Eine Konsolidierungsoption wird folgerichtig gebraucht, wenn der innere Wert dieser positiv ist bzw. die Summe der eingesparten variablen Produktionskosten höher ist als der durch die Kapazitätsreduktion bedingte Umsatzrückgang der hergestellten Produkte.[577]

5.3.4 Lernoptionen

Die Allokation von Unternehmensressourcen hängt von der Reduktion projektspezifischer Risiken ab.[578] Unter Lernoption versteht man das Vorantreiben einer Investition solange, bis zusätzliche Informationen das Investitionsrisiko bei der Realisierung eines Innovationsvorhabens mindern. Dazu ist zwischen dem Wert der Option auf Basis vorhandener Informationen und den Kosten weiterer Informationsbeschaffung abzuwägen. Eine Lernoption in einem Forschungs- und Entwicklungsprojekt (F&E–Projekt) existiert, wenn angenommen wird, dass sich technologische Unsicherheiten durch zusätzliche Forschungsaufgaben reduzieren lassen.[579]

5.3.5 Desinvestitionsoption

Die Unternehmensleitung hat zu jedem Zeitpunkt die Möglichkeit, im Rahmen einer Portfoliobereinigung aus wenig erfolgversprechenden Innovationsprojekten auszusteigen.[580] Auch bei veränderten wirtschaftlichen Rahmenbedingungen kann das Engagement in ein Investitionsprojekt reduziert werden.[581] Eine Entscheidung, das Innovationsprojekt aufgrund nicht zufrieden stellender Erfolgsaussichten abzubrechen, entspräche einer typischen Desinvestitionsoption. Dabei werden im Falle einer negativen Umweltentwicklung die variablen Produktionskosten zur Gänze eingespart.[582] Außerdem kann durch den Verkauf von Vermögensaktiva die ursprüngliche Investitionsauszahlung teilweise wieder zurückgewonnen werden, worin eine wesentliche Differenzierung zu einer Abbruchsoption besteht.

---

[574] Vgl. Trigeorgis, 1995, S.6
[575] Vgl. Volgger, 2004, S. 206
[576] Vgl. Hommel, 1999, S. 25
[577] Vgl. Ebenda
[578] Vgl. Hommel/Müller, 1999, S. 179
[579] Vgl. Copeland/Keenan (1998a) S. 49
[580] Vgl. Homel, 1999, S. 25
[581] Vgl. Hommel/Müller, 1999, S. 179
[582] Vgl. Kensinger, in: Volgger, 2004, S. 206

5.3.6 Wachstumsoption

Bei einer Wachstumsoption wird ein Investitionsprojekt frühzeitig mit Ressourcen ausgestattet, mit dem Ziel zu einem späteren Zeitpunkt bei günstigen Rahmenbedingungen von diesem Engagement zu profitieren. [583] Das Management soll beurteilen, ob der Wert der Option die durch Investitionen in Technologie oder in ein Produkt entstehenden Kosten rechtfertigt. Wachstumsoptionen sind durch zeitlich-vertikale Abhängigkeiten zwischen den Investitionsvorhaben gekennzeichnet.[584] Eine Wachstumsoption kann als Call auf den Bruttoprojektwert der Erstinvestition interpretiert werden.[585]

5.3.7 Verbundoptionen

In der Innovationsbewertung treten Realoptionen meist nicht in den dargestellten idealtypischen Formen auf, sondern häufig als Kombination mehrerer Optionen, was als Verbundoption bezeichnet wird.[586] Eine Verbundoption liegt vor, wenn die Ausübung einer Realoption zur Existenz neuer Realoptionen führt.[587]

Bei Verbundoptionen handelt es sich oft um Investitionsoptionen, durch deren Ausübung nicht unmittelbar Zahlungsüberschüsse lukriert, sondern neue Investitionsoptionen geschaffen werden. Ein typisches Beispiel hiefür sind Investitionen in Forschung und Entwicklung. Insbesondere bei der Entwicklung und Markteinführung neuer Produkte werden Unternehmen mit erheblichen Technologie- und Marktrisiken konfrontiert, welchen durch eine sequentielle Vorgangsweise in Projektphasen begegnet wird. Mehrstufig durchgeführte Investitionen ermöglichen den Unternehmen, nach jeder Projektphase die folgenden Investitionen zu stoppen, falls die Projektfortschritte hinter den Erwartungen zurückgeblieben sind.[588]

Bei Innovationsprojekten, bei denen lediglich eine Realoption vorliegt, gestaltet sich die Bewertung relativ einfach. Schwieriger wird die Bewertung, wenn innerhalb eines Projektes mehrere Optionen parallel existieren. Aufgrund von wechselseitigen Abhängigkeiten zwischen den einzelnen Realoptionen kann deren Wert nicht als Summe der Einzelwerte bestimmt werden, das Prinzip der Wertadditivität gilt dabei nicht. Nur mittels Simulationsrechnungen können die voneinander abhängigen Optionen bewertet werden.[589] Durch die meist hohe Komplexität von Innovationsprojekten gilt dies im besonderen Maße für die Innovationsbewertung.

---

[583] Vgl. KEMNA, in: BEYER, 2002, S. 117
[584] Vgl. MEISE, 1998, S. 110
[585] Vgl. MEISE, 1998, S. 113
[586] Vgl. JANSCHEK, 2001, S. 74
[587] Vgl. CRASSELT/TOMASCEWSKI, 2002, S. 133
[588] Vgl. VOLGGER, 2002, S. 210
[589] Vgl. VOLGGER, 2004, S. 211

5.4 Übertragung der Realoptionstheorie auf Innovationsentscheidungen

5.4.1 Prozess der realoptionsbasierten Innovationsbewertung

HOMMEL/PRITSCH geben für die Durchführung einer Realoptionsbewertung die folgende Vorgehensweise an, welche sich aus einer Abfolge von Einzelschritten zusammensetzt:[590]

1. Herstellen der Optionsanalogie: Untersuchung der Analogie zwischen Finanz- und Realoption **(Flexibilität, Unsicherheit, Irreversibilität)**
2. Bestimmung des Optionstypus: Auswahl der einzubeziehenden Optionstypen.
3. Auswahl der Bewertungsmethode: Entscheidung über die Anwendung und Auswahl des Optionsmodells
4. Durchführung der Bewertung: Schätzung der Optionsparameter, Anwendung des Bewertungsalgorithmus
5. Feinabstimmung: Sensitivitätsanalysen, Berücksichtigung von Interaktionseffekten.

Eine realoptionstheoretische Bewertung setzt voraus, dass der realgüterliche Entscheidungsgegenstand analogen Optionscharakter zu einem Wertpapier aufweist. Finanzoptionen zeichnen sich durch drei konstituierende Merkmale aus: Flexibilität, Unsicherheit und Irreversibilität.[591]

Eine Option bedeutet das Recht, aber nicht die Pflicht (Flexibilität), einen vorher bestimmten Vermögensgegenstand zu erwerben, dessen wirtschaftliche Attraktivität zum Zeitpunkt der Optionsausübung ex ante nicht bewertet werden kann (Unsicherheit). [592] Durch die Ausübung der Option verfällt das Optionsrecht und für den Investor entstehen versunkene Kosten (Irreversibilität).[593]

5.4.2 Interaktionseffekte

Im Unterschied zu Finanzoptionen verweisen Realoptionen häufig nicht nur auf ein Recht, sondern mitunter auf ein ganzes Bündel von Rechten, nachdem die Ausübung einer Option meist zur Entstehung mindestens einer weiteren Option führt.[594] So wird etwa durch die Entwicklung einer neuen Technologie die Option geschaffen, Folgetechnologien zu entwickeln, welche ihrerseits den Eintritt in weitere Märkte ermöglichen. Der Wert einer Basisoption kann in diesem Fall nur unter Berücksichtigung des Werts der Folgeoptionen bestimmt werden. Dies ist jedoch insofern problematisch, als Anzahl, Inhalt und Wertgehalt der Folgeoptionen nur schwer bestimmbar sind.[595]

[590] Vgl. HOMMEL/PRITSCH in: BEYER, 2002, S. 115
[591] Vgl. HOMMEL/MÜLLER, 1999, S. 178
[592] Vgl. COPELAND/KEENAN, 1998, S. 40
[593] Vgl. BEYER, 2002, S. 115
[594] Vgl. JANSCHEK, in: VOLGGER, 2004, S. 232
[595] Vgl. VOLGGER, 2004, S. 232

Verbundene Optionen können mitunter in einem komplexen Abhängigkeitsverhältnis zueinander stehen. Dies hat zur Folge, dass eine isolierte Bewertung dieser Optionen und die anschließende Addition dieser Werte wegen der in der Regel fehlenden Wertadditivität nicht möglich ist, somit lässt sich der Wert einer Mehrzahl von Optionen nicht durch einfache Addition der Einzelwerte bestimmen.[596]

[596] Vgl. JANSCHEK, 2001, S. 86

5.5 Zwischenresümee zur Realoptionsbewertung

Die Kapitalwertmethoden gehen im Gegensatz zur Realoptionsbewertung von statischen Entscheidungssituationen aus, dh die mit einer Innovation verbundenen optimalen Handlungen sind für verschiedene Umweltzustände im Voraus festgelegt.[597] Es wird ein passives Management präsumiert, welches sich in seinen Handlungen darauf beschränkt, resultierende Zahlungsströme entgegenzunehmen.[598] Realoptionen erfassen die Möglichkeit des Managements, aktiven Einfluss auf die Entwicklung realgüterlicher Aktiva wie Innovations- und F&E-Projekte zu nehmen. Jede Entscheidung über Abbruch oder Fortführung eines Innovationsprozesses, jeder technische Fortschritt oder jede Produktentwicklung kann als Realoption angesehen werden.[599] Problematisch bei der Realoptionsbewertung ist unter anderem die schwierige Quantifizierbarkeit der Rechengrößen. Die Realoptionsbewertung von Innovationsprojekten basiert auf einer Analogie zu Finanzoptionen. Die Aussagekraft der Bewertungsergebnisse hängt von der tatsächlichen Vergleichbarkeit von Real- und Finanzoption ab.[600] Hier setzen HOMMEL/MÜLLER ihre Bedenken an:[601]

- **Nicht-Existenz des Basisinstruments:** Als Basisinstrument wird der Barwert des Cash Flows einer Innovation verstanden. Deren Wert kann im Gegensatz zu einer Aktie nur geschätzt werden, wobei die Schätzung durch das nicht vorhanden sein von relevanten Vergangenheitswerten zusätzlich erschwert wird.[602]
- **Illiquidität des Basisinstruments:** Da eine Innovation nicht fungibel ist, ist der Rate of Return Shortfall[603] für die Bewertung von Innovationen zu berücksichtigen.[604] Technisch bringt der Rate of Return Shortfall die sicherheitsäquivalente Driftrate eines Vermögensgegenstandes zum Ausdruck, die sich als Differenz zwischen der Bewertung durch ein Kapitalmarktmodell (zB CAPM) und durch die erwartete tatsächliche Wertentwicklung manifestiert.[605]
- **Interaktionseffekte:** Innovationen bringen eine Vielzahl von Realoptionen mit, die untereinander interagieren und sich gegenseitig beeinflussen. Die Ausübung oder Unterlassung einer Realoption wirkt sich auf die Existenz anderer Realoptionen aus.[606]

---

[597] Vgl. LAUX, 1993, S. 935
[598] Vgl. DIXIT/PINDYCK, 1995, S. 106
[599] Vgl. COPELAND/KOLLER/MURRIN, 1998, S, 457-486
[600] Vgl. BEYER, 2002, S. 119
[601] Vgl. HOMEL/MÜLLER, in: BEYER, 2002, S. 119
[602] Vgl. BEYER, 2002, S. 119
[603] Der Rate of Return Shortfall bezeichnet die Differenz aus der in einer Risikoklasse geforderten Rendite abzüglich der erwarteten Wertentwicklung des Vermögensgegenstandes (Driftrate). Handelt es sich bei dem Vermögensgegenstand um Aktien, lässt sich der Rate of Return Shortfall als Dividendenrendite interpretieren. Im Gegensatz zum Aktionär nimmt der Besitzer einer Aktionoption nur am Aktienkurs teil, wodurch er gegenüber dem Aktionär auf einen Teil der Rendite zugunsten des Optionsrechts verzichtet (vgl. BEYER, 2002, S. 120).
[604] Vgl. REINHARDT, 1997, S. 74
[605] Vgl. BEYER, 2002, S. 119f.
[606] Vgl. BEYER, 2002, S. 120

- **Exotische Optionsrechte:** Handlungsmöglichkeiten sind bei Innovationsprojekten wesentlich häufiger gegeben als bei Finanzoptionen, durch komplizierte Verbundoptionen wie etwa eine Option auf eine Option ergibt sich eine enorme Bewertungsvielfalt.[607]
- **Einfluss des Wettbewerbs:** Durch die mögliche Existenz etwaiger Mitbewerber bei einem Innovationsvorhaben hängt der Wert der Ausübung einer Option von den Handlungen dieser Mitbewerber ab. Damit beschränkt das Unternehmen, welches die Option zuerst ausübt, die Laufzeit und den Wert dieser Option für die anderen Unternehmen.[608]

Die Implementierung des Realoptionsansatzes als praktisches Analysetool zur Bewertung von Innovationsprojekten gestaltet sich weitaus schwieriger als die Handhabung der weit verbreiteten DCF-Analysen. Durch die zahlreichen Bewertungsparameter bei Innovationen und deren Interdependenzen sind spezielle, mathematisch anspruchsvolle Bewertungsverfahren sowie dementsprechendes Know How erforderlich.[609]

Ungeachtet der Implementierungsprobleme berücksichtigt der Realoptionsansatz den Wert der Handlungsflexibilität und den Wert der durch die Innovation geschaffen Optionen, welche in den klassischen Bewertungsverfahren vernachlässigt werden.[610] Wenngleich die genannten Optionen von Innovationsprojekten nicht immer mathematisch ausgedrückt und bewertet werden können, so ist im Innovationsalltag alleine das Bewusstsein hilfreich, dass eine Option mehr, aber auch weniger Wert sein kann als die in Kapitel 4 ermittelte kapitaltheoretische Wertgröße.

607 Vgl. COPELAND/KEENAN, S. 134
608 Vgl. BEYER, 2002, S. 120f
609 Vgl. ROSE, 1998, S. 711
610 Vgl. BACKHAUS, 2003, S. 249

„Leben ist Risiko.
Was wir tun, ist riskant.
Was wir nicht tun, ist es auch.“
(FRANK ROMEIKE)

6. Bewertung des Innovationsrisikos

6.1 Unsicherheit in der Innovationsbewertung

Bisher wurden in dieser Arbeit qualitative und quantitative Bewertungsverfahren auf ihre Eignung zur Bewertung von Innovationsprojekten untersucht. Des Weiteren wurden Möglichkeiten und Grenzen der kapitaltheoretischen und der optionsbasierten Innovationsbewertung erarbeitet.

Als Zwischenfazit der bisher geleisteten Forschungsarbeit zur Bewertung von Innovationsprojekten lassen sich im Wesentlichen zwei Besonderheiten von Innovationsprojekten festhalten, welche durch die etablierten Bewertungsverfahren zu wenig Berücksichtigung gefunden haben. Zum einen werden diese Verfahren dem ***dynamischen Verlauf*** von Innovationsprojekten nicht gerecht und zum anderen findet die innovationsimmanente ***Unsicherheit*** konzeptionell kaum Berücksichtigung.

Da bei der Bewertung von Innovationsprojekten entweder gar nicht oder nur in sehr eingeschränktem Umfang auf Daten aus der Vergangenheit aufgebaut werden kann, hängt die Qualität der Bewertung von der Validität und vom Verlauf der zukunftsbezogenen Bewertungsparameter ab. Beispielsweise werden bei der Entscheidung für oder gegen ein Innovationsprojekt mittels Kapitalwertverfahren Informationen über zukünftig erwirtschaftbare Cash Flows benötigt. Durch den dynamischen und zukunftsorientierten Verlauf sowie mehrjährige Lebenszyklen sind Innovationsprojekte notwendigerweise mit einem extrem hohen Unsicherheitspotential behaftet.

Der Begriff „Unsicherheit“ nimmt sowohl bei der Bewertung von Innovationsprojekten als auch in der Kapitaltheorie eine Sonderstellung ein. Sie bezeichnet umgangssprachlich die Abweichung von einem erwarteten Wert und setzt sich aus den Teilmengen der Ungewissheit und des Risikos zusammen.[611] Bei Innovationsprojekten werden grundsätzlich zwei Arten der Unsicherheit unterschieden:[612]

- **Risiko:** Bei Entscheidungen unter Risiko sind zwar relevante Daten nicht gesichert, aber es ist bekannt, mit welcher Wahrscheinlichkeit mögliche Umweltzustände eintreten.
- **Ungewissheit:** Bei Entscheidungen unter Ungewissheit sind die möglichen Umweltzustände bekannt, die Wahrscheinlichkeit des Eintretens jedoch (zunächst) nicht.

[611] Vgl. BEYER, 2002, S. 47
[612] Vgl. GLEIßNER/MEIER, 2001, S. 121

In einem zunehmend komplexen und dynamischen Planungsumfeld sind Innovationsentscheidungen mit langem Wirkungshorizont zwangsläufig mit erheblichen Risiken verbunden.[613] Dadurch werden in diesem Umfeld die Grenzen der Planung offenkundig.[614]

Bei technologischen Prognosen können auch die möglichen zukünftigen Zustände nicht vollständig abgeschätzt werden. Häufig wird Risiko, unabhängig von den verursachenden Faktoren, als Möglichkeit einer Zielabweichung definiert, was auch den Fall der Ungewissheit mit einschließt: „Risiko ist [daher, Anmerkung des Verfassers] die aus der Unvorhersehbarkeit der Zukunft resultierende, durch zufällige Störungen verursachte Möglichkeit, geplante Ziele zu verfehlen."[615]

Die weitere Verwendung des Begriffs Risiko erfordert eine zusätzliche Differenzierung: Risiko bezeichnet im engeren Sinn lediglich die Gefahr des Erzielens schlechterer Ergebnisse als die eines Erwartungswertes. Im Gegensatz dazu bezieht Risiko im weiteren Sinn auch mögliche Chancen ein.[616] In der vorliegenden Arbeit wird der Begriff im weiteren Sinne verwendet.

Bislang haben moderne Methoden zur Quantifizierung von Risiken nur sehr begrenzten Einzug in die Ebenen der Entscheidungsträger gehalten.[617] Dies gilt insbesondere für die Bewertung von Innovationsprojekten. In der vorliegenden Schrift werden Methoden und Verfahren zur Quantifizierung von Risiken zur Bewertung von Innovationsprojekten untersucht. Mit Blick auf das Erfordernis eines flexiblen Einsatzes und der Nachvollziehbarkeit der Bewertungsergebnisse soll dabei der Schwerpunkt auf die risikoaggregierte Simulation von Innovationsprojekten gelegt werden.

Die Qualität einer Entscheidung hängt im Wesentlichen von der Qualität der Informationen (insbesondere Korrektheit und Umfang) ab, aber auch die Qualität des Entscheidungsverfahrens (Algorithmus, Prognoseverfahren) ist von Bedeutung.[618] Da ein großer Teil der bei ökonomischen Entscheidungen verwendeten Informationen zukünftige Werte ökonomischer Größen betrifft, ist eine korrekte Prognose dieser Größen für die Qualität der Entscheidungen und damit letztendlich für den wirtschaftlichen Erfolg von entscheidender Bedeutung.[619]

[613] Vgl. MUSSNIG, 2001, S. 305
[614] Vgl. HAHN, 1991, S. 811f.
[615] Vgl. GLEIßNER/MEIER, 2001. S. 121
[616] Vgl. HOMBURG/STEPHAN, 2004, S. 313-325
[617] Vgl. FREY/NIEßEN, 2001, S. 11
[618] Vgl. FREY/NIEßEN, 2001, S. 12
[619] Vgl. GLEIßNER, 2001, S. 118

6.2 Risiko als zentrales Problem der Innovation

Abbildung 25, die aus einer Untersuchung von MANSFIELD resultiert, vermittelt einen Eindruck, wie hoch Risiken in Innovationsprojekten sind. MANSFIELD differenziert dabei zwischen dem technischen und dem wirtschaftlichen Risiko. Als ökonomisch erfolgreich gelten in MANSFIELDS Untersuchung nur jene Innovationsvorhaben, die einen höheren Ertrag erwirtschaften als eine risikolose Geldanlage zu Marktzinsen. In der durchgeführten Untersuchung ist dies nur bei 12 von 100 Projekten der Fall.[620]

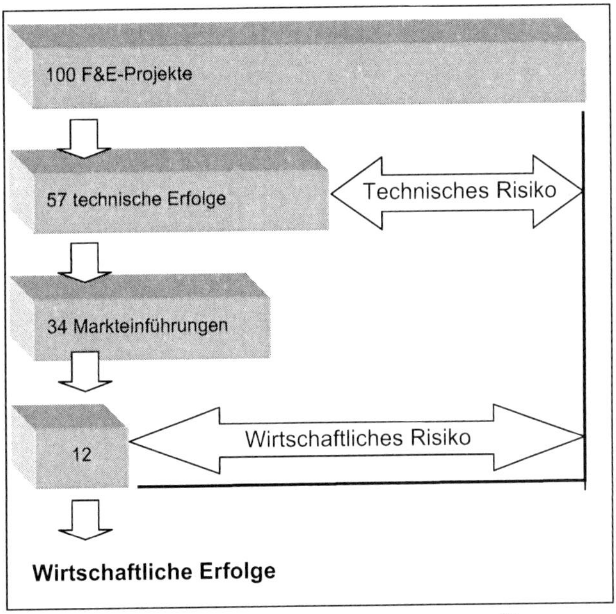

Abbildung 25: Erfolgswahrscheinlichkeit von F&E-Projekten[621]

Da die Untersuchung von MANSFIELD aus dem Jahre 1971 stammt, kann kritisch angemerkt werden, dass in der Zwischenzeit speziell zur Themenstellung Innovation viel geforscht und publiziert wurde und dadurch die Erfolgschancen von Innovationsprojekten wesentlich verbessert wurden. Beispielhaft seien hier Publikationen zur Kundenintegration im Innovationsprozess, das Lead-User-Konzept von VON HIPPEL, Publikationen von HAUSCHILDT ET AL. angeführt.[622]

Die Gültigkeit der Untersuchung von Manfield wurde durch weitere Untersuchungen aktualisiert und unter dem derzeitigen Erkenntnisstand der Innovationsforschung validiert. Beispielhaft ist, wie in Abbildung 26 ersichtlich, die Innovationstätigkeit und der Innovationserfolg der Siemens AG Österreich dargestellt. Im Geschäftsjahr 2003/ 2004 wurden 679 Innovationsideen aus internen und externen Quellen eingereicht.

[620] Vgl. MANSFIELD, 1971, S. 41ff.
[621] Quelle: COMMES/LIENERT, 1983, S. 349
[622] Vgl. KLEINSCHMIDT/GESCHKA/COOPER, 1996, o.S.

Davon wurden 571 Innovationsideen vorselektiert und als Innovationsprojekte zur weiteren qualitativen und quantitativen Bewertung aufbereitet.[623]

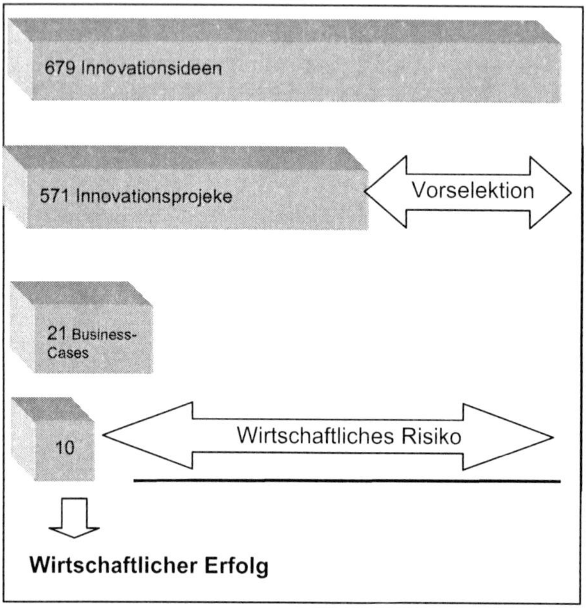

Abbildung 26: Erfolg von Innovationsprojekten[624]

Die verbleibenden 571 Innovationsprojekte wurden einer Grobbewertung anhand technischer und wirtschaftlicher Kriterien unterzogen. Davon wurden auf Basis qualitativer und quantitativer Bewertungsinformationen lediglich 21 Innovationsprojekte in die Phase eines Businesscase geleitet und einer detaillierten quantitativen Bewertung unterzogen. Schließlich wurden 11 Innovationsprojekte realisiert (bzw. sind in Realisierung), woraus 10 erfolgreiche, neue Geschäfte generiert werden konnten. Bezogen auf 571 vorselektierte Innovationsprojekte bedeuten die 10 erfolgreichen Innovationsprojekte eine Erfolgsquote von ca. 1,75 % und liegen damit im oberen Bereich der branchenübergreifenden Innovationserfolgsquoten, welche sich zwischen 1 und 2 % bewegen.

Werden hingegen die 11 realisierten Innovationsprojekte welche durch die erfolgte Umsetzung einen signifikant höheren Ressourceneinsatz - in Relation zu den Projekten welche in den frühen Phasen ausgeschieden werden – erfordern, den 10 erfolgreichen (im Sinne eines positiven Wertbeitrages) gegenüberstellt, so entspricht dies einer Erfolgsquote von ca. 90 %. Daraus wird die Bedeutung einer qualitätsvollen Bewertung in einer möglichst frühen Innovationsphase für eine Optimierung des betrieblichen Ressourceneinsatzes ersichtlich.

[623] Siemens AG Österreich, 2004, IAM
[624] Quelle: Siemens AG Österreich, 2004, IAM

Wenngleich die Erfolgsquote von Innovationsprojekten nicht mit der Erfolgsquote von F&E-Projekten vergleichbar gemacht werden kann – letztere werden wesentlich strenger vorselektiert –, so wird daraus dennoch ersichtlich, dass Unsicherheit und Risiko nach wie vor zentrale Probleme der Innovationsbewertung darstellen. Denn einerseits würde jedes fälschlicherweise vorzeitig ausgeschiedene Innovationsprojekt den Unternehmenserfolg negativ beeinflussen und andererseits verursacht jedes erfolglose Innovationsprojekt mit jeder Fortführungsphase Kosten und bindet Ressourcen. Damit ist der Innovationserfolg und somit der Unternehmenserfolg wesentlich von der frühzeitigen Selektion der „richtigen" Projekte und damit von der Qualität der Innovationsbewertung abhängig.

6.3 Innovationsrisiken und deren Konsequenzen

6.3.1 Vorbemerkung

Innovative Vorhaben unterscheiden sich von gewöhnlichen Investitionsvorhaben durch ihre Neuartigkeit und damit durch zusätzliche Risiken. Je höher der Innovationsgrad eines Projektes ist, umso höher ist auch die damit behaftete Unsicherheit. In diesem Zusammenhang ist die Erkenntnis interessant, dass die Investitionsentscheidung potentieller Kapitalgeber weitaus stärker von den Risiken eines Innovationsprojektes beeinflusst wird als von dessen Renditeerwartungen.[625]

Die Finanzierungschancen von Innovationsprojekten lassen sich daher durch eine Senkung des Investorrisikos wesentlich verbessern. Dies kann einerseits durch eine Reduktion der Innovation auf möglichst wenige Kerndimensionen und andererseits durch eine möglichst durchgängige Darstellung und Bewertung von Innovationschancen und -risiken erreicht werden.

Einleitend wurde die Innovationstätigkeit von Unternehmen als wesentlicher Erfolgsfaktor unternehmerischer Tätigkeit dargestellt. Gleichzeitig ist damit ein erhebliches unternehmerisches Risiko verbunden, wenn die Innovationstätigkeit nicht zu dem gewünschten technischen und/oder wirtschaftlichen Erfolg führt.

Erfolgsrisiken im Innovationsprozess		
Ursachen	**Formen**	**Folgen**
F&E- immanente Risikoursachen	Technisches Risiko	Risiko der verlorenen Kosten
Management-Fehler	Wirtschaftliches Risiko	Risiko der fehlenden Erfolgspotentiale

Abbildung 27: Ursachen, Formen und Folgen des Erfolgsrisikos[626]

[625] Vgl. STOCKBAUER, 1989, S. 75
[626] Quelle: In Anlehnung an STOCKBAUER, 1989, S. 75

Abbildung 27 zeigt die Erfolgsrisiken der Innovationstätigkeit. Dabei wird unter Erfolgsrisiken verstanden, dass sich Innovationsprojekte technisch nicht realisieren lassen oder dass technisch erfolgreich entwickelte Produkte nicht entsprechend wirtschaftlich verwertet werden können.[627]

6.3.2 Das technische Risiko

Unter dem technischen Risiko einer Innovation wird verstanden, dass es dem Unternehmen nicht oder nur unzureichend gelingen mag, die der Innovation zugrunde liegenden oder in Zusammenhang mit der Überleitung in die laufende Produktion stehenden technischen Probleme zu lösen.[628]

Das technische Risiko kann auch als Risiko der verlorenen Kosten bezeichnet werden und setzt sich aus folgenden Risikokomponenten zusammen:[629]

- Forschungsrisiko (funktionierende Technologie)
- Entwicklungsrisiko (funktionierendes Produkt)
- Produktionsrisiko (funktionierende Produktionsüberleitung zur Serienreife)

STOCKBAUER führt für das Scheitern von Innovationen in technischer Hinsicht drei Gründe an:[630]

- Die zugrunde gelegte Technologie erweist sich als nicht geeignet, eine Lösung für das angeführte Problem zu bieten, oder sie wird frühzeitig durch eine bessere Technologie abgelöst.
- Der F&E-Bereich verfügt nicht über die entsprechende technische und personelle Ausstattung.
- Die Produktionsüberleitung in die Serienreife scheitert.

Die Höhe des technischen Risikos ist maßgeblich vom Grad der Neuheit des jeweiligen Innovationsprojektes (Innovationsgrad) abhängig. Eine Basisinnovation weist demnach einen höheren Innovationsgrad als eine Verbesserungsinnovation und somit auch ein höheres technisches Risiko auf.

Basisinnovationen gehen deshalb mit einem hohen technischen Risiko einher, weil alle Phasen des Innovationsprozesses durchlaufen werden müssen.
Bei **Verbesserungsinnovationen** hingegen ist das technische Risiko deswegen geringer, weil sie meistens keine F&E-Tätigkeit benötigen.

Grundsätzlich kann festgestellt werden, dass aufgrund der Zunahme des Konkretisierungsgrades das technische Risiko mit Fortschreiten des Innovationsprozesses sinkt.[631] Nach erfolgter Produktionsüberleitung sowohl bei Basisinnovationen wie auch bei Verbesserungsinnovationen ist ein technisches Risiko praktisch nicht mehr

---

627 Vgl. STOCKBAUER, 1989, S. 76
628 Vgl. HENNIGS, 1983, S. 177
629 Vgl. STOCKBAUER, 1989, S. 75f.
630 Vgl. EBENDA
631 Vgl. SIEGWART, 1974, S. 66

vorhanden, es sei denn, es kommt im Zuge einer raschen Diffusion zu Problemen im Zusammenhang mit der Einrichtung einer Großserien- oder Massenfertigung.[632]

6.3.3 *Das wirtschaftliche Risiko*

Das wirtschaftliche Risiko einer Innovation besteht in der Gefahr, dass der Markt nicht bereit ist, ein technisch erfolgreich entwickeltes Produkt aufzunehmen und folglich die investierten Mittel nicht in angemessener Zeit und Verzinsung zurückfließen können.[633] Das wirtschaftliche Risiko einer Innovation gründet im Fehlen von Erfolgspotentialen zur Erfüllung folgender Anforderungen:

- Amortisation der Entwicklungskosten
- Erzielung eines positiven Cash Flows
- Erzielung eines Gewinns
- Erwirtschaftung einer Mindestrendite (nach EVA, SHV)

Die Gründe für das Scheitern eines Innovationsvorhabens am Markt können unter anderem folgende sein:

- Durch die neuen Produkte oder Lösungen werden die Kundenwünsche oder –probleme nicht oder nur in unzureichendem Ausmaß erfüllt.
- Die Kundenanforderungen werden durch die neuen Produkte nicht besser erfüllt als durch bereits bestehende Produkte.
- Der Mitbewerb reagiert durch rasche Imitation auf die Innovationen.
- Kundenbedürfnisse und Marktpotential wurden falsch eingeschätzt.

Wie das technische Risiko, so ist auch das Marktrisiko vom Innovationsgrad abhängig. Eine generelle Ablehnung durch den Markt wird bei Verbesserungsinnovationen wesentlich seltener auftreten als bei Basisinnovationen. Eine weitere Erleichterung bei Verbesserungsinnovationen stellt die bereits vorhandene Marktkenntnis mit der Prognostizierbarkeit von Kundenanforderungen, Preisniveau und Marktpotential dar.[634]

Betreffend der Risikohöhe kann festgestellt werden, dass Marktwiderstände und Marktpotential während der ersten Phasen kaum einschätzbar sind. Erst durch Testverkäufe von Prototypen oder durch ähnliche Maßnahmen kann die Marktsituation entsprechend beurteilt werden.[635] Diese Ergebnisse werden in der abschließenden Produktgestaltung und in der Markteinführung berücksichtigt, damit kann das Marktrisiko, also das wirtschaftliche Risiko, erheblich reduziert werden.[636]

[632] Vgl. STOCKBAUER, 1989, S. 77
[633] Vgl. SIEGWART/KLOSS, 1984, S. 7
[634] Vgl. STOCKBAUER, 1989, S. 78
[635] Vgl. HENNIGS, 1983, S. 186
[636] Vgl. HOFFMANN, 1979, S. 41f.

6.3.4 *Konsequenzen der Innovationsrisiken*

Das Scheitern von Innovationen in Folge von technischen und wirtschaftlichen Risiken kann schwerwiegende Konsequenzen für das gesamte Unternehmen mit sich bringen. Gescheiterte Innovationsvorhaben bedeuten zum einen den Verlust der investierten Mittel und zum anderen das Fehlen jener Erfolgspotentiale in Form neuer Produkte, Dienstleistungen und Prozesse, mit denen in der Zukunft die notwendigen Gewinne erwirtschaftet werden können, damit der Fortbestand und die Weiterentwicklung der Unternehmung gesichert bleibt.

Nachfolgend werden die Auswirkungen gescheiterter Innovationsprojekte näher betrachtet, wobei unterschieden wird in:

- Risiko der verlorenen Kosten
- Risiko der fehlenden Erfolgspotentiale
- Strategisches Risiko (Risiko 3. Grades)

Risiko der verlorenen Kosten: Die in einzelne Projekte investierten Ressourcen fließen nicht oder nur unzureichend zurück, weil das Innovationsprojekt nicht realisiert bzw. am Markt nicht oder nicht ausreichend angenommen worden ist. Finanzielle Verluste lassen sich wegen der innovationsimmanenten Risiken nicht völlig vermeiden. Kenntnisse über die Kostenstruktur und über die zeitliche Verteilung der Kostenentstehung im Innovationsprozess liefern wertvolle Ansatzpunkte zur Kosten- und damit zur Risikobegrenzung.[637]

Interessant ist hierbei auch der zeitliche Anfall der Kosten im Innovationsprozess. In einer Untersuchung von KRAMER/APPELT ist festgestellt worden, dass während der letzten 30 % des Innovationsprozesses 70 % der Kosten verursacht werden.[638] Der starke Kostenanstieg im letzten Drittel des Innovationsprozesses erklärt sich durch eine intensive Überlappung von F&E-Tätigkeiten, durch die Kosten der Produktionsvorbereitung und durch die erheblichen Kosten für die Markteinführung.[639]

Aus der Kenntnis dieses Sachverhaltes kann zur Risikobegrenzung folgendes abgeleitet werden:

- Vor dem Beginn der Herstellung des Prototyps fallen nur relativ geringe Kosten an, zu diesem Zeitpunkt wird bei einem Projektabbruch nur ein relativ geringer Verlust verursacht.[640]
- Einem hohen Erfolgsrisiko am Beginn des Innovationsprozesses stehen zunächst relativ geringe Kosten gegenüber, während gegen Ende ein gesunkenes Erfolgsrisiko auf einen überproportionalen Kostenanstieg trifft.[641]

[637] Vgl. STOCKBAUER, 1989, S. 91
[638] Vgl. KRAMER/APPELT, 1974, S. 155
[639] Vgl. STOCKBAUER, 1989, S. 96
[640] Vgl. STOCKBAUER, 1989, S. 96f.
[641] Vgl. HENNIGS, 1983, S. 189ff.

Von entscheidender Bedeutung für den Innovationserfolg ist daher eine Bewertung der Innovationsprojekte in einer möglichst frühen Phase mit dem Ziel, die innovationsimmanenten Risiken einzugrenzen.

Risiko der fehlenden Erfolgspotentiale: Beim Risiko der fehlenden Erfolgspotentiale fehlen für das Unternehmen durch eine hohe Misserfolgsrate bei der Neuproduktentwicklung jene Produkte, Dienstleistungen oder Prozesse für die Zukunft, mit denen sich der zur Unternehmenssicherung erforderliche Umsatz, der Gewinn und die Kapitalrendite erwirtschaften lassen.[642]

Die tiefgehenden Konsequenzen der Innovationsrisiken für die innovierende Unternehmung werden erkennbar, wenn man bedenkt, dass die Risiken verlorener Kosten und fehlender Erfolgspotentiale keine alternativen Folgeerscheinungen erfolgloser Innovationsprojekte sind, sondern vielmehr untrennbar miteinander verbunden sind. Nicht wieder erwirtschaftete Investitionskosten und gleichzeitig fehlende Erträge in der Zukunft führen zu einer Aushöhlung der finanziellen Basis und damit mittelfristig zur Existenzgefährdung der Unternehmung. Die Chance, gescheiterte Innovationsprojekte wiederholen zu können, ist nur so lange gegeben, wie erfolglose und erfolgreiche Projekte in einem entsprechenden Verhältnis zueinander stehen.[643]

Strategisches Risiko: Zur Vervollständigung sei schließlich auch das strategischen Risiko (Risiko 3. Grades) angeführt, welches sich aus dem strategischen Zeitrisiko[644] (Zeitverlust durch erfolglose Entwicklung) und der fehlenden zweiten Chance[645] (Kapitalverlust durch eine erfolglose Entwicklung) zusammensetzt.

Nach Darlegung der Risikoarten im Innovationsprozess und deren Auswirkungen stellen sich nun die Fragen, wie groß tatsächlich die Gefahr eines technischen Fehlschlages oder eines wirtschaftlichen Misserfolges ist und in wieweit das gemessen werden kann.

6.4 Reduktion der Bewertungsunsicherheit durch Risikoaggregation

6.4.1 Grundlagen der Risikobewertung

Charakteristisch für jede Art von Entscheidungsfindung in der modernen Geschäftswelt ist das Abwägen von Chancen und Risiken, die aus einer Entscheidung resultieren. Weder Chancen noch Risiken können durch eine einzige Zahl oder einen Parameter beschrieben werden, vielmehr muss von unterschiedlichen Chancen- und Risikooptionen ausgegangen werden. Innerhalb dieser Bandbreite treten manche Werte mit höherer Eintritts- und Ausprägungswahrscheinlichkeit auf als andere, wobei die

[642] Vgl. STOCKBAUER, 1989, S. 99

[643] Vgl. EBENDA

[644] Unter dem strategischen Zeitrisiko wird der aufgrund einer erfolglosen Entwicklung auftretende Zeitverlust für die Umsetzung bzw. Markteinführung verstanden. Es besteht die Gefahr, dass durch einen verspäteten Markteintritt wertvolle Marktanteile an einen Mitbewerber abgetreten werden müssen oder dass die Marktposition zur Gänze von einem Mitbewerber besetzt wird.

[645] Das Risiko der fehlenden zweiten Chance kann zum einen darin bestehen, dass nach einer erfolglosen Entwicklung nicht mehr ausreichend Kapital für eine weitere Entwicklungstätigkeit vorhanden ist. Zum anderen besteht die Gefahr darin, dass in Folge eines massiven Flops die Liquidität des Unternehmens und damit grundsätzlich der Fortbestand gefährdet ist.

meisten dieser die Entscheidung beeinflussenden Werte mit Unsicherheiten behaftet sind.[646]

Innovationsentscheidungen basieren auf Erwartungen über Umsatz-, Kosten- und Risikoentwicklungen. Entscheidend ist in diesem Zusammenhang, dass die subjektiven Prognosewerte der Wirtschaftenden, also ihre persönlichen Erwartungen und Befürchtungen, ihre ökonomischen Entscheidungen und somit das tatsächliche Geschehen in einer Volkswirtschaft beeinflussen. Zudem hat der Umfang der nicht-prognostizierbaren Entwicklungen – das Risiko – ebenfalls Auswirkungen, weil höhere Risiken nur akzeptiert werden, wenn zugleich höhere Erwartungen über den Ertrag (Nutzen) bestehen.[647]

Risiko kann differenziert werden in „reines" Risiko und „spekulatives" Risiko.[648] Das reine Risiko beinhaltet lediglich die Möglichkeit eines Vermögensverlustes, Chancen werden nicht erfasst.[649] Gerade Innovationsprojekte sind aber vielfältigen Risiken ausgesetzt, die nicht nur Gefahr von Schaden, sondern auch Chancen in sich bergen. Das spekulative Risiko umfasst sowohl vermögensmindernde als auch vermögensmehrende Komponenten. Für die Innovationsbewertung ist es erforderlich, positive und negative Abweichungen zu berücksichtigen, zumal Interaktionseffekte bestehen, die eine Tendenz sowohl verstärken als auch sich gegenseitig kompensieren können.

Um den Umfang von Innovationsrisiken ermitteln zu können, muss Konsens über das geplante Ziel der Bewertung (zB Wertbeitrag) und über die Definition des Risikos bestehen. Die vorliegende Schrift betrachtet Risiko als die mögliche Abweichung von geplanten bzw. erwarteten Werten. Die Berechnung eines Erwartungswertes setzt eine objektiv vorhandene oder subjektiv geschätzte Wahrscheinlichkeit voraus und berücksichtigt positive (Chancen) wie negative (Gefahren) Abweichungen.[650]

Für eine objektive Quantifizierung eines Risikos müssen die Einflussgrößen auf dieses Risiko (Erwartungswerte der Parameter) möglichst präzise bestimmt werden. Zur Risikoeingrenzung ist es erforderlich, die erwartete Entwicklung eines Einflussparameters (Zielvariable) von der unerwarteten, zufälligen Entwicklung (Risiko des Einflussparameters) zu trennen. Folglich hängt eine Risikoquantifizierung von der Wahl eines möglichst leistungsfähigen (effizienten, erwartungstreuen) Prognoseverfahrens ab.[651] Eine nicht zufrieden stellende Prognose führt zu einer Überschätzung des Risikos.

Der Trennung der Einflussvariablen in eine erwartete und eine unerwartete Komponente kommt für die Quantifizierung von Risiken bei Innovationsprojekten eine herausragende Bedeutung zu. Nur die unerwartete Komponente stellt den Risikoumfang dar, denn nicht der Umfang der Veränderung einer Variablen, sondern der Umfang der unerwarteten Änderung einer Variablen bestimmt das Risiko.[652]

[646] Vgl. FREY/NIEßEN, 2001, S. 12
[647] Vgl. GLEIßNER/MEIER, 2001, S. 118
[648] Vgl. EBENDA
[649] Vgl. GLEIßNER/MEIER, 2001, S. 150
[650] Vgl. GLEIßNER/MEIER, 2001, S. 151
[651] Vgl. KAPLAN/NORTEN, 1997, o. S.
[652] Vgl. GLEIßNER/MEIER, 2001, S. 124

6.4.2 *Methoden der Risikobewertung*

Für eine Bewertung von Risiko stehen zwei Hauptansätze zur Verfügung: Analytische Methoden stützen sich auf bereits vorliegende Daten und erzeugen daraus bestimmte Verteilungen, aus denen sog. „at-Risk-Kennzahlen“ ableitbar werden. Der zweite Hauptansatz zur Erzeugung von Risikokennzahlen besteht in unterschiedlichen Simulationen.

6.4.2.1 *Analytik*

Eine analytische Methode zur Risikomessung liefert der Varianz-Kovarianz-Ansatz. Die at-Risk-Kennzahlen, denen mehrere Risikofaktoren zu Grunde liegen, werden hier durch Aggregation ermittelt. Risikofaktoren sind dabei unsichere Einflussgrößen, die sich auf den Marktwert bzw. den Cash Flow auswirken.[653]

Der Varianz-Kovarianz-Ansatz basiert auf folgenden Annahmen:[654]

- Normalverteilung der Risikofaktoren: Diese Annahme ist gerechtfertigt, wenn sich Marktpreisrisiken in der Realität zumindest approximativ wie normalverteilte Zufallsgrößen verhalten.
- Linearer Einfluss der Risikofaktoren auf die Entwicklung des Portfoliowertes: Die Marktwerte, die einem Risikofaktor zugerechnet werden, ändern sich in einem festen Verhältnis zu diesem Risikofaktor.
- Vergangenheitsbasierte Veränderung der Risikofaktoren: Diese impliziert, dass die statistischen Größen Erwartungswert, Varianz und Kovarianz der Risikofaktoren aus einer Datengrundlage, die aus der Vergangenheit stammt, geschätzt wurde, entspricht.

6.4.2.2 *Simulation*

Alternativ zum Varianz-Kovarianz-Ansatz können Risikokennzahlen mittels der historischen Simulation oder der Monte-Carlo-Simulation bestimmt werden. Unter Simulation wird das Nachbilden von realen Prozessen in einem Modell und das Durchführen von Experimenten an diesem Modell verstanden.[655]
Grundsätzlich kann zwischen Unterrichtssimulation (business games) und stochastischer Simulation, bei welcher für die Modellvariablen jeweils eine Wahrscheinlichkeitsverteilung bekannt ist, unterschieden werden. Mit Simulationen können zwei unterschiedliche Zielsetzungen verfolgt werden:[656]

- Ermittlung eines Optimums
- Verhaltensstudium eines Systems

[653] Vgl. HOMBURG/STEPHAN, 2004, S. 315
[654] Vgl. EBENDA
[655] Vgl. RATIU-SUCIU, 2001, S. 231ff
[656] Vgl. MERTENS, 1982, S. 333

In Abhängigkeit von der geforderten Zielsetzung steht entweder die Konsequenzsimulation oder die Zielerreichungssimulation im Vordergrund. Unter Konsequenzsimulation wird die Überprüfung der Konsequenzen einer Maßnahme (zB: Einflussparameter) auf das Gesamtsystem verstanden.[657] Im Gegensatz dazu dient die Zielerreichungssimulation der Überprüfung von Maßnahmen, die zu einem angestrebten Ziel führen sollen.

In der Vorphase einer Simulation muss eine strukturelle und quantitative Problem- bzw. Systemanalyse durchgeführt werden.[658] Die Ergebnisse der Simulation können nur so zuverlässig sein, wie die bei ihrer Durchführung verwendeten qualitativen und quantitativen Daten.

Die Monte-Carlo-Simulation und die historischen Simulation zeigen wesentliche Unterschiede:

Historische Simulation: Bei der historischen Simulation werden die Zielwerte aus historischen Veränderungsraten der Einflussparameter bestimmt. Da keine Annahmen über die Verteilungen der Veränderungsraten benötigt werden, liegt kein auf statistischen Parametern basierendes Verfahren vor. Korrelationen und Nichtlinearitäten der Parameter werden implizit berücksichtigt. Aufgrund der erforderlichen Datenmenge ist die historische Simulation zur Berechnung von Risikokennzahlen problematisch.[659]

Monte-Carlo-Simulation: Diese Methode wurde nach der Stadt Monte Carlo im Fürstentum Monaco benannt, die für das Glücks- bzw. Roulettespiel bekannt ist, und stellt einen einfachen Zufallsvariablengenerator dar.[660] Bei der Monte-Carlo-Simulation werden die Zielwerte durch Simulation verschiedener Szenarien bestimmt, wobei die Veränderungsraten durch einen Zufallsgenerator erzeugt werden. Die Monte-Carlo-Simulation enthält sowohl Elemente der Varianz-Kovarianz-Methode als auch Elemente der historischen Simulation.[661]

Bei einem dynamischen Simulationsverfahren wie der Monte-Carlo-Simulation werden durch Zufallszahlen stochastische Stichproben erzeugt und durch Zufallsgrößen die unbekannten Parameter bestimmt, mit denen die Risiken beschrieben werden.[662] Dabei kann die Monte-Carlo-Simulation eher als eine Ergänzung der traditionellen Bewertungsmethoden bezeichnet werden, als dass sie ein eigenständiges Bewertungsverfahren darstellt.[663]

[657] Vgl. MERTENS, 1982, S. 4
[658] Vgl. ENGEL/WOLF, 1985, S. 1247
[659] Vgl. HOMBURG/STEPHAN, 2004, S. 315
[660] Vgl. FREY/NIEßEN, 2001, S. 15f
[661] Vgl. HOMBURG/STEPHAN, 2004, S. 317
[662] Vgl. GLEIßNER/MEIER, 2001, S. 130
[663] Vgl. HOMMEL/SCHOLICH, 2001, S. 116

Im weiteren Verlauf wird zur dynamischen Simulation von Innovationsprojekten und zur Quantifizierung des Innovationsrisikos die Monte-Carlo-Simulation eingesetzt. Da diese durch die vielseitigen Einsatzmöglichkeiten und hohe Flexibilität im Einsatz ein wirksames Verfahren zur Bewertung und der Aggregation unterschiedlicher Risiken darstellt. Weiter Vorteile der Monte Carlo Simulation sind:[664]

- Einbindung von Filtern und Algorithmen
- funktionales Modell der Simulation bedarf keiner zusätzlichen Linearisierung
- Anwendung beliebiger Wahrscheinlichkeiten, Verteilungsfunktionen

6.4.3 *Risikoaggregation mittels Monte-Carlo-Simulation*

Bei der Monte-Carlo-Simulation werden die Wirkungen der Einzelrisiken in einem Rechenmodell zur Berechnung des Zielwertes (zB Kapitalwert eines Innovationsprojektes) den entsprechenden Einflussparametern (oder auch Posten einer GuV oder einer Bilanz) zugeordnet.[665]

Der Einsatz einer Monte-Carlo-Simulation ist dann sinnvoll, wenn die Struktur oder das Verhalten von Systemelementen angegeben werden muss, von denen jedoch nicht die tatsächlichen Merkmalausprägungen, sondern nur ihre statistischen Gesetzmäßigkeiten bekannt sind.[666]
Das Monte-Carlo-Simulationsverfahren liefert approximative Lösungen für eine Vielfalt mathematischer Probleme, indem statistische Stichprobenexperimente computerunterstützt durchgeführt werden. Die Basis für die Monte-Carlo-Simulation liefert das Gesetz der großen Zahlen, welches besagt, dass das arithmetische Mittel von unabhängigen, gleichverteilten Zufallsvariablen mit an Sicherheit grenzender Wahrscheinlichkeit gegen den Erwartungswert konvergiert.[667]

Die Vorgehensweise zur Durchführung einer Monte-Carlo-Simulation lässt sich wie folgt beschreiben:[668]

1. Erzeugen der für die Monte-Carlo-Simulation benötigten Zufallszahlen
2. Umwandeln der Zufallszahlen in die benötigte Verteilung
3. Durchführen eines Schrittes einer Monte-Carlo-Simulation gemäß den gezogenen Zufallszahlen und der dahinter liegenden Verteilung
4. Wiederholen der Schritte 1, 2, und 3 bis eine ausreichende Anzahl (ca. 20.000 – 80.000 Iterationen) von Simulationen generiert wurde, dass daraus stabile Verteilungen und Statistiken abgeleitet werden können.
5. Endauswertung: Bilden der Mittelwerte (Verteilungen) der gemessenen Größen, Berechnung der gewünschten Risikokennzahl, Ermittlung der statistischen Fehler etc.

[664] Vgl. GLEIßNER/MEIER, 2001, S. 126
[665] Vgl. GLEIßNER/MEIER, 2001, S. 125
[666] Vgl. RATIU-SUCIU, 2002, S. 80ff.
[667] Vgl. KORN/KORN, 1999, S. 202f
[668] Vgl. GLEIßNER/MEIER, 2001, S. 131

Die Monte-Carlo-Simulation kann man sich als eine Art Stichprobenverfahren vorstellen, bei dem – analog dem Vorgehen bei Meinungsbefragungen der Marktforscher – aus einer großen, repräsentativen Stichprobe (mögliche Szenarien eines Innovationsprojektes) geschlossen wird.[669] Durch das Stichprobenverfahren kann eine sehr konkrete Vorstellung über die Entwicklung eines Innovationsprojektes gewonnen werden.

Abbildung 28 stellt mittels der Wahrscheinlichkeitsverteilungen die Risikowirkungen auf die einzelnen Parameter dar. In unabhängigen Simulationsläufen wird mit Hilfe von Zufallszahlen ein Geschäftsjahr mehrere tausend Male durchgerechnet und jeweils die Auswirkungen auf die Innovationsrechnung bzw. GuV oder Bilanz bestimmt. So erhält man für jeden Simulationslauf einen Wert für die betrachtete Zielgröße. In Abbildung 28 ist dies der Gewinn vor Steuern.

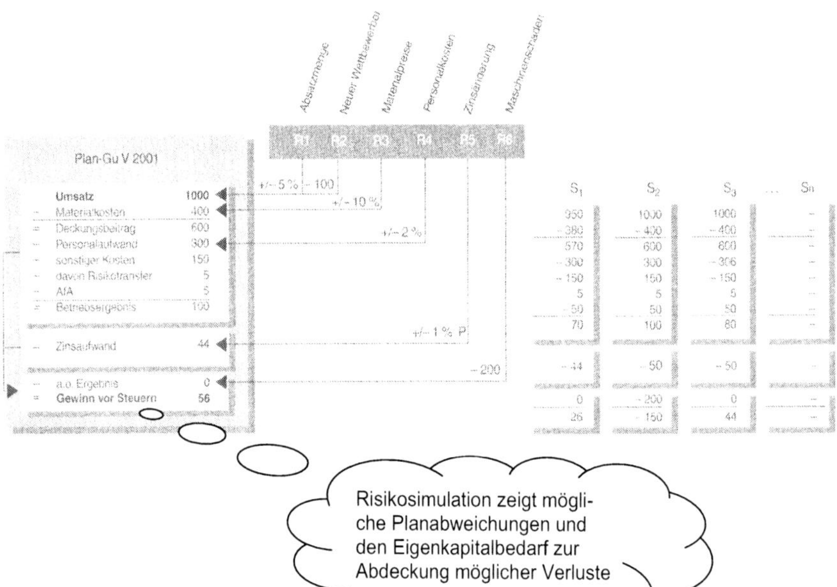

Abbildung 28: Risikoaggregation bei Innovationsprojekten[670]

Das Simulationsverfahren ermöglicht, das komplexe Problem der analytischen Aggregation unterschiedlicher Wahrscheinlichkeiten durch eine numerische Näherungslösung zu bewältigen.[671]

---

[669] Vgl. Gleißner/Meier, 2001, S. 131
[670] Quelle: In Anlehnung an Gleißner, 2001, S. 127
[671] Vgl. Gleißner/Meier, 2001, S. 126

Bei der Innovationsbewertung wird mittels Simulationsverfahren eine repräsentative Stichprobe aller möglichen Risikoszenarien bestimmt und ausgewertet. Aus den ermittelten Realisationen der Zielgrößen ergeben sich aggregierte Wahrscheinlichkeitsverteilungen. Aus diesen kann beispielsweise der VaR ermittelt werden als größtmöglicher Schaden, der mit einer bestimmten Wahrscheinlichkeit (zB Konfidenzniveau 95%) nicht unterschritten wird.[672]

6.4.4 Risikomessung

6.4.4.1 Errechnung des Value at Risk

At-Risk-Kennzahlen wie der Value at Risk werden im Risikocontrolling zur Messung von Risiken im engeren Sinn[673] eingesetzt. Ihre Ermittlung erfolgt im Risikomanagement-Prozess zunächst zur Risikobewertung und in einem weiteren Schritt zur Risikosteuerung.[674]

Risiken können mit dem VaR, einem Wert für den größtmöglichen Schaden gemessen werden. Der VaR, der sich unmittelbar aus einer Verteilung ableiten lässt, ist dabei definiert als Schadenshöhe, die in einem bestimmten Zeitraum (Halteperiode, zB ein Jahr) mit einer festgelegten Wahrscheinlichkeit (Konfidenzniveau, zB 95 %) nicht überschritten wird. Formal betrachtet ist ein VaR die Differenz zwischen dem Erwartungswert und dem Quantil der zugehörigen Wahrscheinlichkeitsverteilung.[675]

Mit at-Risk-Kennzahlen werden Strategiealternativen unter Risikoaspekten bewertet und verglichen.[676] Die Einsetzbarkeit des Value at Risk soll zur Bewertung von Innovationsprojekten transformiert werden. Aus den ermittelten Werten der Zielgrößen ergeben sich aggregierte Wahrscheinlichkeitsverteilungen.[677] Aus diesen kann der risikoaggregierte Wertbeitrag eines Innovationsprojektes, der so definierte Innovation Value at Risk eines Innovationsprojektes, als Mindestwertbeitrag eines Innovationsprojektes ermittelt werden der mit einer bestimmten Wahrscheinlichkeit erreicht wird festgelegt werden.

Der praktische Vorteil dieser Methode liegt in der Eingrenzung und Quantifizierbarkeit von Innovationsrisiken. Von Eingrenzung spricht man deshalb, weil nur der unsichere Anteil eines Risikoparameters Auswirkungen auf die Wahrscheinlichkeitsverteilung in der Simulation hat. So ist es bei einer Produktinnovation etwa nicht möglich, den exakten Umsatz zu prognostizieren. Der Markteintritt eines Mitbewerbers würde die eigenen Absatzzahlen und wohl auch den Absatzpreis entsprechend beeinflussen und sich im Umsatz negativ niederschlagen.
Bei der risikoadjustierten Simulation kann durch Eingabe von Schadenshöhe und Eintrittswahrscheinlichkeit (beispielsweise Markteintritt eines Mitbewerbers) der

[672] Vgl. GLEIßNER/MEIER, 2001, S. 130
[673] Risiko im engeren Sinn berücksichtigt nur die Gefahr des Erzielens schlechterer Ergebnisse als den Erwartungswert. Im Gegensatz dazu bezieht Risiko im weiteren Sinn zusätzlich auch mögliche Chancen mit ein.
[674] Vgl. HOMBURG/STEPHAN, 2004, S. 313
[675] Vgl. GLEIßNER/MEIER, 2001, S. 122
[676] ebda.
[677] Vgl. HOMBURG/STEPHAN, 2004, S. 314f

Schaden quantifiziert werden und er fließt in das aggregierte Risiko des Innovationsprojektes ein.

Abbildung 29 zeigt die Auswertung der Wahrscheinlichkeitsverteilung der Zielwerte. Daraus kann mit beispielsweise 99-%iger Wahrscheinlichkeit abgeleitet werden, dass der Zielwert – im gegenständlichen Fall die Ratingklasse - einen bestimmten Wert nicht unterschreitet. Daraus ist der Kapitalbedarf zur Absicherung dieser Risiken (Risk Adjusted Capital RAC) ersichtlich, welches wiederum einen Rückschluss auf den Solvenzstand und damit das Rating ermöglicht.

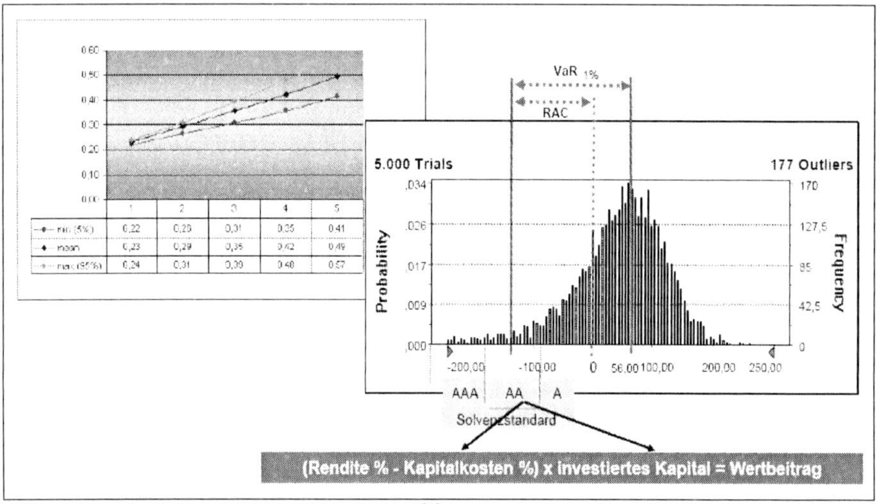

Abbildung 29: Häufigkeitsverteilung der Zielwerte[678]

VaR	*Value at Risk*
RAC	*Risk Adjusted Capital (Risikoangepasstes Kapital)*
A, AA, AAA	*Bewertungen des Solvenzstandards*

Das Risk Adjusted Capital kann als Eigenkapitalbedarf übersetzt werden, und drückt aus, wie viel Eigenkapital vorgehalten werden sollte, um potentielle Verluste tragen zu können.[679]

[678] Quelle: In Anlehnung an GLEIßNER, 2001, S. 129
[679] Vgl. GLEIßNER, 2004, S. 35

6.4.4.2 Errechnung des Cash Flow at Risk

Der Cash Flow at Risk (CFaR) ist eine weitere at Risk Kennzahl, die vorwiegend in Industrie- und Handelsunternehmen eingesetzt wird. Im Gegensatz zu Finanzpositionen liegen bei Industrie- und Handelsunternehmen keine aktualisierten und beobachtbaren Marktpreise vor. Gerade bei Beschaffung, Produktion und Absatz in Industrie- und Handelsunternehmen oder anderen realwirtschaftlichen Unternehmen ist der Marktwert nicht problemlos bestimmbar.[680]

In Theorie und Praxis liegen zahlreiche Cash-Flow-Definitionen vor. Es bietet sich an, bei der CFaR-Berechnung den Free Cash Flow als Basis zu nehmen, nachdem dieser auch zur Berechnung der in der Praxis gebräuchlichen Weighted Average Cost of Capital (WACC)-Ansatzes als eine Form der Discounted Cash Flow (DCF)-Verfahren zur Unternehmensbewertung herangezogen wird.[681]

Der Cash Flow at Risk ist definiert als die unerwartete Abweichung von einem erwarteten Cash-Flow-Wert. Dieser kann entweder der Mittelwert der Häufigkeitsverteilung für den Jahres-Cash-Flow sein, oder es wird ein vom Unternehmen angestrebter Jahres-Cash-Flow als Messlatte verwendet.[682] Abbildung 30 zeigt, dass mit 95 %-tiger Wahrscheinlichkeit die Cash-Flow-Abweichung vom erwarteten Wert nicht größer als 1,7 Mio. Euro ist.

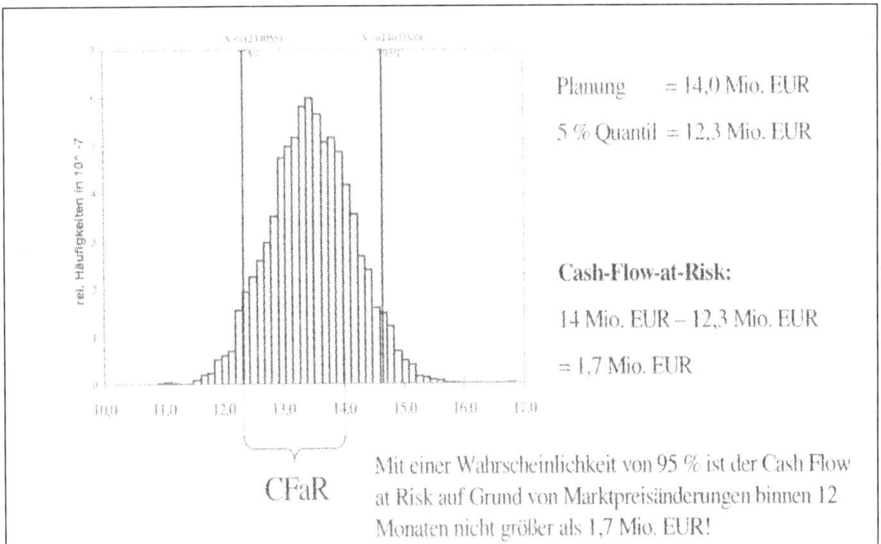

Abbildung 30: Verteilung des Cash Flow at Risk[683]

[680] Vgl. HOMBURG/STEPHAN, 2004, S. 315
[681] Vgl. EBENDA
[682] Vgl. WIEDEMANN/HAGER, in: ROMEIKE/FINKE, 2003, S. 225
[683] Quelle: ROMEIKE/FINKE, 2003, S. 226

Anschließend an die Cash Flow at Risk – Ermittlung, ist zu prüfen, ob das Risiko vom Unternehmen getragen werden kann. Für diesen Zweck sind die restlichen Ausgaben zu planen und mit dem Mindest-Cash-Flow zu verrechnen. Beispielhaft sind für die nächsten 12 Monate folgende Ausgaben geplant:[684]

Pos. 1)	Fixe Lohnausgaben	7,5 Mio. Euro
Pos. 2)	Fixe Betriebsausgaben	3,5 Mio. Euro
Pos. 3)	Notwendige Reinvestitionen	2,3 Mio. Euro
Pos. 4)	Fremdkapitalzinsausgaben	1,0 Mio. Euro

Aus der Häufigkeitsverteilung für den Jahres-Cash-Flow kann die Verteilungsfunktion aufgestellt werden. Aus der Verteilungsfunktion kann ermittelt werden, mit welcher Wahrscheinlichkeit die verschiedenen Ausgaben aus dem Jahres-Cash-Flow gedeckt werden können. Wie Abbildung 31 zeigt, wird der Mindest-Cash-Flow nach Abzug der Materialausgaben mit 60 % Wahrscheinlichkeit zur Deckung der Ausgabepositionen 1-3 ausreichen. Die Deckung aller Positionen ist bisher nur mit einer Wahrscheinlichkeit von 12 % gewährleistet. Die Wahrscheinlichkeit zur Erreichung eines Cash Flows mindestens in Höhe des Planwertes von 14 Mio. Euro beträgt 22%.[685]

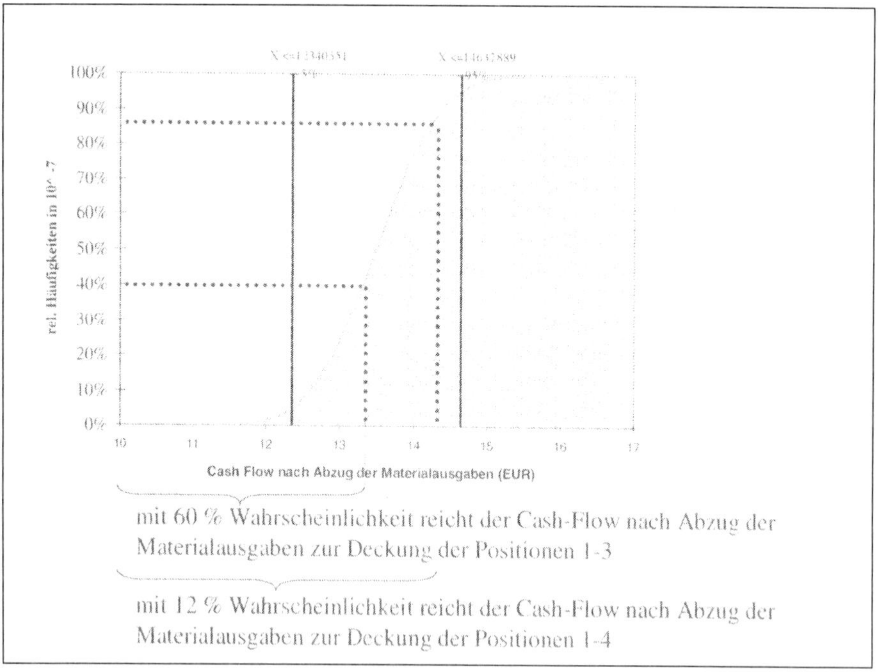

Abbildung 31: Verteilungsfunktion der erwarteten Einnahmen und Ausgaben[686]

---

684 Vgl. WIEDEMANN/HAGER, in: ROMEIKE/FINKE, 2003, S. 226
685 Vgl. WIEDEMANN/HAGER, in: ROMEIKE/FINKE, 2003, S. 225
686 Quelle: ROMEIKE/FINKE, 2003, S. 227

Das Cash-Flow-at-Risk-Modell liefert frühzeitig Steuerungsimpuls und signalisiert, ob und mit welcher Wahrscheinlichkeit eine Liquiditätsunterdeckung durch eine ungünstige Marktentwicklung im kommenden Geschäftsjahr entstehen kann. In der Budgetierung konnte das beispielhaft angeführte Unternehmen bereits die ungünstige Marktsituation berücksichtigen und hat trotz erwarteter Ausgaben von 14,3 Mio. Euro lediglich einen Umsatzerlös von 14 Mio. Euro geplant. Die tatsächliche Liquiditätsunterdeckung könnte aber noch gravierender ausfallen. Da der Mindest-Cash-Flow mit 95 % Wahrscheinlichkeit 12,3 Mio. Euro beträgt, wird mit der gleichen Wahrscheinlichkeit die Liquiditätsunterdeckung des Unternehmens nicht höher als 2 Mio. EURO betragen. Sollte das Unternehmen dies nicht verkraften, so hat es zu Beginn des Planungshorizonts noch die Option mit geeigneten Steuerungsmaßnahmen gegenzuwirken.[687]

Nach Ermittlung des Risikopotentials sollen die Risiken gezielt gemanagt werden. Einerseits können Wechselkurs- und Rohstoffpreisrisiken mit Hilfe von Termingeschäften oder Derivaten gesteuert werden. Wie in Abbildung 32 ersichtlich führt der Einsatz von Absicherungsgeschäften zu einer Reduzierung der Marktpreisrisiken und dadurch zu einer geringeren Cash-Flow-Volatilität. Andererseits hat das Unternehmen die Option, durch operative und strategische Maßnahmen die Kundenbindung zu erhöhen, sodass bei einer ungünstigen Wechselkursentwicklung weniger Großkunden zur „wechselkursbevorzugten" Konkurrenz abwandern.[688]

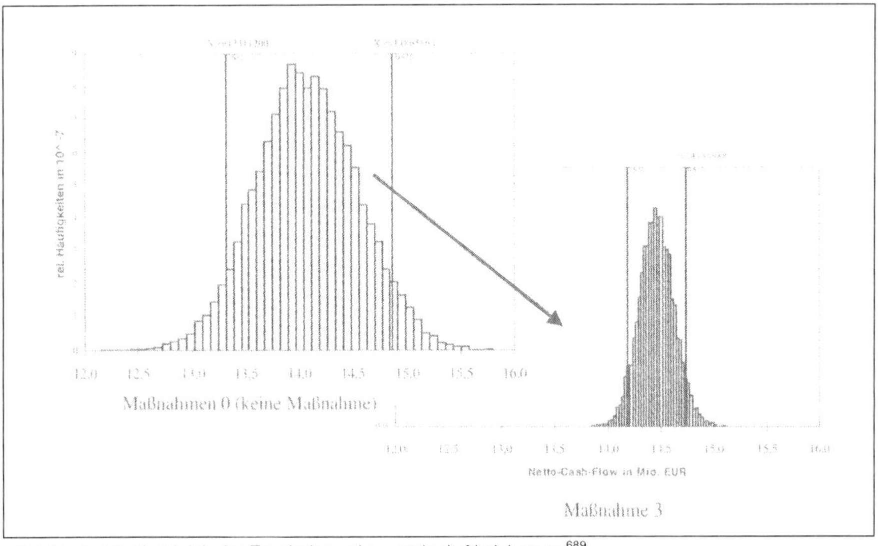

Abbildung 32: Vergleich der Ergebnisse ohne und mit Absicherung[689]

Bei der Absicherung von Risiken ist zu beachten, dass bei symmetrischen Derivaten die Verringerung des Risikos stets mit einer Verringerung der Chancen verbunden ist. Zu den symmetrischen Derivaten zählen alle Instrumente, bei denen Käufer und

[687] Vgl. WIEDEMANN/HAGER, in: ROMEIKE/FINKE, 2003, S. 227
[688] Vgl. WIEDEMANN/HAGER, in: ROMEIKE/FINKE, 2003, S. 228
[689] Quelle: ROMEIKE/FINKE, 2003, S. 228

Verkäufer die gleichen Gewinn- und Verlustchancen haben (zB Termingeschäfte, Swaps).[690]

Im Gegensatz dazu werden bei Abschluss von asymmetrischen Derivaten wie beispielsweise Optionen, Prämienzahlungen für den Käufer fällig. In Abhängigkeit des gewählten Basispreises können die zu zahlenden Prämien beim Kauf eines asymmetrischen Absicherungsinstruments in beachtlicher Höhe ausfallen. Im Gegenzug dafür erhält der Käufer den Vorteil, Risiken zu beschränken und gleichzeitig Chancen offen zu lassen.[691]

6.5 Reduktion der Bewertungsunsicherheit von Innovationen

6.5.1 Innovationssimulation durch Risikoaggregation

Zum Zweck, einzelne Risiken und Innovationsprojekte quantitativ miteinander zu vergleichen, sollte für alle Risiken ein objektives, einheitliches Bewertungs- oder Messverfahren angewendet werden. Sinnvollerweise werden die Einzelrisiken zunächst durch eine adäquate Verteilungsfunktion (Dichtefunktion) beschrieben und der Risikoumfang durch statistische Streuungsmaße (Parameter der Verteilung) wie die Standardabweichung operationalisiert.[692]

Für die Quantifizierung eines Risikos ist es erforderlich, den Erwartungswert möglichst präzise zu bestimmen. Dazu wird die erwartete Entwicklung einer Zielvariablen von der unerwarteten, zufälligen Entwicklung (der so genannten Zeitreiheninnovation) – dem eigentlichen Risiko – getrennt. Die Entscheidungsträger haben präzise Erwartungen bezüglich der zukünftigen Entwicklung der sie interessierenden Variablen (z. B. Zins, Umsatz oder Gewinn), um so Risiken – also unerwartete Abweichungen – zu minimieren.

Für die Berechnung der erwarteten Variablenkomponente ist ein Prognosemodell erforderlich. Dabei ist die so genannte „vollständig rationale Erwartungsbildung"[693], die sämtliche verfügbaren Informationen richtig verarbeitet, zwar als Überlegung interessant, in der Realität jedoch nicht umsetzbar.[694] Die Qualität der Risikoquantifizierung hängt von der Wahl eines leistungsfähigen (effizienten, erwartungstreuen) Prognoseverfahrens ab.[695] Eine unbefriedigende Prognose führt zu einer Überschätzung des Risikos.

[690] Vgl. SCHIERENBECK/WIEDEMANN, 1996, S. 279 ff.
[691] Vgl. WIEDEMANN/HAGER, in: ROMEIKE/FINKE,2003, S. 228f.
[692] Vgl. GLEIßNER, 2004, S. 351
[693] Vgl. MUTH, 1961, S. 315-335
[694] Vgl. GLEIßNER, 2004, S. 98
[695] Vgl. GLEIßNER/Füse, 2000, o.S.

In der praktischen Umsetzung ist der Einsatz zeitreihenanalytischer Verfahren (zB ARIMA-Modelle)[696] zur Prognose hilfreich. ARIMA (**A**uto **R**egressive **I**ntegrated **Mo**ving **A**verage) – Modelle stellen komplexe stochastische Modelle mit guter theoretischer Absicherung dar.
Bei den zeitreihenanalytischen Verfahren wird die zukünftige Realisation einer Variablen in Abhängigkeit ihrer eigenen Vergangenheit aufgefasst. Dies wird als „autoregressive Erwartungsbildung" durch gleitende Durchschnitte oder durch ARIMA und GARCH (**g**eneralized **a**uto**r**egressive **c**onditional **h**eteroscedasticity) - Modelle[697] erreicht, wobei die ARIMA-Modelle eine besondere praktische Bedeutung haben.[698]

Diese Risikobetrachtung geht davon aus, dass über die Entwicklung der unter Risikogesichtspunkten zu analysierenden Variable ausreichend Vergangenheitsdaten vorliegen. Ist diese Anforderung nicht erfüllt, sind verschiedene Hilfsverfahren nötig, um geeignete Verteilungsfunktionen zumindest abschätzen zu können.[699]

So können die Auswirkungen der einzelnen Risiken auf ein Innovationsprojekt und in weiterer Folge auf die Gewinn- und Verlustrechnung (GuV) eines Jahres errechnet werden. Die Risiken werden als Zielverfehlungen durch unerwartete Schwankungen um die jeweiligen Zielwerte[700] (Erwartungswerte von Innovationsprojekten) abgebildet.[701]

Auf Basis dieser Daten können die zukünftigen Wertbeiträge der einzelnen Innovationsprojekte näherungsweise berechnet werden.[702] Unter Gesichtspunkten der Simulation lassen sich Risiken bei Innovationsprojekten in zwei Gruppen untergliedern:[703]

- Innovationsrisiken werden durch Schwankungen von (Markt-)Parametern, etwa der Absatzmenge, beschrieben, in denen sich eine Vielzahl **von Einzelstörungen** widerspiegeln, die voneinander abhängen bzw. nicht getrennt werden können (verteilungsorientierte Innovationsrisiken). Diese folgen meist einer Normalverteilung.

---

696 Der zeitreihenanalytische Methode von BOX/JENKINS (1968) folgend, kann eine Zufallsvariable y_t als gewichtetes Mittel aus gegenwärtigen und q vergangenen stochastischen Schocks darstellen. Alternativ dazu können Zufallsvariablen als autoregressiver Prozess dargestellt werden. ARIMA-Modelle sind eine Kombination dieser beiden Ansätze.(vgl. GLEIßNER, 2001, S. 135)

697 GARCH-Modelle sind eine Verallgemeinerung der ARCH-Modelle. Bei den GARCH-Modellen hängt die Varianz nicht nur von der Historie der Zeitreihe ab, sondern auch von ihrer eigenen Historie. Dabei ist anzumerken, dass bei Einbeziehung weiterer Informationen auch die Wirkung anderer Variablen erklärt werden könnte, was eine weitere Reduzierung des Risikos bedeuten würde (Konzept „rationeller Erwartungen"). Auf Grund der angesprochenen Probleme dieses Modells wird hiervon zunächst abgesehen; insbesondere, weil kaum objektiv belegbar ist, welches „Kausalmodell" eine optimale Prognose ergibt. Zu den statistisch-ökonomischen Themen bei der Bestimmung und Analyse der „Zeitreiheninnovationen" – wie Bereinigung von Zeitreihen, zeitlich veränderte Varianzen (GARCH) und Kausalanalyse vgl. GLEIßNER (1997).

698 Vgl. GLEIßNER, 2004, S. 352

699 Vgl. GLEIßNER, 2001, S. 135

700 Als Zielwert wird das Ergebnis der Berechnung angesehen. Zielwerte können sowohl monetäre als auch nichtmonetäre Werte sein. Im gegenständlichen Beispiel wurde als Zielwert der Wertbeitrag eines Innovationsprojektes definiert. Der Wertbeitrag kann als die auf Basis EVA errechnete Wertsteigerung des Unternehmens durch das Innovationsprojekt bezeichnet werden.

701 Vgl. GLEIßNER/MEIER, 2001, S. 130

702 Vgl. HOMMEL/SCHOLICH, 2001, S. 116

703 Vgl. GLEIßNER/MEIER, 2001, S. 130

- Zielabweichungen können durch (größere) **besondere einzelne Ereignisse** hervorgerufen werden (ereignisorientierte Risiken), die sich meist nicht mit einer Normalverteilung beschreiben lassen.

Der wesentliche Vorteil dieser quasi-experimentellen Risikoanalyse liegt in der relativ großen Freiheit bei der Modellierung und Datenschätzung. Zudem besteht die Möglichkeit, Interdependenzen zwischen den einzelnen Werttreibern, Verteilungsfunktionen und Merkmalsausprägung explizit zu berücksichtigen. Damit können komplexe Bewertungen durchgeführt und eine konkrete Aussage über die mit einem Innovationsprojekt verbundenen Risiken getroffen werden.[704]

Steigt die Anzahl der Inderdependenzen der Parameter oder sind keine Angaben über einzelne Parameter möglich, insbesondere über die Schwankungsbereiche der unerwarteten Komponente, so kommt auch dieses Verfahren an seine Leistungsgrenzen.[705]

6.5.2 Durchführung einer Innovationssimulation

Der Umgang mit Simulationsmodellen, im Besonderen die Datenerhebung und –aufbereitung, die Schätzung der Parameter sowie die Interpretation der Ergebnisse, erfordert auf Erfahrungsschatz und empirischen Heuristiken beruhendes „Fingerspitzengefühl" – so genanntes Expertenwissen.[706]

Zur Verdeutlichung der Realisierung einer Innovationssimulation wird anhand eines vereinfachten Beispiels eine Bewertung der Innovationsrisiken in den folgenden Schritten durchgeführt.

1. Festlegen des Bewertungszieles (Zielwertes)

Das Projekt muss zunächst nach Projektmanagement-Prinzipien strukturiert werden, wobei ein so genannten „Kick-Off-Meeting" empfehlenswert ist, an welchem den Projektteilnehmern die Intention des Projektes, die Inhalte und der Ablauf mitgeteilt werden.[707]

In einem ersten Schritt wird das Ziel der Innovationsbewertung festgelegt und der Zielwert der Innovationssimulation bestimmt. Dies können technische, ökonomische, monetäre oder nichtmonetäre Größen sein. Im Beispiel wird als Bewertungsziel (Zielwert) der Wertbeitrag eines Innovationsprojektes auf Basis von Economic Value Added (EVA) errechnet. Nachfolgend wird ein Berechnungsschema für den Zielwert erstellt mit dem Ziel, daraus die Einflussparameter abzuleiten. Dabei kommt der Qualität der Eingangsparameter große Bedeutung für die Simulation zu, denn die Ergebnisse zur quantitativen Risikoanalyse – und damit auch die daraus abgeleiteten Managemententscheidungen – sind nur so gut (realistisch) wie die Annahmen über die Wahrscheinlichkeitsverteilungen der Einflussparameter.[708]

[704] Vgl. HOMMEL/SCHOLICH, 2001, S. 116
[705] Vgl. PERRIDON/STEINER, 1999, S. 122f.
[706] Vgl. GLEIẞNER/MÜLLER-REICHART/ROMEIKE, 2005, S. 59ff.
[707] Vgl. GLEIẞNER/MÜLLER-REICHART/ROMEIKE, 2005, S. 59ff.
[708] Vgl. FREY/NIEẞEN, 2001, S. 44

2. Bestimmen der maßgeblichen Einflussgrößen (Werttreiber)

Zunächst wird das Berechnungsschema zur Errechnung des Zielwertes identifiziert. Daraus können die maßgeblichen Einflussgrößen auf den Zielwert (Einflussparameter bzw. Werttreiber) abgeleitet werden.

Innovationsprojekt:	**Produkt P1**
Geplante Absatzmenge	500
Geplanter Verkaufspreis/Stk.	10
=Gesamtumsatz	**5.000**
- Herstellkosten	2.000
= Deckungsbeitrag	**3.000**
- Marketingkosten	800
- Entwicklungskosten	400
- Abschreibungen	300
= Ergebnis	**1.500**
- Kapitalkosten	30
+/- a.o. Ereignis	0
= Wertbeitrag (EVA)	**1.470**

Abbildung 33: Berechnung des Innovationsszenarios I[709]

3. Bestimmen der risikobehafteten Werttreiber

Sodann werden jene Werttreiber (Einflussparameter) identifiziert, die mit einem Risiko behaftet sind. Allen Einflussparametern, deren Ausprägung nicht mit Sicherheit prognostiziert werden kann, wird ein Risikomodul (Rn) zugeordnet. Jeder unsichere Parameter wird durch einen Schwankungsbereich, eine Eintrittswahrscheinlichkeit und eine Verteilungsfunktion spezifiziert. Neben der Verteilung für ein Risiko bestehen natürlich auch Abhängigkeiten zwischen den einzelnen Risiken, die mittels bedingten Wahrscheinlichkeiten programmiert werden können.[710]

Kann eine Risikogröße nicht eindeutig einem Innovationswerttreiber zugeordnet werden (zB der Erhalt einer Innovationsförderung), so fließt diese mit Ausprägungshöhe und Eintrittswahrscheinlichkeit versehen in den Risikoparameter eines außerordentlichen Ereignisses ein und wird im Zielwert berücksichtigt.

[709] Quelle: Eigene Darstellung
[710] Vgl. BRAUCH/DREYER/HAACKE, 1990, S. 656 ff.

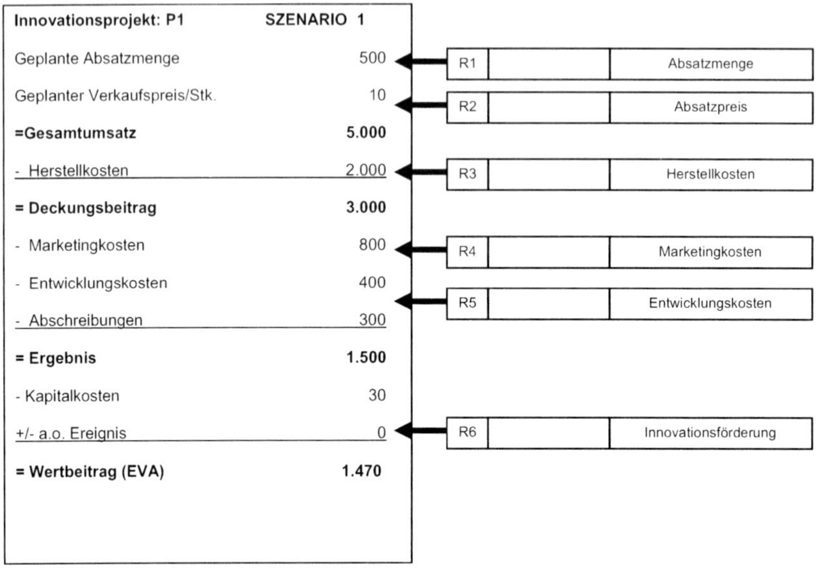

Abbildung 34: Berechnung des Innovationsszenarios II[711]

4. Spezifizieren der Risikowirkung

In einem weiteren Schritt wird der risikobehaftete Einflussparameter in eine erwartete und in eine nicht erwartete Komponente geteilt. Lediglich die unerwartete Komponente bestimmt das Risiko und soll daher näher betrachtet werden. Zur Verdeutlichung der Vorgangsweise soll dies anhand des risikobehafteten Parameters „Absatzmenge eines Neuproduktes" dargestellt werden. Zur Bewertung der Wirkung auf den Zielwert des Innovationsprojektes „Produkt P1" wird die geplante Absatzmenge dem Risikomodul (R1) zugeordnet und in zwei Komponenten – eine erwartete und eine unerwartete Komponente – zerlegt.

Für den ***erwarteten*** Teil des Parameters (Absatzmenge) wird ein Wert angesetzt, der einer – eventuell aus Daten der Vergangenheit abgeleiteten – sicher erwarteten Verteilung entspricht. Für das Berechnungsbeispiel wird folgendes Szenario konstruiert. Nach Analyse der Absatzmenge des Vorproduktes mit wesentlich weniger Leistungsmerkmalen wurde eine Absatzmenge von 500 Einheiten erreicht. Auf Basis einer Marktanalyse und gesteigerten Attraktivität des Neuproduktes kann davon ausgegangen werden, dass eine Absatzmenge von 500 Einheiten auch für das Neuprodukt als Berechnungsbasis herangezogen werden kann.

Die ***unerwartete*** Komponente des Parameters wird durch Bestimmung der Risikowirkung des Einflussparameters in Form von Schwankungsbereich, Merkmalausprägung, Eintrittswahrscheinlichkeit und Verteilungsfunktion eingegrenzt. Für den unerwarteten Teil des Einflussparameters, sprich die Absatzmengenveränderung, kann kein exakter Wert angenommen werden. Im Berechnungsbeispiel wird auf Basis von

[711] Quelle: Eigene Darstellung

Marktanalysen ein Schwankungsbereich der Absatzmenge von +/- 20 % erhoben. In einem nächsten Schritt gilt es die Verteilungsfunktion der Absatzmenge näher zu bestimmen.

Zur Bestimmung der Verteilungsfunktion der Absatzmenge wird der Einsatz einer so genannten Beta-Verteilung empfohlen, weil diese den speziellen Anforderungen von Absatzprognosen entspricht.[712]. Eine Beta-Verteilung ist zur Darstellung und Integration subjektiver Urteile geeignet, bei denen frühere Erfahrungswerte zumindest implizit berücksichtigt werden können.[713]

Beta-Verteilung: Eine nicht negative Zufallsgröße X genügt einer Betaverteilung mit den positiven Parametern a und b auf dem offenen Intervall (c, d)[714]. Im Gegensatz zu einer Gauß'schen Normalverteilung, die von Minus-Unendlich bis Plus-Unendlich jeden Wert annehmen kann, liegt die Beta-Verteilung zwischen einem pessimistischen Minimalwert und einem optimistischen Maximalwert.[715] Die Form einer Beta-Verteilung wird durch die Parameter *a* und *b* bestimmt. Die Varianz der Verteilung nimmt mit steigendem Wert von a+b ab. Das Verhältnis zwischen a und b hingegen bestimmt die Form der Verteilung, wobei zwischen einer symmetrischen, einer rechtsschiefen und einer linksschiefen Verteilung unterschieden wird.[716]

PERT-Verfahren: Risiken lassen sich nicht durch eine einzige Zahl beschreiben. Vielmehr handelt es sich dabei um eine Verteilung der Eintrittswahrscheinlichkeiten. Um das Risiko dazustellen, wird daher eine so genannte Dreipunktschätzung auf Basis des PERT-Verfahrens durchgeführt.[717]

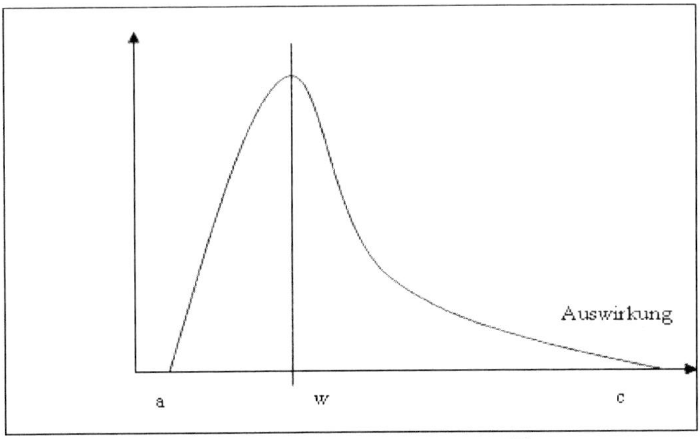

Abbildung 35: Dreipunktschätzung mittels PERT-Verfahren[718]

Bei der Dreipunktschätzung werden ein optimistischer Wert (a), ein wahrscheinlicher Wert (w) und ein pessimistischer Wert (c) angenommen. Abbildung 36 stellt die Ver-

[712] Vgl. KROPFBERGER, 1974, S. 273
[713] Vgl. BIERMANN/BONINI/FOURAKER/JAEDICKE, in: KROPFBERGER, 1974, S. 273
[714] Vgl. BEICHELT/MONTGOMERY, 2003, S 51
[715] Vgl. KROPFBERGER, 1974, S. 273
[716] Vgl. KROPFBERGER, 1974, S. 274 ff.
[717] Vgl. DEMARCO/LISTER, 2003, S. 51 ff.
[718] Quelle: BRONSTEIN/SEMENDJAJEW, in: LITTKEMANN, 2005, S. 316

teilung der Risiken dar. Besonders bei innovativen Projekten ist die Angabe von optimistischen, wahrscheinlichen und pessimistischen Werten einfacher zu bewerkstelligen, als die Angabe eines einzigen Wertes, da psychologische Hemmschwellen umgangen werden.[719] Dieses Verfahren kann genauso für alternative Zielwerte wie Zeiten, Kosten, Qualitäten, etc. herangezogen werden.[720]

Das Risikomodul R1 wird mit einer ***Berechnungsbasis*** von 500 Einheiten, einem ***Schwankungsbereich*** von +/- 20 %, welcher einer ***Betaverteilungsfunktion*** folgt, programmiert. Analog zu dieser Vorgangsweise werden die weiteren Risikomodule (R2, R3, R4, R5, R6) entsprechend den jeweiligen Risiko-Charakteristika eingegrenzt und programmiert.

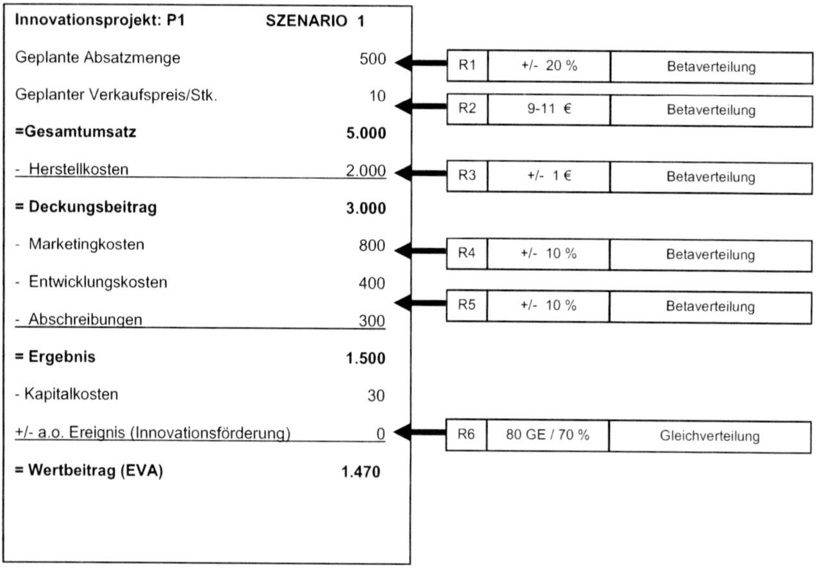

Abbildung 36: Berechnung des Innovationsszenarios III[721]

Als Verteilungsfunktionen für die risikobehafteten Risikoparameter wurden Betaverteilungen angenommen, da diese durch Eingrenzung von Minimal- und Maximalwert der tatsächlichen Parameterverteilung am Besten entsprechen. Ausgenommen davon ist lediglich der Risikoparameter Innovationsförderung, dieser entspricht einer Gleichverteilung mit 70 %-iger Eintrittswahrscheinlichkeit.

---

[719] Vgl. SEIBERT, in: LITTKEMANN, 2005, S. 316
[720] Vgl. LITTKEMANN, 2005, S. 316
[721] Quelle: Eigene Darstellung

5. Durchführen der Innovationssimulation

Die Auswirkung der Wahrscheinlichkeitsverteilungen der Einzelrisiken auf den Zielwert wird durch eine Monte-Carlos-Simulation ermittelt. Dabei werden in unabhängigen Simulationsläufen die potentiellen Szenarien eines Innovationsprojektes durchgerechnet und für jedes Szenario ein Zielwert ermittelt. An Stelle der unbekannten, risikobehafteten Einflussparameter werden Zufallszahlen gesetzt, und deren Auswirkungen auf den Wert des Innovationsprojektes bzw. in weiterer Folge auf die GuV oder auf die Bilanz berechnet. Somit ergibt sich für jeden Simulationslauf ein Zielwert für die jeweils betrachtete Zielgröße. Entsprechend der gewählten Anzahl von Iterationen werden die Zielwerte errechnet (ca. 20.000 bis 80.000 Mal). Danach wird die Wahrscheinlichkeitsverteilung der Zielwerte abgebildet, aus welcher Schlussfolgerungen über die Erfolgswahrscheinlichkeit des Innovationsprojektes abgeleitet werden können. Abbildung 38 zeigt einen von vielen Simulationsdurchläufen, für die jeweils ein eigener Zielwert errechnet wird.

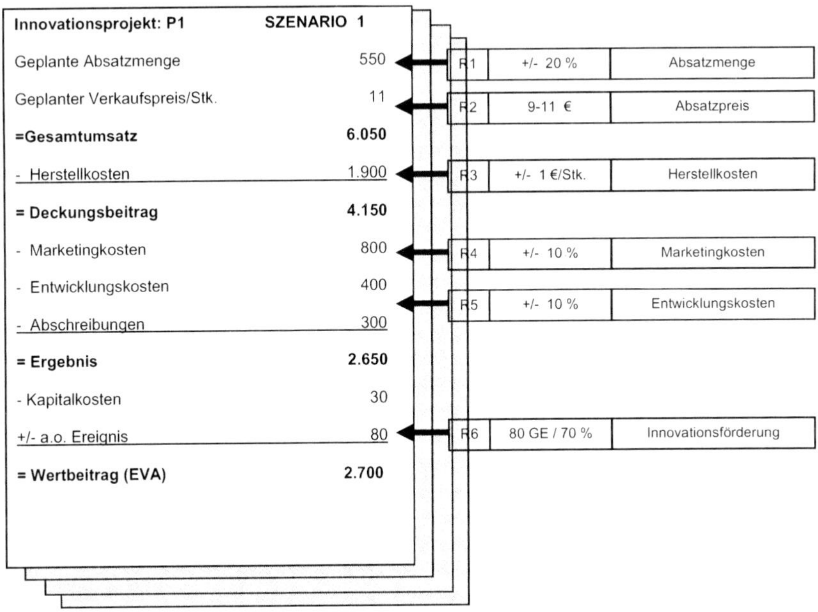

Abbildung 37: Berechnung des Innovationsszenarios IV[722]

[722] Quelle: Eigene Darstellung

6. Auswerten der Simulationsergebnisse

Durch die Aggregation von Risiken ergibt sich für jedes Szenario ein Zielwert, im gegenständlichen Beispiel ist dies der Wertbeitrag eines Innovationsprojektes. Bei ausreichend vielen Simulationsdurchläufen ergibt sich eine Verteilungsfunktion der Zielwerte.[723]

Dieses Simulationsverfahren ermöglicht, das komplexe Problem der analytischen Aggregation der unterschiedlichen Wahrscheinlichkeiten durch eine numerische Näherungslösung zu ersetzen.[724]

Abbildung 38 zeigt die Häufigkeitsverteilung (Verteilungsfunktion) der Wertbeiträge (Zielwerte) eines Innovationsprojektes auf Basis der zuvor dargestellten Simulation.

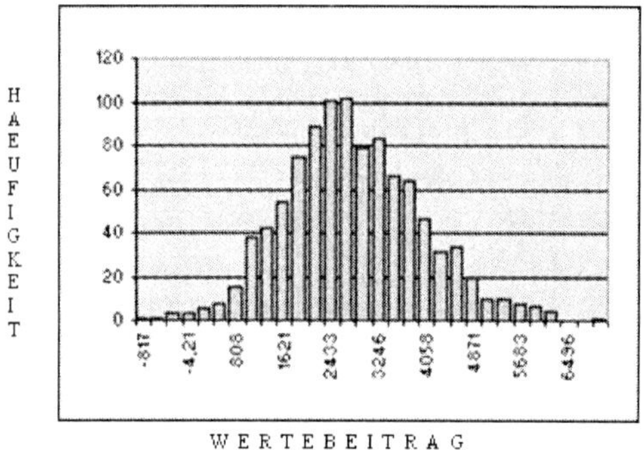

Abbildung 38: Verteilungsfunktion bei Parametereingrenzung[725]

In Abbildung 39 wird zusammenfassend die Risikobewertung eines Innovationsprojektes durch Risikosimulation dargestellt. Den risikobehafteten Werttreiber des Innovationsprojektes wird ein Risikomodul (Rn) zugeordnet, in welchem das Risiko näher spezifiziert und dadurch eingegrenzt wird.

[723] Vgl. Littkemann, 2005, S. 317
[724] Vgl. Gleißner/Meier, 2001, S. 126
[725] Quelle: Eigene Simulation auf Basis SIMULACIÒN 4.0

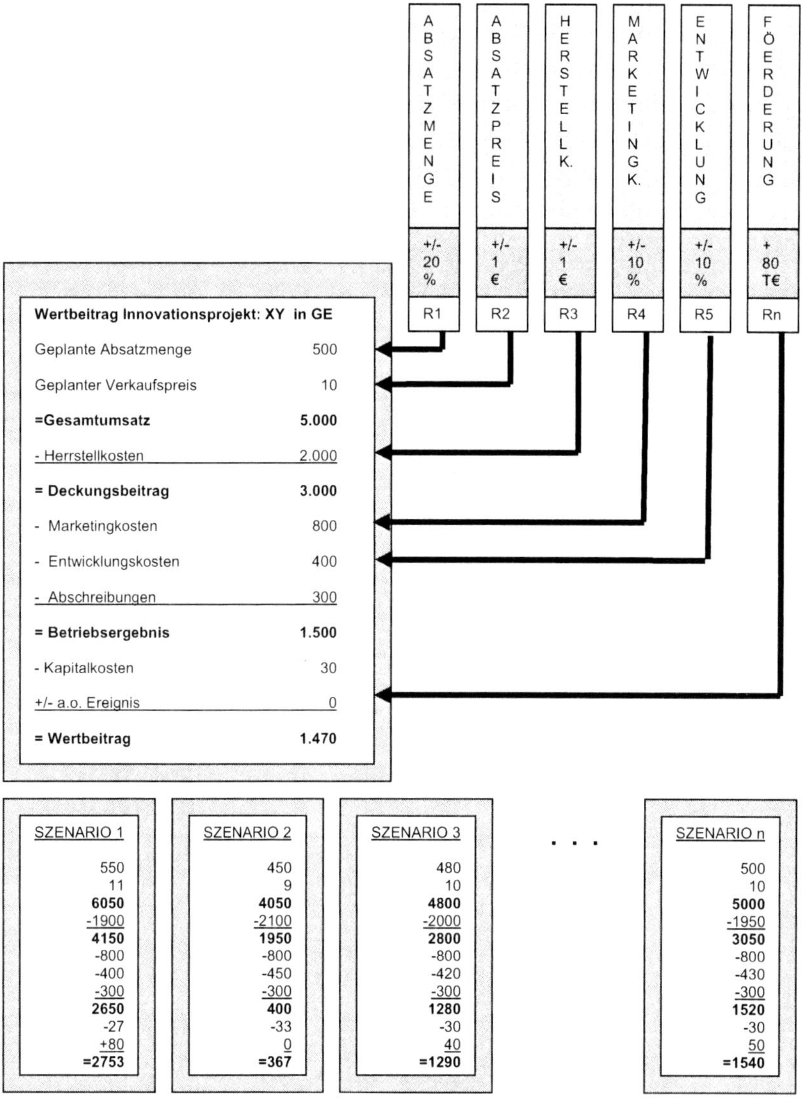

Abbildung 39: Risikoaggregation bei Innovationsprojekten[726]

[726] Quelle: Eigene Darstellung in Anlehnung an GLEIßNER, 2001, S. 127

6.5.3 Auswertung der Innovationssimulation

6.5.3.1 Begriffe der Innovationssimulation

Für die Auswertung der Simulationsergebnisse sind drei Begriffe von zentraler Bedeutung:

Innovation Value at Risk (IVaR): Der IVaR definiert den Mindestwertbeitrag eines Innovationsprojektes, der mit festgelegter Wahrscheinlichkeit (Konfidenzniveau) erreicht wird. Er setzt sich zusammen aus einem absoluten Betrag und einer Eintrittswahrscheinlichkeit in Prozent. So bedeutet etwa IVaR (90) = 1500 Geldeinheiten (GE), dass mit 90 %-tiger Wahrscheinlichkeit ein Wertbeitrag von mindestens 1500 GE erreicht wird.

Expected lost of Innovation (Elol): Elol definiert die erwartete Verlustwahrscheinlichkeit eines Innovationsprojektes. Die Elol kann sowohl als absoluter Betrag als auch als prozentuelle Verlustwahrscheinlichkeit angegeben werden. Beispielsweise bedeutet „Elol = 2,6 %", dass mit einer Wahrscheinlichkeit von 2,6 % ein negatives Ergebnis erzielt wird.

Konfidenzniveau: Das Konfidenzniveau bestimmt die Eintrittswahrscheinlichkeit eines Ereignisses in Bezug auf eine der beiden zuvor beschriebenen Kennzahlen (I-VaR, Elol).

6.5.3.2 Verteilungsfunktion ohne Parametereingrenzung

Abbildung 40 zeigt die Häufigkeitsverteilung des Auftretens der Zielwerte (=Wertbeiträge) eines Innovationsprojektes. Aufgrund des für Innovationsprojekte typischen Mangels an Vergangenheitswerten wurden die Eingangsparameter zuvor nicht näher eingegrenzt. Dies hat eine weite Streuung der Zielwerte zur Folge (flache Verteilung), wodurch wiederum keine aussagekräftige Prognose über die Ergebniswirkung dieser Innovation möglich ist. Konkret kann nur mit sehr geringem Konfidenzniveau die Erfolgs- oder Verlustwahrscheinlichkeit bestimmt werden.

Wie in der Abbildung ersichtlich wird, schwanken die Zielwerte von – 4.190,00 GE bis + 33.211,00 GE. Bemerkenswert ist zudem die extrem linksschiefe Verteilungsfunktion der Zielwerte, welche einer linksschiefen Betaverteilung sehr ähnlich ist. Eine mögliche Erklärung für die linksschiefe Verteilung der Zielwerte dürfte in den Verteilfunktionen der Eingangsparameter begründet liegen.

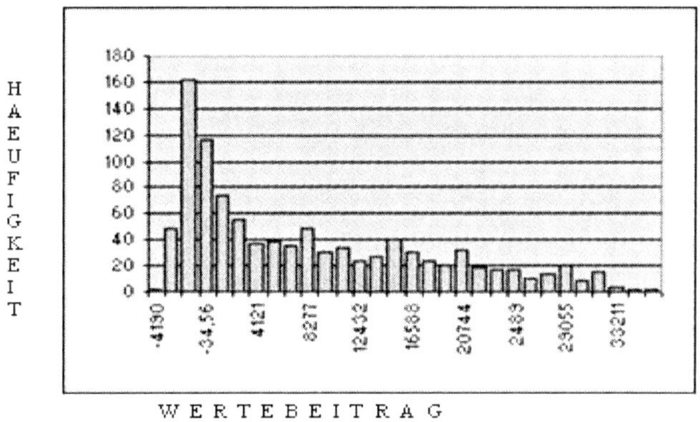

Abbildung 40: Verteilungsfunktion ohne Parametereingrenzung[727]

6.5.3.3 Verteilungsfunktion mit Parametereingrenzung

Abbildung 41 zeigt die Ergebnisse einer Innovationssimulation nach erfolgter Eingrenzung der Einflussparameter. Die Eingrenzung der Einflussparameter wurde im Wesentlichen wie beschrieben durchgeführt:

- Teilen der Parameter in eine erwartete und unerwartete Komponente
- Festlegen der Wahrscheinlichkeiten
- Bestimmen der Verteilfunktionen
- Definieren von Korrelationen zwischen den Parametern
- Festlegen von Mindest- und Höchstzielwerten

[727] Quelle: Eigene Simulation auf Basis SIMULACIÓN 4.0

Dadurch wurde im Vergleich zu Abbildung 40 eine wesentliche Eingrenzung der Zielwerte und eine deutliche Reduktion der Verlustwahrscheinlichkeit erreicht (von – 1399 GE bis + 6850 GE). Die Aussagekraft der Ergebnisse wurde insgesamt wesentlich erhöht, was eine Managemententscheidung erleichtert.

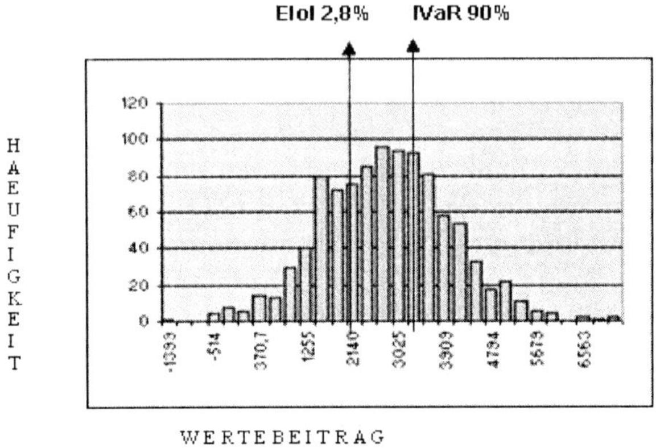

Abbildung 41: Verteilungsfunktion mit Parametereingrenzung[728]

Abbildung 42 stellt die Wahrscheinlichkeitsverteilung der Zielwerte und die Häufigkeit ihres Auftretens absolut und relativ dar.

[728] Quelle: Eigene Simulation auf Basis SIMULACIÓN 4.0

Class Mark	Frequency	Acum. Freq.	Frequency %	Acum.Freq.%
-816,70	1	1	0,10%	0,10%
-545,87	1	2	0,10%	0,20%
-275,04	3	5	0,30%	0,50%
-4,21	3	8	0,30%	0,80%
266,62	5	13	0,50%	1,30%
537,45	8	21	0,80%	2,10%
808,28	15	36	1,50%	3,60%
1.079,11	38	74	3,80%	7,40%
1.349,94	42	116	4,20%	11,60%
1.620,77	54	170	5,40%	17,00%
1.891,60	75	245	7,50%	24,50%
2.162,43	89	334	8,90%	33,40%
2.433,26	101	435	10,10%	43,50%
2.704,09	102	537	10,20%	53,70%
2.974,92	79	616	7,90%	61,60%
3.245,75	83	699	8,30%	69,90%
3.516,58	66	765	6,60%	76,50%
3.787,41	64	829	6,40%	82,90%
4.058,24	47	876	4,70%	87,60%
4.329,07	31	907	3,10%	90,70%
4.599,90	33	940	3,30%	94,00%
4.870,73	20	960	2,00%	96,00%
5.141,56	10	970	1,00%	97,00%
5.412,39	10	980	1,00%	98,00%
5.683,22	8	988	0,80%	98,80%
5.954,05	7	995	0,70%	99,50%
6.224,88	4	999	0,40%	99,90%
6.495,71	0	999	0,00%	99,90%
6.766,54	0	999	0,00%	99,90%
7.037,37	1	1.000	0,10%	100,00%

Abbildung 42: Akkumulierte Häufigkeitsverteilungen

6.5.3.4 Begrenzung des Innovationsrisikos

Eine weitere Anwendungsmöglichkeit der risikoaggregierten Innovationssimulation ist die gezielte Begrenzung des Innovationsrisikos. Dabei wird festgestellt, inwieweit einzelne risikobehaftete Parameter sich zur Erreichung eines bestimmten minimalen bzw. maximalen Ergebnisses verändern müssen.

Die Abbildungen X_1 u X_2 zeigen eine solche Möglichkeit der gezielten Eingrenzung des Innovationsrisikos. In Abbildung X1 ist die Ausgangssituation der Häufigkeitsverteilung der Wertbeiträge eines bestimmten Innovationsprojektes angezeigt. Bei diesem Projekt liegt der IVaR (50%) bei 2504 Geldeinheiten (GE), der IVaR (90%) bei 1246 GE und die Wahrscheinlichkeit, mit diesem Projekt einen negativen Wertbeitrag zu erwirtschaften, bei 2,8 % (EloI = 2,8%).

Zur Eingrenzung des Innovationsrisikos sei als Beispiel folgendes Szenario kreiert:

- Der absolute Wertbeitrag (IVaR) mit einem Konfidenzniveau von 90% soll auf über 3000 GE angehoben werden.
- Die Wahrscheinlichkeit, einen Wertbeitrag von mehr als 1246 GE zu erreichen, soll auf mindestens 98 % angehoben werden.
- Es soll ausgeschlossen werden, dass mit diesem Innovationsprojekt ein negativer Wertbeitrag (Wertvernichtung) erwirtschaftet wird (EloI = 0 %).

Nach festlegen der Aufgabenstellung sind Überlegungen anzustellen, wie (durch welche Szenarien) dieses Ziel erreicht werden kann. Im Beispiel des Innovationsprojektes „Neuprodukt (P1)“ werden durch vermehrte Aufwendungen in der Entwicklung mit Schwerpunkt auf eine verbesserte Produktionsüberleitung die variablen Herstellkosten des Produktes gesenkt. Dadurch kann das Produkt am Markt mit einem reduzierten Preis angeboten werden, wodurch bei elastischer Nachfragekurve die Absatzmenge steigen sollte. Mit Hilfe der Simulation kann nun überprüft werden, welchen Einfluss eine Änderung der Eingangsparameter auf den Zielwert ausübt bzw. welche (Mindest-) Eingangsparameter zur Zielerreichung erforderlich sind.

In Abbildung X2 ist die Zielsituation dargestellt. Daraus ist abzulesen, dass aufgrund der durchgeführten Maßnahmen der IVaR (90%) auf 3124 GE angestiegen ist, ein absoluter Wertbeitrag von 1246 GE mit über 98 %-tiger Wahrscheinlichkeit erreicht wird und die Möglichkeit, mit diesem Innovationsprojekt ein negatives Ergebnis zu erwirtschaften, ausgeschlossen wurde (EloI = 0,0 %).

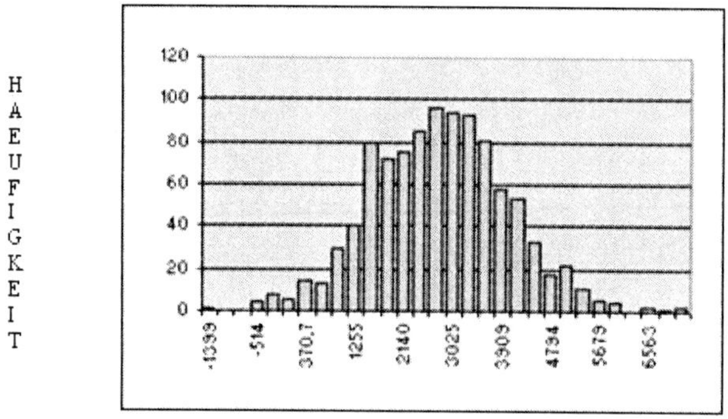

Abbildung 43: Eingrenzung der Zielwerte I[729]

[729] Quelle: Eigene Simulation auf Basis SIMULACIÓN 4.0

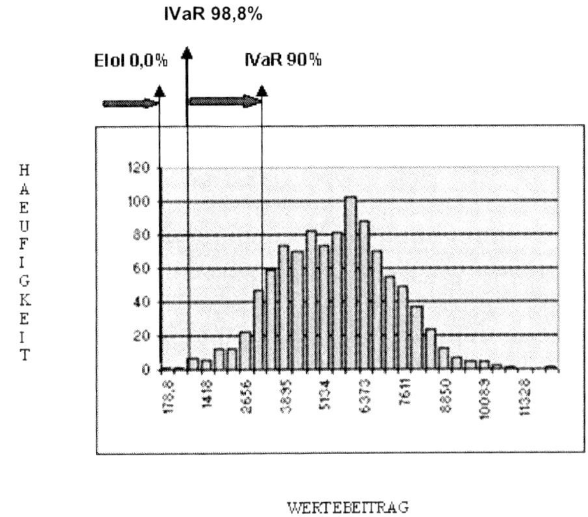

Abbildung 44: Eingrenzung der Zielwerte II[730]

6.5.3.5 Die Sensitivitätsanalyse in der Innovationssimulation

Bei der Sensitivitätsanalyse handelt es sich um keine eigenständige Bewertungsmethode, sondern um eine Erweiterung der bestehenden Methode.[731] In Ergänzung der Bestimmung des Projektwertes (zB Kapitalwert) kann durch schrittweise Variation der relevanten Parameter wie Absatzmenge, Absatzpreis, Lebensdauer, Zinssätze u.ä. untersucht werden, welche Projektwerte aus vorgegebenen Parameterausprägungen resultieren.[732]

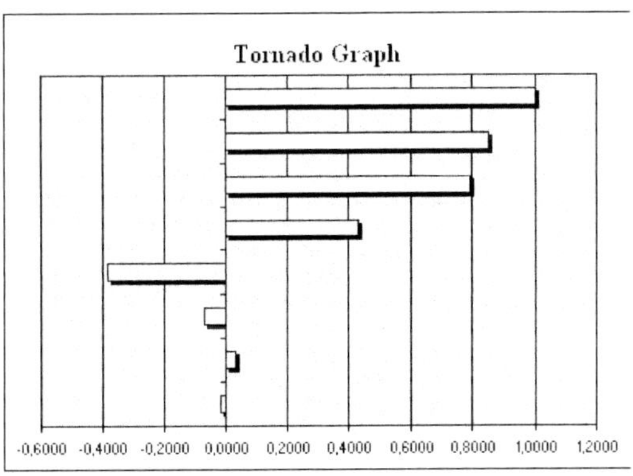

Abbildung 45: Sensitivitätsdiagramm

730 Quelle: EBENDA
731 Vgl. HOMMEL/SCHOLICH, 2001, S. 116
732 Vgl. EBENDA

In Ergänzung zur Sensitivitätsanalyse stellt Abbildung 46 die negative bzw. positive Korellation der Einflussvariablen in Zahlenwerten dar.

Correlation	
Variables	**Correlation Coef.**
Entwicklungskosten P1	-0,0179
Projektförderung P1	0,0297
Marketingkosten P1	-0,0696
Herstellkosten P1	-0,3890
Menge P1	0,4286
Preis P1	0,7924
Umsatz P1	0,8524
Wertbeitrag P1	1,0000

Abbildung 46: Korrelationsmatrix

Die Sensitivitätsanalyse ermöglicht, die Auswirkungen der wesentlichen Einflussparameter (Einzelrisiken) auf die Streuung der Zielvariablen zu bestimmen. In Sensitivitätsdiagrammen werden die Auswirkungen der verschiedenen Parameter auf den Wertbeitrag dargestellt.[733] So können kritische Werte bestimmt werden, welche angeben, wie weit ein Parameter von seinem ursprünglichen Wert abweichen kann, ohne das Innovationsprojekt zu gefährden.[734]

Bei einer Abhängigkeit der Variablen untereinander wird auf eine erweiterte Sensitivitätsanalyse in Form einer Szenarioanalyse zurückgegriffen. Hierbei werden durch Veränderung der relevanten Werttreiber konsistente Bewertungssituationen geschaffen, typischerweise ein optimistisches, ein pessimistisches und ein erwartetes Szenario, die einzeln betrachtet und miteinander verglichen werden.[735]

Kritisch ist zur Sensitivitätsanalyse anzumerken, dass infolge unabhängiger Variation einzelner Parameter die anderen unsicheren Größen als konstant vorausgesetzt werden. Allenfalls vorhandene komplementäre oder substitutive Beziehungen der Parameter untereinander werden vernachlässigt, was den Verlust wichtiger Informationen bedeuten kann und damit die Anwendungsmöglichkeiten einschränkt.

6.6 Integration des Innovationsrisikos in die Projektbewertung

6.6.1 Grundlagen der Integration des Risikos in die Bewertung

Das Einbeziehen des Innovationsrisikos in die Innovationsbewertung stellt eine Herausforderung dar, insbesondere im Rahmen der kapitaltheoretischen Bewertungsverfahren. Im Folgenden soll die Problematik der Risikointegration in den Diskontierungssatz der Kapitalkosten aufgezeigt werden.

---

[733] Vgl. GLEIßNER/MEIER, 2001, S. 135
[734] Vgl. FRANKE/HAX, 2003, S. 245 f.
[735] Vgl. BREALEY/MYERS, 2000, S. 262f.

Mit dem VaR und dem CFaR wurden Kennzahlen zur Messung von Risiken vorgestellt. Damit kann die Erfolgswahrscheinlichkeit von Innovationsprojekten ausgedrückt werden, eine Integration des Risikos in die Kapitalkosten im Sinne eines risikoadjustierten Kapitalbedarfs (RAC) ist damit jedoch noch nicht erfolgt. Traditionelle Kennzahlen wie der Return on Investment (ROI) berücksichtigen hingegen ausschließlich den erwarteten Erfolg, nicht das Risiko.[736]

Bei Verwendung eines risikoadjustierten Diskontierungssatzes kommt es zu einer doppelten Erfassung der Risikokomponente. Wird hingegen ein risikoloser Diskontierungssatz angesetzt, so wird eine meist nicht gegebene vollständige Erfassung der projektinhärenten Unsicherheiten sowie die völlige Auflösung dieser Unsicherheiten im Projektverlauf vorausgesetzt.[737]

Risikoadjustierte Performancemaße, die auch als Risk Adjusted Performance Measures (RAPM) bezeichnet werden, stellen die Verbindung zwischen potentiellem Erfolg und Risiko her und werden zur Beurteilung der Vorteilhaftigkeit von Projekten genutzt. Der Bestimmung des benötigten Risikokapitals kommt dabei eine besondere Bedeutung zu.[738]

Der Kapitalwert eines Unternehmens wird aus den finanziellen Überschüssen abgeleitet, die das Unternehmen künftig erwirtschaften wird. Diese werden mit einem entsprechenden Diskontierungsfaktor auf den Gegenwartswert abgezinst. Zur Berücksichtigung des Risikos, das mit dem Wertbeitrag eines Innovationsprojektes verbunden ist, werden konzeptionell unterschiedliche, im Folgenden beschriebene Ansätze verwendet:[739]

6.6.2 Berechnung von Sicherheitsäquivalenten

Sicherheitsäquivalente bauen auf der individuellen Risikoeinstellung von Investoren auf und bewerten Finanzkontrakte bzw. Vermögensgegenstände.[740] Der Wert eines Innovationsprojektes wird durch Reduktion der erwarteten Einzahlungsströme pro Periode um einen bestimmten Risikoabschlag vermindert. Der resultierende Betrag wird als Sicherheitsäquivalent bezeichnet. Die sicherheitsäquivalenten Zahlungsströme (adaptiert) werden dann mit dem Zinssatz für risikolose Anlagen diskontiert.[741]

Eine wesentliche Schwäche dieses individualistischen Ansatzes liegt in der Schwierigkeit der Ermittlung der Risikonutzenfunktion, die eine subjektive Komponente aufweist.[742]

---

[736] Vgl. HOMBURG/STEPHAN, 2004, S. 317
[737] Vgl. HOMMEL/PRITSCH, 1999b, S. 128
[738] Vgl. HOMBURG/STEPHAN, 2004, S. 317
[739] Vgl. DRUKARCZYK, 1996, S. 97ff;
[740] Vgl. BREALEY/MYERS, 1996, S. 224ff.
[741] Vgl. FRANKE/HAX, 1999, S. 305ff.
[742] Vgl. DRUKARCZYK, 1996, S. 100

6.6.3 *Berechnung von risikoadjustierten Diskontierungsfaktoren*

Bei diesem Ansatz setzt sich der Diskontierungssatz aus dem Zinssatz für risikolose Anlagen sowie aus einem spezifischen Risikozuschlag (Risikoprämie) zusammen. Der Diskontierungssatz entspricht der Rendite einer risikoäquivalenten Alternativanlage, die auf dem Kapitalmarkt gehandelt wird und damit bekannt ist.[743]

Ausgegangen wird von einer arbitragefreien Bewertung, dh es wird angenommen, dass es auf dem Kapitalmarkt eine substituierbare Anlage gibt, die aufgrund eines dem Bewertungsobjekt identischen Risikos eine identische und damit bekannte Rendite aufweist. Dies setzt die Vollkommenheit des Marktes für Risiken voraus. Die ermittelte Rendite wird als Diskontierungsfaktor auf das Bewertungsobjekt angewendet.[744]

Kritisch ist anzumerken, dass es kein Projekt mit einer identischen Risikostruktur welches als Vergleichswert herangezogen werden kann, gibt. Des Weiteren sei auf die Doppelfunktion der Diskontierungssätze bei der Innovationsbewertung hingewiesen. Einerseits stellen die Diskontierungssätze einen Kostenfaktor dar und andererseits dienen sie als Bewertungsmaßstab.

6.6.4 *Return on Risk Adjusted Capital*

Risikocontrolling-Konzepte von Finanzinstitutionen können nicht ohne Weiteres auf Industrie- und Handelsunternehmen übertragen werden. Sie bieten jedoch eine gute Ausgangsbasis für die spezifische Ausarbeitung der Innovationsprojekte. Dabei wird die grundsätzliche Idee des VaR und des CFaR für die Innovationsbewertung genutzt und daraus werden der RORAC, der RAROC und im weiteren Sinne der CVODRV entwickelt.[745]

Der Return On Risk Adjusted Capital (RORAC) und der Risk Adjusted Return On Capital (RAROC) sind die zentralen risikoadjustierten Performancemaße. Beide knüpfen an das bekannte Renditekonzept Verhältnis-von-Erfolg-zu-Kapitaleinsatz an.[746]

---

[743] Vgl. KOCH, 1999, S. 19
[744] Vgl. EBENDA
[745] Vgl. HOMBURG/STEPHAN, 2004, S. 322
[746] Vgl. HOMBURG/STEPHAN, 2004, S. 317

Der RORAC errechnet sich als Quotient aus dem potentiellen Überschuss eines Projektes und dem eingesetzten Risikokapital. Zur Errechnung des erforderlichen Risikokapitals wird meist der VaR angesetzt und davon das Risk Adjusted Capital (RAC) abgeleitet.[747]

$$RORAC = \frac{(erwarteter)Überschuss}{Risikokapital} = \frac{erwarteterÜberschuss}{VaR}$$

Der RORAC gibt damit den erwarteten Überschuss pro Einheit des Risikokapitals an. Ein positiver RORAC ist noch keine Freigabe zur Umsetzung, sondern diese orientiert sich an dem unternehmensinternen Ziel-RORAC. Das Risikokapital soll eventuell auftretende Verluste abfedern.[748] Beim Vergleich mehrerer Innovationsprojekte ist auf ein einheitliches Konfidenzniveau des VaR und eine einheitliche Projektlaufzeit zu achten.

6.6.5 *Risk Adjusted Return on Capital*

Werden alle Risiken eines Unternehmens zusammengefasst, kann daraus das erforderliche Risikokapital abgeleitet werden. Dieses auch als „ökonomisches Risikokapital" bezeichnete Kapital beschreibt den zur Abdeckung möglicher risikobedingter Verluste erforderlichen Eigenkapitalbedarf.[749]

Im Bezug auf Innovationen wurde es definiert als das Eigenkapital das vorgehalten werden sollte, um realistische Verluste eines Innovationsprojektes abzufangen.[750] Der Risk Adjusted Return on Capital (RAROC) gibt in Erweiterung dazu, den Übergewinn (erwarteter Überschuss nach Abzug der Risikoprämie) je Einheit Risikokapital an. Im Unterschied zum RORAC erfolgt beim RAROC die Risikoadjustierung in Nenner und Zähler.[751]

$$RAROC = \frac{(erwarteter)Überschuss - Risikoprämie}{Risikokapital}$$

Die Risikoprämie wird folgendermaßen bestimmt:

$$Risikoprämie = ZielRORAC \cdot Risikokapital$$

Ein positiver RAROC ergibt im Gegensatz zum RORAC direkt die Vorteilhaftigkeit eines Projekts, ansonsten können daraus keine weiteren Aussagen abgeleitet werden, nachdem sich die beiden Größen ineinander überführen lassen.[752]

[747] Vgl. BÜSCHGEN, 1998, S. 772
[748] Vgl. HOMBURG/STEPHAN, 2004, S. 317
[749] Vgl. GLEIßNER, 2001, S. 273
[750] Vgl. GLEIßNER, 2004a, S. 35
[751] Vgl. BÜSCHGEN, 1998, S. 772
[752] Vgl. HOMBURG/STEPHAN, 2004, S. 318

Für eine wertorientierte, strategische Kapitalallokation gelten zwei Hauptentscheidungsregeln:[753]

- Wenn „unbeschränkt" Eigenkapital zur Verfügung steht, so sollen alle Innovationsprojekte durchgeführt werden, die einen positiven Wertbeitrag erwirtschaften.
- Ist das verfügbare Eigenkapital begrenzt, so sollten jene Innovationsprojekte realisiert werden, die den höchsten relativen Wertbeitrag (Wertbeitrag pro Eigenkapitaleinheit) erwarten lassen.

Kritisch kann sowohl am RAROC wie auch am RORAC die Verwendung des mit einer Eintrittswahrscheinlichkeit belegten VaR als Kapitalgröße angemerkt werden.

6.6.6 Corporate Value on Discounted Risk Value

Innovationsprojekte laufen im Regefall über mehrere Perioden. Daher sind die auf einperiodige Projekte ausgelegten RAROC und RORAC für die Innovationsbewertung nur sehr beschränkt einsetzbar. Speziell bei Industrie- und Handelsunternehmen ist eine mehrperiodige Betrachtungsweise erforderlich, weil die Projekte und ihre Auswirkungen in der Regel langfristig wirken. Die Kennzahl Corporate Value on Discounted Risk Value (CVODRV) enthält eine Risikokomponente, die aus dem CFaR ermittelt wird und eine mehrperiodige Betrachtungsweise ermöglicht.[754]

Im Zähler des CVODRV wird als Erfolgskomponente der Beitrag von Geschäftsbereichen oder Projekten zum Unternehmenswert gewählt, wobei vereinfachend vom Unternehmenswert gesprochen wird. Durch Nutzung der weit verbreiteten Weighted Average Cost of Capital (WACC)-Methode kann über die erwarteten Free Cash Flows (FCF) der Unternehmenswert bestimmt werden.[755]

Der CVODRV hat folgende Grundstruktur:[756]

$$CVODRV = \frac{Geschäftsfeldbeitrag(Unternehmenswert)}{DiscountedRiskValue}$$

Damit kann der CVODRV als Unternehmenswert bezogen auf das Cash-Flow-Risiko interpretiert werden. Risikoadjustierte Performancemaße werden speziell zur Projektbewertung eingesetzt. Dezentrale Einheiten sollen durch die Verwendung von risikoadjustierten Performancemaßen über die Durchführung von Innovationsprojekten entscheiden können.[757] Der CVODRV ermöglicht die Ermittlung projektspezifischer Werte für die einzelnen Innovationsprojekte mit anschließender Bildung einer Rangfolge.

[753] Vgl. GLEIẞNER, 2001, S. 273
[754] Vgl. HOMBURG/STEPHAN, 2004, S. 318
[755] Vgl. HOMBURG/STEPHAN, 2004, S. 318
[756] Vgl. HOMBURG/STEPHAN, 2004, S. 319
[757] Vgl. WILLINSKY, 2001, S. 141-153

6.7 Zwischenresümee zur Bewertung des Innovationsrisikos

Produktinnovationen bedingen Managemententscheidungen, die die Ressourcen der Unternehmen langfristig binden.[758] Solchen Entscheidungen kann insofern ein konstitutiver Charakter zugeschrieben werden, als durch diese langfristig wirksame Rahmenbedingungen geschaffen werden.[759] Charakteristisch für jede Art von Entscheidungsfindung in der modernen Geschäftswelt ist das Abwägen von Chancen und Risiken, die aus einer Entscheidung resultieren.[760] Speziell bei der Bewertung von Innovationsprojekten können weder die Chancen noch die Risiken durch exakt definierte Parameter beschrieben werden, vielmehr handelt es sich um Bandbreiten von Chancen bzw. Risiken. Erschwerend kommt hinzu, dass die meisten Werte, die eine Entscheidung beeinflussen, mit Unsicherheiten behaftet sind.

Entscheidend für die Qualität der Innovationsbewertung sind die geeignete Abbildung in einem Modell und die richtige Quantifizierung der Einflussvariablen. Modellbildungen in Form von Entscheidungsvorlagen (Excelformulare, etc.), sind heute in vielen Unternehmen vorhanden. Nicht jedoch dynamische Simulationsmodelle und Formen der Quantifizierung unsicherer Einflussparameter. Zur Bewertung von Innovationsprojekten werden vielfach Geschäftspläne vorgelegt, bei denen etwa der Umsatz der kommenden Geschäftsjahre als deterministische Größe in Form von exakten Zahlen dargestellt wird. Der künftige Umsatz eines Innovationsprojektes ist jedoch vielmehr eine stochastische Größe, die von vielen Einflussfaktoren abhängt. Korrekterweise müsste für diese Größe im Geschäftsplan eine Bandbreite von Werten mit einer entsprechenden Wahrscheinlichkeitsverteilung aufscheinen.

Ein weiteres Einsatzgebiet der risikoaggregierten Innovationssimulation ist die risikoadjustierte Gestaltung von dynamischen Geschäftsplänen. Durch den Einsatz der risikoaggregierten Simulation werden die Eingangsinformationen zur Bewertung realistischer und die Aussagekraft von Businessplänen wird wesentlich gesteigert. Ein wesentlicher Grund für die nachlässige Quantifizierung von Variablen mittels Simulation liegt wohl in der Unkenntnis dieser Methoden begründet. [761] Durch Risikoaggregation wird die Aussagekraft der Bewertungsergebnisse von Innovationsprojekten wesentlich verbessert, die Projektselektion erleichtert und die Effektivität der Ressourcenzuteilung erhöht. Wenn die bereits existierenden Modelle durch die Hinterlegung einer Wahrscheinlichkeitsverteilung aufgewertet würden, können durch den Einsatz von einfachen Mitteln (etwa von Excel-Tabellen) bereits solide Innovationsbewertungen erstellt werden.

Abbildung 47 stellt den integrierten Produktlebenszyklus dar, mit Hilfe dessen die zentrale Zielsetzung der vorliegenden Schrift und der Nutzen der risikoaggregierten Simulation graphisch dargestellt werden. Der integrierte Produktlebenszyklus setzt sich aus dem Beobachtungszyklus, dem Innovationszyklus, dem Marktzyklus und dem Entsorgungszyklus zusammen. Dieses Modell gewinnt dadurch strategischen Charakter, als es dem Marktzyklus den so genannten Innovationszyklus vorschaltet und vor diese den Beobachtungszyklus stellt.[762]

---

[758] Vgl. MUSSNIG, 2001, S. 305
[759] Vgl. LACKES, 1992, S. 259
[760] Vgl. FREY/NIEßEN, 2001, S. 12
[761] Vgl. FREY/NIEßEN, 2001, S. 14
[762] Vgl. PFEIFFER/BISCHOF, 1981, S. 26

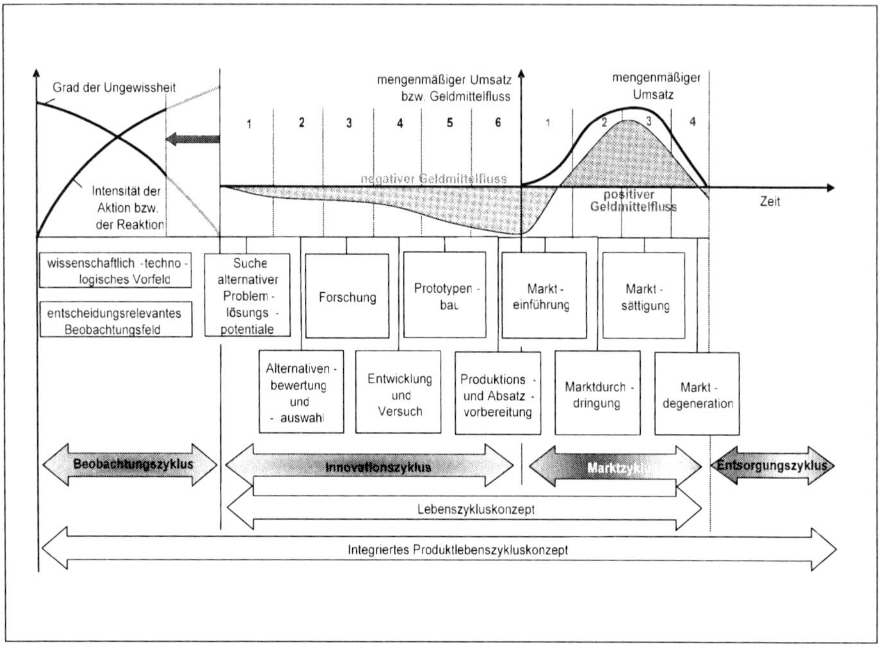

Abbildung 47: Der Integrierte Produktlebenszyklus[763]

Vor der ersten Suche oder Entdeckung neuer Ideen setzt in diesem Modell der Beobachtungszyklus an, da die für das Unternehmen relevanten Informationen im naturwissenschaftlichen, technischen, gesellschaftlichen und marktlichen Umfeld liegen. Die Herausforderung für das Unternehmen besteht nun darin, aus der schier unendlichen Datenvielfalt jene Informationen herauszufiltern, die für die Zukunft des Unternehmens tatsächlich von Bedeutung sind.[764] ANSOFF verwendet die Bezeichnungen „Grad der Ungewissheit" und „Intensität der Aktion bzw. Reaktion" zur Beschreibung „schwacher Signale".[765] Der höchste Grad an Ungewissheit liegt, wenn ein „schwaches Signal" der Umwelt zu einer Chance oder einem Risiko für das Unternehmen erwachsen kann.[766] Je besser die Auswirkungen potentieller Chancen und Risiken für das Unternehmen konkretisiert werden können, desto weiter nimmt die Unsicherheit ab.[767] Echte Aktionen bzw. Reaktionen des Unternehmens erfolgen erst auf einer sehr niedrigen Stufe der Unsicherheit.[768]

---

763 Quelle: Eigene Darstellung in Anlehnung an HORNEBER, 1995, S.121; PFEIFFER/BISCHOF, 1981, S. 26; PATTERSON, 1996, S. 10
764 Vgl. MILD, 2002, S. 29
765 Vgl. ANSOFF, 1981, S. 238
766 Vgl. MILD, 2002, S. 29
767 Vgl. ANSOFF, 1981, S. 238
768 Vgl. MILD, 2002, S. 29

Zielsetzung der vorliegenden Schrift ist es, durch geeignete Bewertungsverfahren den Grad der Unsicherheit frühzeitig zu reduzieren und dadurch primär eine Verkürzung des Beobachtungszyklus und sekundär auch eine Verkürzung des Innovationszyklus zu erwirken. Die Vorzüge der risikoaggregierten Simulation für die Innovationsbewertung lassen sich im Wesentlichen wie folgt zusammenfassen:

- Frühere Quantifizierung der Einflussparameter und dadurch frühere Verfügbarkeit der entscheidungsrelevanten Informationen.
- Reduktion von Unsicherheiten durch Simulation der möglichen Innovationsszenarien und Quantifizierung der Szenarien

Eine Verkürzung des Beobachtungszyklus bewirkt eine Vorverlegung des Innovationszyklus und damit einen früheren Start des Marktzyklus, mit all den wettbewerbsrelevanten Konsequenzen. Wenn weiter davon ausgegangen wird, dass in vielen Fällen das Ende des Marktzyklus durch die Marktdegeneration determiniert wird, so ist bei einem verkürzten Beobachtungs- und Innovationszyklus (Entstehungszyklus) ein verlängerter Marktzyklus zu erwarten.[769]

[769] Vgl. MILD, 2002, S. 31

„Kein Wind ist richtig, wenn man nicht weiß, wohin man segelt.“
(L. ANNAEUS SENECA)

7. Funktionales Innovationscontrolling

7.1 Ziele und Aufgaben des Innovationscontrolling

Nach ausführlicher Auseinandersetzung mit der Innovationsbewertung soll in diesem Kapitel der Beitrag einer zeitgemäßen Controllingkonzeption zur Steuerung von Innovationen aufgezeigt werden. Denn um Innovationsprojekte bewerten zu können, müssen einerseits Innovationsideen vorhanden sein bzw. generiert und gefördert werden und diese andererseits zielgerichtet von Innovationsphase zu Innovationsphase gesteuert werden.

Unter Controlling wird im Allgemeinen die Planung und Kontrolle (im Sinne einer koordinierten Steuerung) der typischen Betriebs- und Geschäftsprozesse im Unternehmen verstanden.[770] In der praktischen Gestaltung bedeutet Controlling vor allem das Betreiben eines systematischen Informationsmanagements, das die Kontrolle (als kritischen Nachvollzug) mit der Planung (als gedanklichen Vorvollzug) verknüpft.[771] Damit steht Controlling sowohl im Dienste der Effektivität (Erreichung der gesetzten Ziele), als auch im Dienste der Effizienz (Vermeidung von Unwirtschaftlichkeiten bei der Zielerreichung).[772]

Innovationscontrolling kann als ein Unterstützungssystem für das Innovationsmanagement bezeichnet werden und ist als Instrument der Unternehmensführung zu sehen, welches für die Planung, Kontrolle und Steuerung von Innovationen eingesetzt werden kann. Diese Zielsetzung kann das Innovationscontrolling nur dann erfüllen, wenn es in die einzelnen Phasen des Innovationsprozesses integriert und im gesamten Unternehmen ein klares, von allen getragenes Verständnis über das Wesen sowie die Zielsetzungen des Innovationsprozesses vorhanden ist.[773]

Controlling wird unter anderem als zielorientierte Steuerung des Unternehmens durch betriebswirtschaftliche Informationen, insbesondere aus dem Rechnungswesen, verstanden.[774] Primäre Aufgaben und Ziele sind nach GÄLWEILER die folgenden:[775]

- Erhaltung der **Liquidität**
- Erzielung eines angemessenen **Erfolges** (Gewinn bzw. Rentabilität)
- Langfristige Erhaltung des Unternehmens durch den Aufbau und die Erhaltung von **Erfolgspotentialen** und durch die Suche und die Schaffung neuer Erfolgspotentiale

---

[770] Vgl. LITTKEMANN, 2004, S. 8
[771] Vgl. HAUSCHILDT/SCHEWE, 1993, S. 17 ff.
[772] Vgl. LITTKEMANN, 2005, S. 12
[773] Vgl. STEINLE/EGGERS/LAWA, 1998, S. 159
[774] Vgl. MUSSNIG, 1995, S. 16
[775] Vgl. GÄLWEILER, in: KROPFBERGER D., 1986, S.74

Im Sinne dieser Aufstellung besteht für die Unternehmensführung das Ziel darin, Erfolgspotentiale langfristig aufzubauen und zu erhalten. Innovationscontrolling soll eine fundierte Grundlage liefern, auf der strategische Entscheidungen für die künftigen Innovationstätigkeiten von Unternehmen getroffen werden. Zu diesen zählt auch die Entscheidung darüber, in welche Bereiche der Schwerpunkt für innovative Produkte und Dienstleistungen gelegt werden soll.

Die Spezialisierung des Controllings hat im Zuge der Dezentralisierung eine große Vielfalt erreicht. In vielen Unternehmen werden mittlerweile Funktions-, Divisions-, Regional-, Projekt- und Bereichscontrolling unterschieden.[776] Wie in Kapitel 2 der Arbeit dargestellt wurde, gliedert sich der Innovationsprozess in Phasen. Aufgabe des Innovationscontrollings ist es somit die Innovationsvorhaben von Phase zu Phase zu steuern und das Erreichen der Phasenziele zu sichern. Eine weitere Aufgabe besteht darin, Ergebnistransparenz innerhalb der gesamten Wertschöpfungskette einer Innovation sicher zu stellen.[777] Innovationscontrolling verbindet somit strategische und operative Aufgaben.

Der Aufgabenbereich eines Innovationscontrollers beinhaltet projektbezogene und projektübergreifende Verantwortungsbereiche mit folgenden Aufgabenfeldern:[778]

Projektbezogenes Innovationscontrolling:

- Zur Verfügung stellen von koordinierten und aktualisierten Instrumenten und Hilfsmitteln für die Projektverantwortlichen
- Organisieren und Überwachen des Berichtwesens
- Beraten und Unterstützen der Projektverantwortlichen

Projektübergreifendes Innovationscontrolling:

- Liefern von bedürfnisgerechten Informationen für die Unternehmensleitung
- Zur Verfügung stellen von Informationen über die Projektkoordination
- Erarbeiten von Entscheidungsgrundlagen für die Prioritätensetzung
- Integrieren der Projektdaten in den allgemeinen unternehmerischen Geschäftsablauf, dh Verbindungen zum Budget, zum Plan und zum innerbetrieblichen Rechnungswesen gewährleisten
- Aufzeigen von Auswirkungen auf das Unternehmensergebnis
- Periodisches Analysieren von Innovationsprojekten und ggf. Vorschlagen von Korrekturmaßnahmen

Bei der Betrachtung des gesamten Innovationsprozesses werden zahlreiche Aufgaben der Schnittstellenkoordination sichtbar. Zwischen den verschiedenen betrieblichen Funktionsbereichen, Technologien, Produkten, Produktgenerationen, Geschäftsfeldern und sogar Unternehmen muss eine ergebnisorientierte Abstimmung erfolgen.[779]

---

[776] Vgl. HORVATH, 2002, S. 870
[777] Vgl. HORVATH, 2002, S. 874
[778] Vgl. MÄDER, in: LITTKEMANN, 2005, S. 12 f.
[779] Vgl. HORVATH, 2002, S. 874

7.2 Innovationen aus Sicht des Rechnungswesens

7.2.1 Innovationen im externen Rechnungswesen

Aus Sicht des Controllings sind Innovationen immaterielle Investitionen. Wie jede Investition ist auch die Durchführung von Innovationsprojekten mit erheblichen Risiken verbunden, andererseits bieten Innovationen die Möglichkeit, überdurchschnittliche Renditen zu erzielen. Dennoch werden Innovationen im klassischen Rechnungswesen, insbesondere im externen Rechnungswesen, zumeist nicht als Investitionen behandelt.[780] Folgende Eigenschaften von Innovationen sind aus Sicht des Controllings von Bedeutung:[781]

- Innovationen sind Investitionen, die anfangs mit erheblichen Ausgaben verbunden sind und die in Erwartung von Einnahmen in zukünftigen Perioden getätigt werden.
- Innovationen sind immateriell, nachdem sie nicht auf ein physisch greifbares Investitionsobjekt zurückgeführt werden können.
- Innovationen unterliegen einem besonderen Risiko, da sie für das innovierende Unternehmen neu sind und in ein zumeist völlig unbekanntes Sachgebiet führen.
- Innovationsprozesse dauern oftmals sehr lange und das Ende dieser Prozesse ist selten vorhersehbar. Nebeneffekte, wie Lerneffekte aufgrund von Fehlversuchen, sind kaum prognostizier- und bewertbar.

Damit das traditionelle Rechnungswesen Aufgaben des Innovationscontrollings übernehmen kann, sind Veränderungen in folgender Richtung gefordert:[782]

- **Projektbezug:** Erweiterung der Planung und Kontrolle von laufenden Produkten als traditionelle Kosten- und Erlösträger um neue Controllingobjekte zur zielgerichteten Erfassung und Steuerung von Innovationsprojekten.
- **Erfolgsbezug:** Erweiterung der Controllingzwecke Planung und Kontrolle um entscheidungsrelevante Zielsetzungen, damit ein notwendiger Projektabbruch jederzeit nachvollzogen werden kann.
- **Zukunftsbezug:** Erweiterung der kurzfristigen, auf operative Bereiche bezogenen Controllingperspektive um eine langfristige, strategieorientierte Perspektive, welche die Innovation über alle Phasen des Innovationsprozesses begleitet.

Das externe Rechnungswesen regelt die unterschiedlichen Zielsetzungen zwischen den Bilanzierenden, den Bilanzadressaten und dem Gesetzgeber im Prozess der Bilanzerstellung und Bilanzanalyse.[783] HAUSCHILDT bezeichnet diesen Prozess als ein Spiel, an dem Bilanzersteller und Bilanzadressat aktiv beteiligt sind und in dem der Gesetzgeber die Rolle eines Schiedsrichters übernimmt.[784] Dabei stellt die Bilanzpolitik des Bilanzierenden den ersten Spielzug dar. Dieser versucht im Rahmen des

[780] Vgl. LITTKEMANN, 2005, S. 14
[781] Vgl. HAUSCHILDT, 1992, S. 53 f.
[782] Vgl. LITTKEMANN, 2005, S. 19 f.
[783] Vgl. HAUSCHILDT, 1996, S. 1
[784] Vgl. LITTKEMANN, 2005, S. 20

faktisch Möglichen und rechtlich Erlaubten, die Bilanzbotschaft zu formulieren. Der zweite Spielzug ist die Bilanzanalyse des Bilanzadressaten, dessen Aufgabe darin besteht, die bilanzpolitischen Aktivitäten seines Gegenspielers zu erkennen und dessen Botschaft kritisch zu beleuchten.[785]

Innovationscontrolling wird nicht explizit als Aufgabe des externen Rechnungswesens angeführt. Aus der Generalklausel nach § 264 Abs. 2 HGB ergibt sich vielmehr Folgendes: Über Innovationen muss nicht berichtet werden, sofern der Jahresabschluss ein den tatsächlichen Verhältnissen entsprechendes Bild der Vermögens-, Finanz- und Ertragslage zeigt. Kann durch die Innovationstätigkeit ein entsprechendes Bild nicht vermittelt werden, muss dies im Anhang des Jahresabschlusses erläutert werden. Dies verdeutlicht, dass das Zahlenwerk des Jahresabschlusses – Bilanz und GuV – nicht auf Innovationen und deren Evaluierung ausgerichtet ist.[786]

7.2.2 Innovationen im internen Rechnungswesen

Das Ziel des internen Rechnungswesens besteht darin, die Unternehmensleitung bei der Steuerung der betrieblichen Transformationsprozesse zu unterstützen. Das interne Rechnungswesen wird daher als das zentrale Controllinginstrument im Unternehmen angesehen.[787]

Innovationen sind erfolgsorientierte Investitionsprojekte und stellen damit arteigene, isolierungsbedürftige und befristete Rechnungseinheiten dar.[788] Sie verursachen Auszahlungen bzw. Ausgaben und Einzahlungen bzw. Einnahmen und berühren insoweit die Liquidität. Das Zeitfeld ihrer Ausgaben liegt dabei deutlich vor dem der Einnahmen. Damit erhebt sich zugleich das Problem der Zeithorizontes und möglicher Zurechnungen der Ausgaben auf mehrere Perioden. Innovationen sind zudem meist Großinvestitionen. Sie erreichen mit Anteilen von 5 bis 10 % am Umsatz Größenordnungen, die es verbieten, sie unter der Position „Sonstiges“ zu behandeln.[789]

Wie im externen Rechnungswesen wird die Innovationsplanung und –kontrolle nicht explizit als Aufgabe des internen Rechnungswesens angeführt. Einerseits ist zu beachten, inwieweit eine problemadäquate Gestaltung des Innovationscontrollings durch unternehmensinterne Restriktionen behindert wird; andererseits stellt sich die Frage, welche Wirkungen im Verhalten der Mitarbeiter durch die Erstellung von Innovationsabrechnungen im Unternehmen hervorgerufen werden.[790]

[785] Vgl. EBENDA
[786] Vgl. LITTKEMANN, 2005, S. 21
[787] Vgl. LITTKEMANN, 2005, S. 28
[788] Vgl. HAUSCHILDT, 1997, S. 400
[789] Vgl. HAUSCHIDLT, 1997, S. 400f.
[790] Vgl. LITTKEMANN, 2005, S. 29

Gesetzliche Regelungen schränken die Gestaltung des internen Rechnungswesens zwar nicht ein, es gibt jedoch eine Reihe von Faktoren, die bei Innovationsabrechnungen im innerbetrieblichen Controllingsystem zu beachten sind:[791]

- **Kreativitätsbehinderung durch Innovationscontrolling:** Es ist damit zu rechnen, dass Innovationscontrolling bei kreativ arbeitenden Forschern und Entwicklern skeptisch betrachtet wird, da dies als Einschränkung der Handlungsspielräume interpretiert werden könnte.
- **Vernachlässigung technischer Kriterien im Innovationscontrolling:** Da Innovationscontrolling auf ökonomischen Größen basiert, werden technische Kriterien nicht oder nur unzureichend erfasst.
- **Einbeziehung von Prognosedaten in das Innovationscontrolling:** Innovationsrechnungen basieren großteils auf unsicheren Prognosedaten. Dies betrifft hauptsächlich die Schätzung der Erlöse, weil diese in der Regel schwerer zu bestimmen sind als die Plankosten.
- **Wirtschaftlichkeit des Innovationscontrolling:** Die Implementierung und fortwährende Pflege eines Innovationscontrollings kostet Zeit und Geld. Es gilt abzuwägen, wie die Kosten für ein solches System im Verhältnis zum entstehenden Nutzen stehen.
- **Zuordnungsschwierigkeiten von Kosten und Erlösen:** Ein Erfassungs- und Zurechnungsproblem ist in der Kosten- und Leistungsrechnung generell gegeben.[792] Es existieren allerdings allgemein anerkannte Standards, zB zur Spezifizierung von F&E-Ausgaben. Derartige Standards können auch für Innovationen eines Unternehmens abgeleitet werden.

Zusammenfassend kann festgehalten werden, dass eine Innovationsabrechnung durchaus als Zweck des internen Rechnungswesens verstanden werden kann. Für eine erfolgreiche Unternehmenssteuerung ist ein funktionierendes Innovationscontrolling unerlässlich, um schwerwiegenden Fehlentscheidungen zu vermeiden.[793] Insbesondere beim erstmaligen Einsatz einer Innovationsabrechnung ist mit negativen Reaktionen und erheblichen Widerständen der Betroffenen zu rechnen.[794]

---

[791] Vgl. LITTKEMANN, 1998b, S. 1977 f.
[792] Vgl. BÖNING, 1969, S. 494 ff.
[793] Vgl. LITTKEMANN, 2005, S. 33
[794] Vgl. EBENDA

7.3 Strategisches Innovationscontrolling

7.3.1 Ziele und Aufgaben des strategischen Innovationscontrollings

Controlling ist allgemein ein Konzept zur Steuerung der Wertschöpfung in Unternehmen und lässt sich in strategisches und operatives Controlling gliedern. Gleiches gilt für das Innovationscontrolling. Die Bemühungen zur Bewältigung der wirtschaftlichen Herausforderung der Zukunft, werden in einer Formulierung von Knut HOLT zum Ausdruck gebracht: „Our future problem is not to do things right – but to find the right things to do."[795] Strategisches Controlling fragt danach, ob das Richtige gemacht wird. Die Frage: „Wird es richtig gemacht?" lässt sich dem operativen Controlling zuordnen.

Bei Innovationen kann weiters davon ausgegangen werden, dass in den frühen Phasen vorwiegend strategisches Innovationscontrolling und in den späten Phasen vorwiegend operatives Innovationscontrolling zum Einsatz kommt.[796]

Das strategische Innovationscontrolling fokussiert auf längerfristige und gesamtunternehmerische Entwicklungen. Jene Größen sind relevant, welche langfristig die Existenz des Unternehmens sichern. Das strategische Innovationscontrolling arbeitet vorwiegend mit qualitativen Informationen aus der relevanten Umwelt des Unternehmens. Quantitative Daten aus dem Rechnungswesen spielen nur eine Nebenrolle. Eine wesentliche Aufgabe des strategischen Innovationscontrollings besteht in der Auswahl der richtigen Innovationsprojekte.

Das operative Controlling ergänzt das strategische Controlling und grenzt sich durch seine Ausrichtung auf interne Aspekte der Unternehmung ab (Abbildung 48). Operatives Controlling strebt eine kurz- bis mittelfristige Gewinnorientierung an.[797]

	Strategisches Controlling	**Operatives Controlling**
Orientierung	Umwelt und Unternehmung: Adaption	Unternehmung: Wirtschaftlichkeit betrieblicher Prozesse
Planungsstufe	Strategische Planung	Taktische und operative Planung, Budgetierung
Dimension	Chancen/Risiken, Stärken/Schwächen	Aufwand/Ertrag, Kosten/Leistungen
Zielgrößen	Existenzsicherung, Erfolgspotential	Wirtschaftlichkeit, Gewinn, Rentabilität

Abbildung 48: Strategisches und operatives Controlling[798]

[795] Vgl. HOLT, in: FORSTHUBER, 1987, S. 6
[796] Vgl. LITTKEMANN, 2005, S. 130
[797] Vgl. HORVATH, 2003, S. 255
[798] Quelle: HORVATH, 2003, S. 256

Innovationen haben einen großen Einfluss auf die Stellung des Unternehmens am Markt. Häufig vergeht jedoch zwischen den ersten Ideen und der Markteinführung eines neuen Produktes oder einer neuen Dienstleistung viel Zeit. Das strategische Innovationscontrolling ist daher bestrebt, in der Zeitspanne zwischen Aufgabenidentifizierung und Markteinführung das Management mit entsprechenden Informationen und Handlungsempfehlungen zu versorgen. Damit verbunden sind zwei Herausforderungen an den Controller:[799]

- Abschätzen der langfristigen (unsicheren) Auswirkungen auf die Zukunft
- Bewusstsein darüber, dass gerade in den Anfangsphasen einer Innovation die Einfluss- und Gestaltungsmöglichkeit am größten sind

Die Aufgabe des strategischen Innovationscontrollings besteht bei einem langfristigen Planungshorizont in der Sicherung des Zielsystems des Innovationsmanagements.[800] Hier unterstützt das strategische Innovationscontrolling die strategische Führung des Innovationsmanagements durch die Koordination von strategischer Planung und Kontrolle mit der Informationsversorgung. Im Rahmen der Koordination überführt das Innovationscontrolling die strategische Innovationsplanung in konkrete Ziele und Steuerungsgrößen der operativen Innovationsplanung. Weitere Aufgabengebiete des strategischen Innovationscontrollings umfassen:[801]

- **Analyse von Innovationsfeldern**
  - Szenario-Technik
  - Externe Marktanalyse
  - Kundenanforderungen
  - Erstellung von Innovationsportfolios
- **Schaffung der Voraussetzungen für die Innovationstätigkeit**
  - Organisatorische Voraussetzungen für Innovationen
  - Personelle Voraussetzungen für Innovationen
  - Führungsvoraussetzungen für Innovationen
  - Beteiligungssystem für Mitarbeiter
- **Definition von Innovationszielen und Innovationsstrategien**

Im folgenden Abschnitt werden die Bedeutung und die Entwicklung einer Innovationsstrategie erarbeitet und grundlegende Innovationsstrategien vorgestellt.

---

[799] Vgl. Boutellier/Völker/Voit, 1999, S. 29
[800] Vgl. Serfling, 1992, S. 336-340
[801] Vgl. Horvath, 1998, S. 250

7.3.2 *Die Innovationsstrategie*

7.3.2.1 Entwicklung von Innovationsstrategien

Die grundlegende Aufgabe einer Strategie besteht darin festzulegen, welche Ziele erreicht werden sollen und wie diese erreicht werden können. Im Gegensatz zum Management von Routineprozessen ist Innovationsmanagement ohne klare strategische Orientierung undenkbar. Zur zielgerichteten Veränderung von Produkten, Verfahren, betrieblichen Organisationsstrukturen und anderen Objekten sowie für einen dauerhaften Wettbewerbsvorteil ist die langfristige Grundorientierung aller damit verbundenen Prozesse unerlässlich.[802]

Eine Innovationsstrategie legt die weitere Richtung der Innovationstätigkeit fest und gibt somit Handlungsorientierung für eine effektive Ideengenerierung. In einem weiteren Schritt wird die Zuteilung der erforderlichen Ressourcen durch entsprechende Budgets festgelegt. Die Innovationsstrategie eines Unternehmens sollte die Balance zwischen Kosten- und Risikobewertung einerseits und innovativer Weiterentwicklung des Produkt- und Leistungsangebotes andererseits berücksichtigen.

Laut HINTERHUBER sind für die Entwicklung von Strategien prinzipiell drei Schritte durchzuführen:[803]

- Analyse der strategischen Ausgangssituation
- Bestimmung der strategischen Zielposition
- Festlegung der Mittel und Wege zur Zielerreichung innerhalb bestimmter Zeiten und unter Berücksichtigung der Kosten

Analyse der strategischen Ausgangssituation: Ausgangspunkt für die Strategieentwicklung im Allgemeinen und für die Entwicklung einer Innovationsstrategie im Besonderen bildet eine differenzierte Analyse der gegenwärtigen wirtschaftlichen, technischen und sozialen Situation eines Unternehmens. Zu analysieren ist auch die Entwicklung des Unternehmens in den letzten Jahren sowie die Beziehungen zur Umwelt.[804] PLESCHAK/SABISCH schlagen folgende Analyseformen zur Erfassung der Ausgangssituation für die Innovationstätigkeit eines Unternehmens vor:[805]

- ***Potentialanalyse:*** Diese untersucht die gegenwärtigen und künftigen Ressourcen eines Unternehmens für künftige Unternehmensaktivitäten. Hauptergebnis der Potentialanalyse ist die Kenntnis, auf welchen Gebieten das Unternehmen besondere Fähigkeiten aufweist und für welche Potentialfaktoren deutliche Lücken bestehen.
- ***Umfeldanalyse:*** Durch eine detaillierte Analyse und Prognose des Unternehmensumfeldes ist es möglich, externe Einflüsse auf die Entwicklung des Unternehmens zu erkennen. Dazu empfiehlt sich, eine Unterteilung in politische, gesellschaftliche, wirtschaftliche und technische Aspekte vorzunehmen sowie eine Branchenanalyse durchzuführen.

---

[802] Vgl. PLESCHAK/SABISCH, 1996, S. 57
[803] Vgl. HINTERHUBER, 1989a, S. 106
[804] Vgl. PLESCHAK/SABISCH, 1996, S. 60
[805] Vgl. PLESCHAK/SABISCH, 1996, S. 61-63

- ***Stärken-Schwächen-Analyse:*** In der Stärken-Schwächen-Analyse werden die Ergebnisse der Potentialanalyse und der Wettbewerbsanalyse zusammengefasst. Es wird eine Bewertung der zentralen Stärken und Schwächen im Vergleich zu den Hauptmitbewerbern durchgeführt.
- ***Chancen-Risiken-Analyse:*** Bei der Chancen-Risiken-Analyse werden die Ergebnisse der Stärken-Schwächen-Analyse mit den Ergebnissen der Umfeldanalyse verknüpft. Eine Chance ergibt sich dort, wo eine Stärke des Unternehmens auf eine positive Entwicklung der Umwelt trifft.
- ***Portfolio-Analysen:*** Diese werden im Innovationsmanagement vor allem zur Analyse der strategischen Ausgangssituation des Unternehmens bzw. zur Analyse einzelner Geschäftseinheiten eingesetzt.

Bestimmung der strategischen Zielposition: Aufbauend auf die Analyse der strategischen Ausgangssituation werden Entscheidungen über den Einsatz von Innovationen in bestimmten Märkten und Technologien mit möglichst hohen Erfolgsaussichten getroffen. Dabei spielt die Formulierung eines quantitativen Zieles eine untergeordnete Rolle. Es soll vielmehr eine qualitative Bestimmung der Wettbewerbsposition erfolgen.[806]

- ***Auswahl strategischer Geschäfts- und Technologiefelder:*** Ziel der Innovationsstrategie ist es, dauerhafte Leistungs- und Erfolgspotentiale für die künftige Entwicklung des Unternehmens aufzubauen. Unter Potential werden die sachlich, räumlich und zeitlich definierten Möglichkeiten eines Systems zur Leistungserbringung in einem bestimmten Umfeld verstanden.[807]
- ***Strategische Erfolgsfaktoren:*** Jene Einflussfaktoren, die sich besonders auf das Erfolgspotential auswirken, werden als strategische Erfolgsfaktoren bezeichnet. Die Ermittlung und Gestaltung dieser Faktoren ist Aufgabe der strategischen Planung.[808]
- ***Lebenszyklus-Konzept:*** Das Lebenszyklus-Konzept beruht auf der Annahme, dass jedes Produkt und Verfahren einen typischen Entwicklungsverlauf nach Phasen nimmt. Jede Phase zeichnet sich durch spezifische Merkmale wie Wachstum, Marktpotential und Wirtschaftlichkeit aus. Aus den charakteristischen Merkmalen der einzelnen Phasen lassen sich wichtige Schlüsse für die Strategieplanung ableiten.[809]
- ***Erfahrungskurven-Konzept:*** Dieses von der Boston Consulting Group veröffentlichte Konzept baut darauf auf, dass bei einer Verdopplung des Produktionsvolumens in einer Zeitperiode die Stückkosten der produzierten Erzeugnisse potentiell um 20 bis 30 Prozent gesenkt werden können. Daraus resultieren die strategischen Handlungsempfehlungen, einerseits sich auf möglichst hohe Produktionsvolumina und damit Marktanteile für strategisch wichtige Produkte zu orientieren und andererseits Wachstumsmärkte prinzipiell zu bevorzugen.[810] Das Potential der Kostensenkung nach dem Erfahrungskurven-Konzept beruht insbesondere auf folgenden Teileffekten:[811]

[806] Vgl. HINTERHUBER, 1989a, S. 105
[807] Vgl. PLESCHAK/SABISCH, 1996, S. 61
[808] Vgl. EBENDA
[809] Vgl. PLESCHAK/SABISCH, 1996, S. 65
[810] Vgl. PLESCHAK/SABISCH, 1996, S. 65
[811] Vgl. HÖRSCHGEN/KIRSCH/KESSLER-PAWELKA/GRENZ, 1993, S. 102

- Degression der Fixkosten pro Umsatzeinheit mit steigendem Output
- Lernkurveneffekte durch so genannte Übungsgewinne (aufbau- und ablauforganisatorische Verbesserungen, bessere Auslastung von Maschinen u.ä.)
- Einführung technischer Neuerungen und Rationalisierungsmaßnahmen bei Erreichen bestimmter Größenordnungen
- Preiszugeständnisse von Lieferanten bei höheren Bestellmengen

- **Modell komplexer Einflussfaktoren (PIMS-Modell):** Das PIMS-Modell (PIMS = Profit Impact of Market Strategies) beruht auf einer weltweiten, branchenübergreifenden Untersuchung von 37 strategischen Einflussfaktoren auf die Rentabilität wie Produktqualität, Marktanteil und Ausgaben für F&E. Als dominierende strategische Erfolgsfaktoren lassen sich dabei der relative Marktanteil und das Marktwachstum hervorheben.[812]

- **Portfolio-Modelle:** Portfolio-Konzepte sind erstmals im finanzwirtschaftlichen Bereich eingesetzt worden und haben seit Aufstellung des Marktwachstum/Marktanteil-Portfolios durch die Boston Consulting Group eine vielfältige Verbreitung in der Unternehmensführung gefunden.[813]

Festlegung der Mittel und Wege zur Zielerreichung: Zur Realisierung der strategischen Innovationsziele müssen den einzelnen strategischen Geschäftsfeldern entsprechende personelle, materielle und finanzielle Ressourcen zugeteilt werden.[814] Für den Innovationserfolg ist die optimale Verteilung der Ressourcen zwischen einzelnen Geschäftseinheiten und Innovationsprojekten entscheidend. Für die Ressourcenzuteilung eignen sich beispielsweise oben erwähnte Marktwachstums/ Marktanteil-Portfolios.[815]

---

[812] Vgl. Dunst, 1983, S. 81- 86
[813] Vgl. Pleschak/Sabisch, 1996, S. 65
[814] Vgl. Pleschak/Sabisch, 1996, S. 68
[815] Vgl. Ebenda

7.3.2.2 *Formen von Innovationsstrategien*

Am Anfang strategischer Überlegungen zur Innovation steht die Frage, ob überhaupt eigene Innovationen angestrebt werden sollen. Die bewusste Entscheidung zur Nicht-Innovation ist somit ebenfalls eine strategische Entscheidung.[816] Unternehmen, die über die bewusste Nicht-Innovation und bloße Imitation hinausgehen wollen, müssen die strategische Entscheidung treffen, ob die Innovation innerhalb des Unternehmens durchgeführt wird oder ob sie institutionell vom laufenden Prozess getrennt wird.[817] In einer Untersuchung der 82 umsatzstärksten deutschen Industrieunternehmen stellte Hermen folgende Wahl der strategischen Innovationsoptionen fest:[818]

Interne F&E	53,4 %
Kooperation mit Lieferanten	15,3 %
Lizenznahme	9,9 %
Auftragsforschung	7,6 %
F&E-Kooperation	7,2 %
Kooperation mit Ingenieurbüros	3,5 %
Sonstige	3,0 %

Aus dieser Verteilung wird ein deutliches Übergewicht der innerbetrieblichen Innovation ersichtlich. HAUSCHILDT nimmt an, dass die genannten Ergebnisse von Branche und Zeit abhängen.[819] Im Folgenden werden beispielhaft Innovationsstrategien vorgestellt:

Bewusste Übernahme der Innovationen Dritter: Darunter werden jene organisatorischen Varianten verstanden, in denen sich eine Produkt- oder Prozessinnovation vollzieht, die nicht auf unternehmenseigene originäre Anstrengungen zurückgeht. Der Wandel wird von außen übernommen. Die eigentliche Innovation geht der Übernahmeentscheidung im Sinne des „ex-post-licensing" von GALINI/WINTER voraus.[820] Dabei werden die folgenden vier Fälle unterschieden:

- Innovationseinkauf
- Lizenznahme
- Kauf innovativer Unternehmen
- Imitation

[816] Vgl. HAUSCHILDT, 1997, S. 44
[817] Vgl. MACHARZINA, 1995, S. 609ff.
[818] Vgl. HERMES, 1995, S. 110
[819] Vgl. HAUSCHILDT, 1997, S. 46
[820] Vgl. GALINI/WINTER, 1985, S. 237 ff.

Ausgliederung der Innovationsfunktion: Darunter wird die Entscheidung des Unternehmens zu einer Durchführung von Innovationen verstanden, die jedoch in Kooperation[821] mit anderen Institutionen oder Unternehmen erfolgen. Beispielhaft seien folgende Formen angeführt:[822]

- Auftragsforschung
- Gemeinschaftsforschung
- Innovationskooperationen im engeren Sinne

Interne Innovationsgenerierung: Die interne Innovationsgenerierung kann hierarchisch betrachtet sowohl absichtsvoll TOP DOWN, wie auch zufallsbestimmt BOTTOM UP durchgeführt werden:[823] Bei einer Top-Down-Vorgangsweise wird die Innovationsrichtung vom Management vorgegeben. Beispielsweise wird auf Basis einer Marktforschung ein bisher ungelöstes Kundenproblem erkannt, das zur strategischen Grundausrichtung der Unternehmung passt. Daraufhin wird ein Produkt oder eine Dienstleistung erarbeitet, welche(s) diese Anforderungen erfüllt. Eine Bottom-Up-Vorgangsweise kann in der Tätigkeit eines Ingenieurs oder Wissenschaftlers liegen, der eine neue technische Möglichkeit und darin das Potential zur Entwicklung eines neuen Produktes entdeckt. Gleiches gilt, wenn ein Verkäufer bei einem Kundenbesuch ein bisher ungelöstes Problem identifiziert und dann einen neuen Lösungsweg erkennt. Unterstützt und beschleunigt wird der Innovationserfolg zusätzlich, wenn diese Idee in einen für das Unternehmen zukunftsrelevanten, vom Management als strategisch wichtig erachteten Bereich fällt.[824] Jedes Unternehmen, das sich auf nur einen der beiden Wege beschränkt, beraubt sich einer Vielzahl potentieller Geschäftschancen. Beide Ansätze haben Ihre Berechtigung und schließen einander nicht aus, sondern ergänzen sich: Jedes Unternehmen braucht eine Geschäftsstrategie für neue Produkte und Dienstleistungen. Gleichzeitig sollte auch eine Innovation von der Basis nicht vernachlässigt werden.[825]

Technologieorientierter Ansatz: Die grundsätzliche Aufgabe des strategischen Managements besteht in der Suche, Schaffung und Sicherung von Erfolgspotentialen durch die Auswahl wettbewerbsstarker Kombinationen in den drei Dimensionen Abnehmergruppen, Funktionserfüllung und eingesetzter Technologie.[826] Damit ein Unternehmen einen Wettbewerbsvorsprung in den Augen der Kunden aufbauen kann, lässt sich dies bei begrenzten Ressourcen meist nur durch Spezialisierung auf zumindest einen der drei Dimensionen erreichen. Ein Unternehmen hat somit drei Möglichkeiten seine Innovationstätigkeit auszurichten:

- Abnehmergruppenzentriert = Kundenorientiert
- Abnehmerfunktionenzentriert = Problemlösungsorientiert
- Technologiezentriert = Technik- oder Materialorientiert

---

[821] Unter Kooperation wird die auf stiller oder vertraglicher Vereinbarung beruhende Zusammenarbeit zwischen rechtlich und wirtschaftlich selbständigen Unternehmen durch Funktionsabstimmung oder Funktionsausgliederung und –übertragung auf einen Kooperationspartner im wirtschaftlichen Bereich verstanden. (Vgl. ROTERING, 1990, S. 41 in HAUSCHILDT, 1997, S. 67)
[822] Vgl. HAUSCHILDT, 1997, S. 67 ff.
[823] Vgl. COOPER, 2002, S. 178
[824] Vgl. EBENDA
[825] Vgl. COOPER, 2002, S. 180
[826] Vgl. ABELL, 1980, o.S.

Dabei ist es wesentlich nicht zu übersehen, dass bei Konzentration auf eine der drei Dimensionen auch in den anderen Dimensionen bestimmte Mindestanforderungen erfüllt sein müssen, um eine klare Positionierung am Parkt zu erreichen und damit das Angebot vom Kunden angenommen wird.[827]

Lt. WITTEK werden sich die Produktinnovationen künftig hin zu System-Innovationen verlagern, die die bestehender Produktionsmöglichkeiten, offenen Kundenproblem und Schnittstellen zwischen den einzelnen Gliedern der Leistungskette einbeziehen und ausnutzen.[828] Aufgabe des Innovationsmanagements ist es in diesem Kontext für die zielorientierte Bereitstellung, Weiterentwicklung und Verwertung von solchen Technologien zu sorgen, die diese umfassende Produktqualität eines Unternehmens positiv beeinflussen.

Neue Technologien determinieren die Wettbewerbsposition einzelner Unternehmen als auch die Wettbewerbsbedingungen einer gesamten Branche. Daher bringen sie sowohl für das einzelne Unternehmen wie auch für die gesamte Branche neue Chancen und Risiken (beispielsweise bei Substitutionsprozessen). Die Intensität der Auswirkungen hängen dabei vom Entwicklungsstadium der Technologie und vom Systemzusammenhang des durch die neue Technologie gelösten Kundenproblems ab.[829]

Technologien werden nach ihrem jeweiligen Entwicklungsstadium im Technologielebenszyklus in Basis-, Schlüssel- und Schrittmachertechnologien unterschieden:[830]

- **Verdrängte Technologien**: Verdrängte Technologien sind bisherige Basistechnologien, die durch bisherige Schlüsseltechnologien verdrängt werden oder in unbedeutende Randbereiche verdrängt werden. Sie spielen als Wettbewerbsfaktor kaum noch eine Rolle.
- **Basistechnologien**: Unter Basistechnologie versteht man das Basis-Know-How, welches für ein Unternehmen erforderlich ist um am Wettbewerb in einer bestimmten Branche oder Industrie teilnehmen zu können. Basistechnologien befinden sich meist in der Reifephase ihres Lebenszyklus. Basistechnologien sind die Voraussetzung zur Lösung eines Kundenproblems, bieten jedoch kaum Differenzierungsmöglichkeiten.
- **Schlüsseltechnologie**: Mit Schlüsseltechnologien können für den Kunden relevante Aufgaben gelöst werden, welche für den Kunden besonders wichtig sind und von der Konkurrenz nicht im selben Ausmaß gelöst werden können. Schlüsseltechnologien haben einen signifikanten Einfluss auf die Leistungsmerkmale von Produkten bzw. Dienstleistungen und damit auf die Dynamik des Wettbewerbs. Damit erfolgt über die Schlüsseltechnologien die Differenzierung der einzelnen Wettbewerber am Markt. Gelingt es einem Unternehmen durch kontinuierliche Entwicklung, die technologischen Potentiale außer

[827] Vgl. FORSTHUBER/KROPFBERGER, 1989, S. 77
[828] Vgl. WITTEK, 1987, S. 37
[829] Vgl. FORSTHUBER/KROPFBERGER, 1989, S. 78
[830] Vgl. GÄLWEILER, 1977, S. 102

Reichweite der Mitbewerber zu halten, oder durch entsprechenden Patentschutz abzusichern, dann kann diese Technologie über lange Zeit als Differenzierungsinstrument gegenüber dem Wettbewerb eingesetzt werden.[831]

- **Schrittmachertechnologie**: Schrittmachertechnologien befinden sich in einer frühen technologischen Lebenszyklusphase und sind gegenwärtig am Markt in einer bestimmten Branche noch nicht relevant. Sie haben jedoch das Potential in der Zukunft die Wettbewerbsstruktur wesentlich zu verändern.[832]
- **Neue Technologien**: Neue Technologien ergeben sich vor allem aus neueren Erkenntnissen der Grundlagenforschung, sie sind bisher jedoch kaum in die Produkte integriert. Ihre Wettbewerbsrelevanz ist daher noch äußerst gering (zB: Lichtwellen als Basis neuer Rechnergenerationen).[833]

7.3.3 Instrumente des strategischen Innovationscontrollings

Für den Erfolg des Innovationscontrollings ist ein fein abgestimmtes Instrumentarium, welches den gesamten Innovationsprozess als Regelkreis planen und steuern lässt von Bedeutung. Im Folgenden wird eine Auswahl gängiger Ansätze vorgestellt, deren Schwerpunkt auf zukunftskompatiblen, strategischem Innovationscontrolling liegt.[834]

Technologie/Anwendungsmatrix: Der Auswahl einzelner Innovationsvorhaben geht die systematische Suche nach attraktiven Geschäftsfeldern voran. Eine Hilfestellung dazu bietet die Technologie/Anwendungsmatrix. Die wesentliche Voraussetzung für Aussagekraft und Nutzen dieses Instrumentes ist eine sorgfältige Marktsegmentierung nach Anwendungsgebieten und die Identifikation der zur Erfüllung der Produkt- und Anwendungserfordernisse wesentlichen Technologien. Durch die Gegenüberstellung der Kunden- und Marktanforderungen mit den verfügbaren Technologien wird deutlich, welche Segmente ein hohes Verbesserungspotential bergen.[835]

Kopplungsmatrix: Vision und Strategie eines Unternehmens geben den Rahmen und die konkreten Ziele für seine Innovationstätigkeit vor. Umgekehrt beeinflussen die sich aus Wissenschaft und Technik ergebenden Möglichkeiten ihrerseits die Innovationsziele. Ein angemessener Mitteleinsatz setzt voraus, dass die aus der Strategie abgeleiteten Innovationsanforderungen ausreichend konkret sind. Zur Konkretisierung der Unternehmensstrategie müssen die strategischen Aussagen bis hin zu konkreten Aktionsplänen operationalisiert werden.[836] Bei der Operationalisierung der Unternehmensstrategie hat sich das Instrument der Kopplungsmatrix in vielen Unternehmen als hilfreich erwiesen. Die Kopplungsmatrix verdeutlicht die Übereinstimmung zwischen strategischen Anforderungen des Unternehmens und dem sinnvollen Einsatz von Wissenschaft und Technik.

---

[831] Vgl. SOMMERLATTE/DESCHAMPS, in: FORSTHUBER/KROPFBERGER, 1989, S. 79
[832] Vgl. SCHNEIDER, 2002, S. 51
[833] Vgl. EBENDA
[834] Vgl. STEINLE/EGGERS/LAWA, 1998, S. 171
[835] Vgl. EBENDA
[836] Vgl. EBENDA

Eine Dimension der Kopplungsmatrix stellen die Aktionspläne dar, welche sich aus der Unternehmensstrategie ergeben. Eine zweite Dimension der Kopplungsmatrix besteht in der F&E-Unterstützung. Die laufenden und geplanten Innovationsprojekte werden den Aktionsplänen gegenübergestellt. Für die einzelnen in die Matrix einzuordnenden Aktivitäten werden Budget und Zeitrahmen angegeben, so dass Lücken in der F&E-Unterstützung oder falsche Ausrichtung bzw. falsche Mitteldotierung einzelner Projekte sichtbar werden. Durch die Kopplungsmatrix wird der strategische Beitrag jedes einzelnen Innovationsschrittes dargestellt. Zudem kann die ausreichende Mittelversorgung der einzelnen Innovationsvorhaben erkannt werden. Die Kopplungsmatrix ermöglicht somit die übersichtliche Darstellung der strategischen Schwerpunktsetzung des Unternehmens sowie eine regelmäßige Kontrolle der Umsetzung. Das macht sie zu einem wertvollen Instrument des strategischen Innovationscontrollings.[837]

Portfolioanalysen: Da in den frühen Phasen der Innovation sowohl markt- als auch technologieseitig nur wenige Informationen verfügbar sind, fußt die Bewertung der Innovationsprojekte auf qualitativen Kriterien. In Anbetracht dieser Ausgangssituation leisten die verschiedenen Portfolio-Methoden gute Dienste.[838]

Bei Portfolioanalysen werden mehrere Untersuchungsergebnisse in einem zweidimensionalen Raster dargestellt. Die beiden Dimensionen des Portfolios korrespondieren mit den zu behandelnden Fragestellungen. Durch eine relative Ordnung der Ergebnisse im Portfolio kann eine Rangordnung abgeleitet werden. Eine quantitative Bewertung von Projekten ist hier nur sekundär.[839] Der Wert von Innovationsportfolios liegt weniger in der resultierenden graphischen Darstellung als im Prozess der objektivierenden, gemeinsamen Analyse, in die das vereinigte Wissen des gesamten Unternehmens einfließt.[840]

Das regelmäßige Verfolgen von Trends liefert wertvollere Informationen als eine rein statische Betrachtung. Die laufende Zusammenstellung aller Projekte in einem Portfolio ist damit keine einmalige Tätigkeit, sondern ein unverzichtbarer Bestandteil des strategischen Innovationscontrollings. Weitere Instrumente des strategischen Innovationscontrollings sind die SWOT-Analyse, die Potentialanalyse, die Wettbewerbsanalyse, die Erfolgsfaktorenanalyse, die GAP-Analyse und die Wertschöpfungsketten-Analyse.[841]

---

[837] Vgl. STEINLE/EGGERS/LAWA, 1998, S. 172
[838] Vgl. WEBER, 1999, S 54ff.
[839] Vgl. STEINLE/EGGERS/LAWA, 1998, S. 173
[840] Vgl. EBENDA
[841] Vgl. WEBER, 1999, S. 54 ff.

7.4 Operatives Innovationscontrolling

7.4.1 Ziele und Aufgaben des operativen Innovationscontrollings

Während beim strategischen Controlling die nachhaltige Existenzsicherung durch den Aufbau von Erfolgspotentialen oberste Zielsetzung ist, steht beim operativen Controlling das Gewinnziel im Mittelpunkt der Betrachtung. Gewinne sind Voraussetzung zur Sicherung der Liquidität und damit die Basis für den Fortbestand des Unternehmens. Erfolgspotentiale können die Existenz nicht nachhaltig sichern, erst ihre tatsächliche Nutzung bringt den gewünschten Erfolg bzw. Gewinn.[842]

Gewinnsicherung durch Innovationsprojekte erfordert, dass auf Basis der Innovationsstrategie eine ausreichende Anzahl von Innovationsprojekten initiiert und erfolgreich realisiert wird. Fehlgeschlagene Innovationsprojekte bedeuten nicht nur fehlende Umsatz- und Gewinnträger in der Zukunft, sondern auch den Verlust der investierten Mittel. Insofern ist die gegenwärtige und zukünftige Gewinnsituation im Unternehmen vom Erfolg der Innovationstätigkeit abhängig.[843]

COOPER definiert folgende Zielsetzungen und Aufgabenstellungen des operativen Innovationscontrollings zur Gestaltung des Innovationsprozesses:[844]

- Sicherung der Qualität der Durchführung des Innovationsprozesses
- Scharfe Fokussierung und Prioritätssetzung
- Parallele Prozessabwicklung mit hohem Tempo
- Bereichsübergreifendes Teamwork
- Marktorientierung und Integration der Bewertung durch den Kunden
- Fokus auf den Wettbewerbsvorteil der Produkte und Prozesse

Die betriebswirtschaftliche Innovationsforschung stellt den **Innovationsgrad** als Parameter für den Einsatz von Managementaktivitäten und –instrumenten im Verlauf eines Innovationsprozesses heraus. Zur Ermittlung des Innovationsgrads wurden viele, zum Teil höchst komplexe Konstrukte erarbeitet[845], über deren Operationalisierung allerdings noch diskutiert werden müsste.[846]

Zur Bestimmung des Innovationsgrades empfiehlt sich der Einsatz innovationsspezifischer Check-Listen, die das Ausmaß des technologischen und anwendungsbezogenen Fortschritts bestimmen.[847] Für den jeweiligen Innovationsaspekt werden wie in einem Scoring-Modell-Punkte vergeben. Durch Addition der Punktzahlen wird ein Gesamt-Innovations-Score ermittelt. Bei Überschreiten eines zuvor festgelegten Grenzwertes wird das Projekt als innovativ eingestuft und der routinemäßigen Behandlung entzogen. Innerhalb der Einstufung „innovativ" können wiederum Grenzwerte für den Grad der Innovativität festgelegt werden. Je nach Höhe des Innovati-

[842] Vgl. STOCKBAUER, 1989, S. 194
[843] Vgl. EBENDA
[844] Vgl. COOPER, 2002, S.128
[845] Vgl. SALOMO, 2003, S. 401 ff.
[846] Vgl. LITTKEMANN, 2005, S. 132
[847] Vgl. HAUSCHILDT, 2004, S. 20

onsgrads kommen dann unterschiedliche Methoden und Instrumente des Innovationscontrollings zum Einsatz.[848] Kennzahlen wie der Innovationsgrad bilden ein wesentliches Analyse- und Kontrollinstrument im operativen Controlling. Sie geben in komprimierter Form über betriebswirtschaftliche Sachverhalte Auskunft und bilden durch eine aussagefähige Verdichtung sowie durch Relativierung von Basisdaten eine wertvolle Entscheidungsgrundlage im Planungs- und Kontrollprozess.[849]

7.4.2 Instrumente des operativen Innovationscontrollings

Die traditionellen Controllinginstrumente können nicht unbesehen zum Controlling von Projekten mit einem hohen Innovationsgrad übernommen werden. Es kommen vielmehr modifizierte Verfahren zum Einsatz, welche die abrechnungsspezifischen Eigenschaften einer Innovation (insbesondere Projekt-, Erfolgs- und Zukunftsbezug) berücksichtigen, dennoch auf den bekannten Gestaltungsmerkmalen des Rechnungswesens, vor allem der quantitativ-monetären Abrechnung, aufbauen. Hierzu zählen:[850]

- Prozesskostenrechnung
- Target Costing
- Transaktions- und Koordinationskostenrechnung
- Innovationsergebnisrechnung

Für Projekte mit einem hohen Innovationsgrad erscheinen folgende Ansätze viel versprechend:[851]

- Offenhaltung des Zielbildungs- und Problemlösungsprozesses
- Bevorzugte Kreativitätstechniken zur Alternativenfindung: Synektik und Bionik (eingeschränkt, weil sehr anspruchsvoll)
- Geeignete Projektorganisationsformen: vor allem reine Projektorganisation, gegebenenfalls Matrixorganisation
- Direkte projektübergreifende Gremien: Lenkungsausschuss, gegebenenfalls Management
- Tendenziell objektorientierter Einsatz von Strukturplänen
- Projektcontrolling durch qualitative und semi-quantitative Verfahren (Einsatz von Rechnungen lediglich in Form von Investitionsrechnungen mit zahlungsorientierten, aber undiskontierten Größen)

Im Vergleich zu Projekten mit hohem Innovationsgrad hat das Kostenmanagement bei Projekten mit einem niedrigen Innovationsgrad ein deutlich höheres Gewicht. In der Regel lassen sich bei diesen Projekten die Kosten wesentlich leichter kalkulieren, nachdem auf Erfahrungswerte zurückgegriffen werden kann.[852] Daneben ist auch der Ergebnisbezug von Interesse, denn erst die Differenz zwischen Erlösen und Kos-

---

[848] Vgl. LITTKEMANN, 2005, S. 132
[849] Vgl. STOCKBAUER, 1989, S. 348
[850] Vgl. LITTKEMANN, 2005, S. 135
[851] Vgl. LITTKEMANN, 2005, S. 148
[852] Vgl. LITTKEMANN, 2005, S. 143

ten signalisiert, ob ein Projekterfolg vorliegt. Für die Ausgestaltung des Innovationscontrollings sind in diesem Fall regelmäßige Informationen über die angefallenen Projektkosten und –erlöse notwendig, die zum Zwecke einer Abweichungsanalyse in Relation zu den geplanten Größen sowie zum zeitlichen Projektforschritt gesetzt werden.[853] Daraus resultieren häufig Probleme der

- Kostenplanung
- Kostenzurechnung
- Kostenerfassung
- Kostenüberschreitung
- Informationsübermittlung

Für Projekte mit einem niedrigen Innovationsgrad bieten sich folgende Ansätze zur Durchführung an:[854]

- Relativ klare Eingrenzung des Zielbildungs- und Problemlösungsprozesses
- Bevorzugte Kreativitätstechniken zur Alternativenfindung: Brainwriting und Morphologische Analyse
- Geeignete Projektorganisationsformen: meist als Projektmanagement in der Linie oder als Einfluss-Projektmanagement, gegebenenfalls als Matrix
- Direkte projektübergreifende Gremien: Steuerungskommitees sowie Beratungs- und Informationskollegien
- Tendenziell verrichtungsorientierter Einsatz von Strukturplänen
- Projektcontrolling durch quantitative Verfahren (insbesondere mit Instrumenten aus dem traditionell aufgebauten innerbetrieblichen Rechnungswesen)

7.4.3 Innovationssteuerung mit dem Stage-Gate-Verfahren

Viele Unternehmen sehen sich vor die interdependente Aufgabe gestellt, einerseits die Zeit für einen Innovationszyklus zu reduzieren und dabei gleichzeitig die Erfolgsquote der Innovationsprojekte zu erhöhen. Ein hilfreiches Instrument zur Operationalisierung dieser interdependenten Zielstellung ist die Stage-Gate-Innovationssteuerung nach COOPER.[855] Im Folgenden soll am Beispiel der Stage-Gate-Innovationssteuerung nach Cooper Leistungsfähigkeit und Grenzen eines aktuellen Instruments des operativen Innovationscontrollings dargestellt werden.

Die Stage-Gate-Steuerung kann als ein systematischer Prozess, auch als Schema oder Route bezeichnet werden, um eine Innovationsidee durch die verschiedenen Phasen bis hin zur Realisierung (Markteintritt) zu führen. Auf dieser Route werden kritische Erfolgsfaktoren und Praktiken zur Steigerung der Effektivität der Programme berücksichtigt. Als besondere Herausforderung bei Innovationsprozessen wurde bereits die Vermischung von Kreativität und Disziplin herausgehoben.[856]

---

[853] Vgl. EBENDA
[854] Vgl. LITTKEMANN, 2005, S. 148
[855] Vgl. COOPER, 2002, S.128
[856] Vgl. HAUSCHILDT, 2004, o.S.

Nach COOPER kann der Innovationsprozess in vier, fünf oder sechs klar identifizierbare Abschnitte (=Stages) gegliedert werden. Die Abschnitte sind so angelegt, dass all jene Informationen gesammelt werden können, die erforderlich sind, damit das nächste Tor beziehungsweise der nächste Entscheidungspunkt passiert werden kann. Jeder dieser Abschnitte ist bereichsübergreifend strukturiert. Es gibt keinen eigenen F&E- oder Marketing-Abschnitt. Stattdessen werden eine bestimmte Menge paralleler Aktivitäten von Mitarbeitern aus funktional unterschiedlichen Unternehmensbereichen ausgeführt. Im Folgenden werden die Phasen des Stage-Gate-Prozesses nach Cooper vorgestellt:[857]

Stage 1 = Scoping (Bestimmung der Reichweite): In der ersten Phase soll ein Überblick über das Innovationsprojekt geschaffen werden. Insbesondere sollen technische und marktbezogene Vorteile des Projektes herausgearbeitet werden. Der Ressourcenaufwand dieser Tätigkeit sollte weniger als einen Monat bei einem Aufwand von insgesamt 10-20 Arbeitstage betragen. In diesem Abschnitt sind zeitgleich eine vorbereitende Markteinschätzung und eine vorbereitende technische Einschätzung durchzuführen. Gegenstand der Markteinschätzung sind: Internetsuche, Suche in der Bibliothek, Kontakte mit Schlüsselnutzern, Zielgruppen, Feststellen von Marktpotential und Marktakzeptanz für das neue Produkt; erste Konturen für das Produktkonzept, etc. Hinsichtlich der vorbereitenden technischen Einschätzung hat eine Abschätzung des Projektvorschlags hinsichtlich seiner Machbarkeit, der Zeit und des Aufwands sowie hinsichtlich der Hindernisse durch Gesetze und Vorschriften zu erfolgen.[858]

Stage 2 = Building the Business Case: Das Abstecken des Projektrahmens öffnet den Weg zur Entwicklung des neuen Produktes. Detaillierte Untersuchungen werden angestellt, das Produkt wird definiert und in seiner Attraktivität geprüft. Den Schwerpunkt in diesem Abschnitt bilden einerseits die Produktdefinition (durch Festlegung des Zielmarkts, Darlegung des Produktkonzepts, Spezifizierung der Positionierungsstrategie, Eruieren des Kundennutzen, spezifizieren der Produktmerkmale) und andererseits eine detaillierte Marktuntersuchung (durch Marktuntersuchung, Marktforschung, eruieren der Bedürfnisse, Wünsche und Vorlieben des Kunden; Analyse der Wettbewerbssituation und eine detaillierte Machbarkeitsanalyse). Im Ergebnis steht der unternehmerische Rahmen für das Innovationsprojekt.[859] Der zweite Abschnitt erfordert einen wesentlich höheren Aufwand aufgrund vieler Informationsquellen. Lt. COOPER ist es zweckmäßig, diesen Abschnitt von einem bereichsübergreifenden Team durchführen zu lassen, welches schon die Kerngruppe eines möglichen Projektteams bildet.[860]

Stage 3 = Development: Schwerpunkte des dritten Abschnitts bilden die Entwicklung des Produktes und die Umsetzung des Entwicklungsplanes. Parallel zur technischen Produktentwicklung werden Maßnahmen im Management zur weiteren Projektdurchführung realisiert. Beispielsweise werden Marktanalysen erstellt und Kundenfeedback zum jeweiligen technischen Ist-Stand eingeholt. In diesem Fall empfehlen sich iterative Prozesse, bei denen jedes Resultat dem Kunden präsentiert und seine Reaktion sogleich als Feedback in den Prozess eingespeist werden kann.

---

[857] Vgl. COOPER, 2002, S.146
[858] Vgl. COOPER, 2002, S. 151f.
[859] Vgl. KLEINSCHMIDT/GESCHKA/COOPER, 1996, S. 55
[860] Vgl. COOPER, 2002, S.154

Zeitgleich werden in dieser Phase detaillierte Testpläne, Pläne für die Markteinführung, Produktionspläne u.ä. erstellt. Ebenfalls sollen die Finanzanalysen verbessert, Rechts- und Patentfragen geklärt und einschlägige Normen und Vorschriften betreffende Sachverhalte geklärt werden.[861]

Stage 4 = Testing and Validation: In diesen Abschnitt fallen alle Aktivitäten, die die ausgewählten Ideen zuerst produktionsreif und dann marktreif machen.[862] In diesem Abschnitt wird das gesamte Spektrum des Innovationsvorhabens unternehmensintern und -extern getestet und evaluiert. Dazu zählen das Produkt, der Produktionsprozess, die Kundenakzeptanz sowie Finanzielle Aspekte. Führen Teilbereiche zu negativen Resultaten, so wird das Projekt in den dritten Abschnitt zurück verlagert.[863]

Stage 5 = LAUNCH (Realisierung): Im fünften Abschnitt erfolgt die eigentlich Einführung einer Produkt- oder Dienstleistungsinnovation in den Markt, bzw. die Umsetzung einer Prozessinnovation im eigenen Unternehmen.[864] Dazu werden die in den Vorabschnitten ausgearbeiteten Detailpläne für Produktion und Vermarktung realisiert. Wurden die bisherigen Abschnitte erfolgreich durchlaufen und treten keine unvorhersehbaren Ereignisse ein, so sollte einer erfolgreichen Realisierung des Innovationsprojektes nichts mehr im Wege stehen.[865]

Parallel zu den Abschnitten sollen jetzt die Meilensteine oder Gates betrachtet werden. Jeder Übergang von einer Innovationsphase in die Nächste ist an das Erreichen definierter Meilensteine (Gates) gebunden. Vor jedem neuen Abschnitt befindet sich ein Meilenstein bzw. Gate. An diesen Gates trifft sich das ganze Team mit den zusammengetragenen Informationen und entscheidet über den weiteren Verlauf des Projektes. Es werden Fortsetzungs- oder Abbruchsentscheidungen getroffen, Prioritäten vergeben und der weitere Projektablauf bestimmt. Alle Gates weisen in Hinblick auf die Kriterien, an denen das Team gemessen wird, eine ähnliche Struktur auf. Im Stage-Gate-Prozess existieren dazu folgende Anforderungen und Kriterien:[866]

Gate 1 = IDEA SCREEN: Am Ausgangspunkt jeder Innovation steht eine Idee. Diese löst einen Prozess aus und bestimmt maßgeblich den weiteren Prozessverlauf. Jedoch kann kein Prozess Defizite bei der Ideengenerierung vollständig kompensieren. Deshalb wird in vielen Unternehmen die aktive Gewinnung von Ideen durch unterschiedliche Maßnahmen besonders gefördert. In diesen Bereich fallen technische Grundlagenforschung, Ideenwettbewerbe sowie die Zusammenarbeit mit führenden Kunden.[867] COOPER bezeichnet das erste Tor als sanftes Tor und empfiehlt lediglich eine Handvoll wünschenswerter Kriterien. Entscheidungskriterien für den Durchgang am ersten Tor können die strategische Ausrichtung, die Machbarkeit des Projektes, das Ausmaß der sich bietenden Chance, die Marktattraktivität, der Kundennutzen sowie die produktpolitische Ergänzung zum Programm des Unternehmens sein. Finanzielle Berechnungen sind in dieser Phase kein Entscheidungskriterium.[868]

---

[861] Vgl. COOPER, 2002, S. 157f.
[862] Vgl. LAMBERTZ/GECKELER, 1995, S. 87
[863] Vgl. COOPER, 2002, 155f.
[864] Vgl. LAMBERTZ/GECKELER, 1995, S. 87
[865] Vgl. COOPER, 2002, S.143
[866] Vgl. COOPER, 2002, S.148
[867] Vgl. KLEINSCHMIDT/GESCHKA/COOPER, 1996, S. 54
[868] Vgl. COOPER, 2002, S.146

Gate 2 = SECOND SCREEN: Am zweiten Tor wird das Projekt einem rigideren Screening unterzogen.[869] Im Wesentlichen werden die Kriterien des ersten Tores angewendet und durch zusätzlich wünschenswerte ergänzt. Solche Kriterien können Kundenreaktionen, Vertriebsmöglichkeiten, rechtliche, technische und regulatorische Aspekte sein. Die Basis für die Bewertung bilden ausnahmslos Ergebnisse der im ersten Abschnitt gesammelten Daten. In dieser Phase ist auch auf Grundlage einer raschen Kalkulation zu beurteilen, ob sich das Projekt ökonomisch lohnt. Das zweite Tor besteht aus einer Kombination notwendiger Kriterien und wünschenswerter Aspekte. Bei den notwendigen Kriterien müssen alle Ergebnisse positiv ausfallen, andernfalls wird das Projekt beendet.[870]

Gate 3 = Go to DEVELOPMENT: Hier besteht die letzte Möglichkeit, das Innovationsprojekt noch vor dem Entstehen massiver Entwicklungskosten abzubrechen, denn die Fortsetzung des Projektes ist mit der Investition von erheblichen Mitteln verbunden. Der qualitätsbezogene Blickwinkel erfordert, eine Übersicht über die im zweiten Abschnitt durchgeführten Aktivitäten zu gewinnen. Zusätzlich zu den Kriterien des zweiten Tores haben die Resultate der Finanzanalyse zentralen Entscheidungseinfluss. Wird für das Innovationsvorhaben eine positive Entscheidung getroffen, so wird damit der eingeschlagene Weg akzeptiert und die Pläne für Entwicklung, Ausführung und Vermarktung gebilligt.[871]

Gate 4 = Go to TESTING: In diesem Schritt wird der Projektfortschritt und die anhaltende Attraktivität des gesamten Projektes geprüft. Weiterhin erfolgt die Sichtung und Kontrolle der Entwicklungsarbeit zur Verifikation, ob das entwickelte Produkt tatsächlich mit der an Gate 3 definierten Aufgabenstellung übereinstimmt.[872] Lt. COOPER erfolgt an Gate 4 auch eine erneute Überprüfung der aktualisierten ökonomischen Daten des Innovationsprojektes. Test- und Prüfpläne für den nächsten Abschnitt werden genehmigt und die ausgearbeiteten Marketing- und Produktionspläne überprüft.[873]

Gate 5 = Go to LAUNCH: stellt das letzte Tor zur Markteinführung und damit zur vollen Kommerzialisierung des Innovationsvorhabens dar. An diesem Tor besteht letztmals die Möglichkeit, das Projekt vor Markteintritt abzubrechen. Dieses Gate fokussiert auf die Qualität der Aktivitäten im Test- und Validierungsabschnitt. Kriterien für das Passieren des 5. Tores sind in erster Linie das erwartete finanzielle Ergebnis, die Angemessenheit der Pläne für Markteintritt und Produktionsbeginn. Diese Pläne werden geprüft und gegebenenfalls in Abschnitt 5 zur Realisierung freigegeben.[874]

POST-Launch Review: Nach erfolgtem Markteintritt nähert sich der Zeitpunkt (6-19 Monate), an dem das Innovationsprojekt für das neue Produkt endet und dieses in die Standardorganisation des Unternehmens übergeben wird. Zu diesem Zeitpunkt empfiehlt es sich, eine Evaluierung sowohl des Projektablaufes als auch des Produktes vorzunehmen.[875]

---

[869] Vgl. KLEINSCHMIDT/GESCHKA/COOPER, 1996, S. 55
[870] Vgl. COOPER, 2002, S.154
[871] Vgl. KLEINSCHMIDT/GESCHKA/COOPER, 1996, S. 56
[872] Vgl. EBENDA
[873] Vgl. COOPER, 2002, S.156
[874] Vgl. EBENDA
[875] Vgl. KLEINSCHMIDT/GESCHKA/COOPER, 1996, S. 57

In dieser Phase ist es möglich, die realen Daten über Einnahmen, Kosten, Aufwendungen, Gewinn, Zeitablauf, abgesetzte Stückzahlen, Kundenakzeptanz etc. zu erheben und mit den erwarteten Werten zu vergleichen. Zur Evaluierung des Projektablaufes werden Stärken und Schwächen des Prozesses und der Teammitglieder evaluiert sowie Verbesserungsmöglichkeiten für die Zukunft abgeleitet. Das Projektteam und der Projektleiter bleiben auch während des Zeitraumes nach dem Markteintritt bis zur Übergabe in die Standardorganisation mit abschließender Evaluierung für das Innovationsprojekt verantwortlich. Erst nach erfolgter Evaluierung des gesamten Innovationsprojektes löst sich das Innovationsteam auf oder kümmert sich nun um das nächste Innovationsvorhaben.[876]

Wie bei vielen Phasenmodellen des Innovationsprozesses wird unterstellt, dass diese linear verlaufen, d. h. dass sich der Innovationsprozess von Phase zu Phase fortsetzt. Meist ist es jedoch so, dass die ersten Phasen in der Regel mehrfach durchlaufen werden bis man zur Auswahlphase gelangt. Darüber hinaus ergeben sich häufig Warteschleifen, die auf dem Weg zu Teillösungen erforderlich sind.[877]

Lt. COOPER sollte der Stage-Gate-Prozess nicht mit dem traditionellen, von der NASA entwickelten „phased review"-Prozess verwechselt werden. Bei diesem wird der Innovationsprozess in einzelne Abschnitte aufgeteilt, wobei in jedem Abschnitt ein einzelner Funktionsbereich oder eine Abteilung ihren Beitrag zum Innovationsvorhaben leistet. Dieses sequentielle Arbeiten verlängert den Prozess der Neuproduktentwicklung auf nahezu das Doppelte. Vergleichbar erscheint ein Staffellauf, der zusätzlich zur sequentiellen Abfolge noch durch die zahlreichen Übergaben im Prozess verzögert wird. Zudem gibt es kein durchgängiges Engagement eines Teams von Anfang bis zu Ende und damit auch keine wirklich Verantwortlichen.[878]

Der Stage-Gate-Prozess ist auf Geschwindigkeit ausgelegt. Die einzelnen Abschnitte sind multifunktional angelegt, so dass die einzelnen Aktivitäten parallel nach klar definierten Anforderungen für ein effektives Arbeiten durchgeführt werden können. Zudem gibt es ein multifunktional zusammengesetztes Team mit einer klaren Projektleitung.[879]

Der Stage-Gate-Prozess bildet einen typischen Projektablauf ab. Er ist ein empfohlenes Ablaufschema, welches an die Erfordernisse des jeweiligen Unternehmens bzw. Innovationsvorhabens anzupassen ist. Nicht jedes Projekt durchläuft alle Tore und bei jedem einzelnen Projekt gibt es Aktivitäten, die entfallen oder umgangen werden können. Genauso ist es möglich, Aktivitäten von einem Abschnitt in einen anderen zu verlagern.[880]

Der Stage-Gate-Prozess ist ein Makroprozess, also ein Prozess, der andere Prozesse leitet. Projektmanagement hingegen ist nach COOPER ein Mikroprozess und kann daher durch Stage-Gate nicht ersetzt werden. Hingegen macht es Sinn in den einzelnen Phasen des Stage-Gate-Prozesses Methoden des Projektmanagements einzusetzen.[881]

[876] Vgl. COOPER, 2002, S.161
[877] Vgl. LAMBERTZ/GECKELER, 1995, S. 87
[878] Vgl. COOPER, 2002, S.162
[879] Vgl. EBENDA
[880] Vgl. KLEINSCHMIDT/GESCHKA/COOPER, 1996, S.57f.
[881] Vgl. COOPER, 2002, S.163

7.4.4 *Innovationssteuerung durch die wertideale Innovationsform*

Märkte entwickeln sich, wachsen aus ihrer Nische heraus und verlieren mit der Zeit wieder an Bedeutung. Diese Entwicklung lässt sich, wie in Abbildung 49 ersichtlich, in neun Phasen einteilen. In jeder der beschriebenen Phasen haben nur ganz bestimmte Innovationsformen Erfolg. So sind Produktinnovationen in der mit „Hauptstraße (Niedergang)“ bezeichneten Phase nicht mehr sinnvoll. Das Geschäftsmodell muss somit phasenspezifisch überdacht werden.[882]

Am Beispiel eines technologischen Produktes lassen sich die Phasen des Technologie- und Produktlebenszyklus anschaulich darstellen und die Frühstadien einer Marktentwicklung erkennen. Durch die grafische Darstellung dieses Lebenszyklus und späterer Geschehnisse kann die Marktentwicklung als Ganzes verfolgt werden.

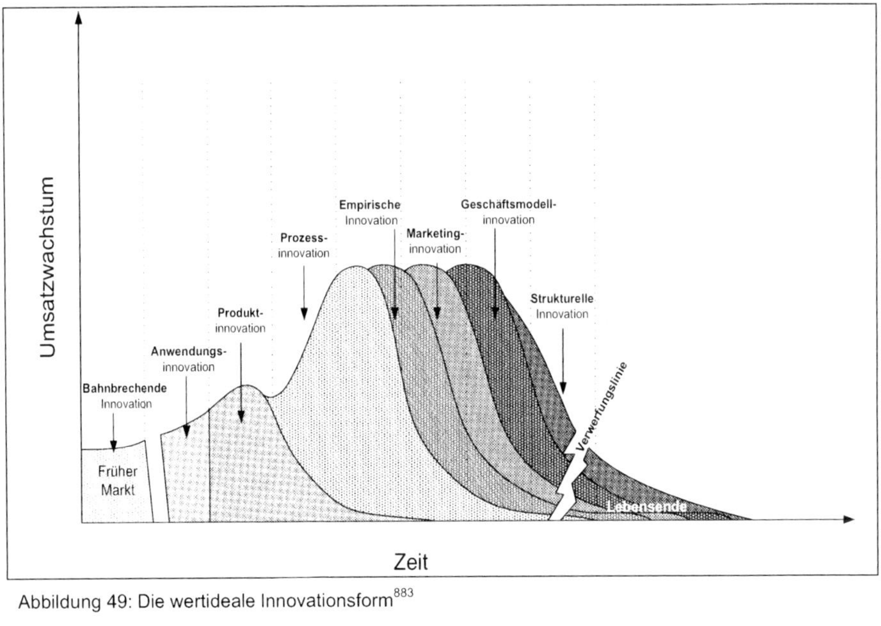

Abbildung 49: Die wertideale Innovationsform[883]

Jedes einst innovative Produkt entwickelt sich im Laufe seines Lebenszyklus – beispielsweise durch Imitation anderer Marktteilnehmer oder durch Gewöhnungseffekte an einst spezielle Leistungsmerkmale – zunehmend zur Massenware.[884] Fehlende Innovationskraft bedeutet, sich nicht unterscheiden zu können. Dies wiederum bedeutet, die Gewinne und Kapitalrenditen nicht erwirtschaften zu können, damit Investoren angelockt und die erforderlichen Investitionen getätigt werden können.

[882] Vgl. GEOFFREY, 2004, S. 59
[883] Quelle: GEOFFREY, 2004, S. 62
[884] Vgl. HAUSCHILDT, 2004, o.S.

Andererseits lassen sich durch ergänzende Innovationen in den verschiedenen Phasen des Lebenszyklus zusätzliche Umsätze generieren, Kosten senken oder der Lebenszyklus kann verlängert werden. Im Folgenden sind verschiedene Variationsformen von Innovationen im Laufe eines Technologie- und Produktlebenszyklus dargestellt. Daraus wird die Bandbreite an Innovationsvariationen im Lebenszyklus ersichtlich:[885]

Bahnbrechende Innovationen:[886] Darunter ist das Entstehen wirklich neuer Technologien, Verfahrensgrundlagen, Dienstleistungen etc. zu verstehen. Diese Formen werden vor allem von der Öffentlichkeit stark beachtet, denn hier entstehen, scheinbar aus dem Nichts, neue Märkte, die enorme Wohlstandsquellen darstellen. Ihr Ursprung kann einerseits in technologischen Erneuerungen liegen wie etwa im Internetboom Ende der Neunziger Jahre. Andere Formen bahnbrechender Innovationen können durch Moden begünstigt werden, als Produktbeispiele seien hierfür das Tamagochi und Roller-Skates angeführt.

Anwendungsinnovationen: Unter Anwendungsinnovation wird das Übernehmen bestehender Technologien für neue Anwendungen und damit für neue Märkte verstanden. Beispiele sind hier die Nutzung der Internettechnologie für zivile Bereiche oder die Nutzung der GPS-Technik für die Flottensteuerung von internationalen Speditionsunternehmen.

Produktinnovationen: Hier werden bestehende Lösungen in etablierten Märkten weiterentwickelt, das ist beispielsweise zu beobachten, wenn ein Autokonzern ein neues Auto auf den Markt bringt. Dabei kann die Innovation auf verschiedenen marktwirksamen Parametern wie Leistungsmaximierung oder Kostensenkung aufbauen.

Dienstleistungsinnovationen: Darunter wird grundsätzlich eine Neuerung auf dem Gebiet der Dienstleistung verstanden.[887] So können Services eines Bereiches in einen vollkommen anderen Bereich übernommen werden. Beispielhaft seien hiefür ein 24 Stunden vor Ort Reparaturservice angeführt.

Prozessinnovationen: Bestehende Angebote in etablierten Märkten werden effektiver bzw. effizienter. Durch Prozessinnovation werden für den Kunden spürbare Verbesserungen im Produktnutzen, Kostenbereich etc. erreicht. Als Beispiel einer Prozessinnovation sei ein verbesserter Produktionsvorgang genannt, wodurch reduzierte Herstellkosten und in weiterer Folge reduzierte Absatzpreise pro Einheit resultieren.

Empirische Innovationen: Unter empirischen Innovationen werden oberflächliche Veränderungen verstanden, durch die der Kunde eine bessere Erfahrung mit bestehende Produkten, Prozessen oder Dienstleistungen machen soll. Dies kann durch

---

[885] Vgl. GEOFFREY, 2004, S. 58

[886] Eine bahnbrechende Innovation kann auch als Basisinnovation bezeichnet werden. Darunter wird eine Neuerung von grundlegender Bedeutung mit Anwendungsmöglichkeiten in meist vielen Sparten einer Volkswirtschaft verstanden (vgl. Kapitel 2 Innovationsformen).

[887] Hierunter fallen Neuerungen in jeglichen nicht lagerfähigen und nicht transportierbaren Leistungen; immaterielle Güter wie z.B. in: Groß- und Einzelhandel, Handwerk und Industrie, Banken und Versicherungen, Informations- und Kommunikationswesen, Bildungs- und Gesundheitswesen, Freizeit- und Tourismusbranche, Verkehrswesen, etc. (Vgl. BULLINGER/SCHLICK, 2002, S. 191)

„Delighters“ (kleine Errungenschaften, die Freude bringen), zusätzliche Serviceelemente, Garantien und kleine Zusatznutzen geschehen.[888]

Marketinginnovationen: Darunter wird eine neuartige Methode oder Technik in der Führung des Unternehmens vom Markt her verstanden.[889] Dies kann durch verbessern bestimmter für den Endverbraucher spürbarer Prozesse erfolgen. Für den Bereich der Marketingkommunikation lässt sich als Beispiel die Nutzung des Internets für eine Werbe Campagne anführen.

Geschäftsmodellinnovationen: Bei den Geschäftsmodellinnovationen wird ein bestehendes Angebot an die Kunden umgestaltet. Diese Innovation kann auch die Rolle des Unternehmens in der Wertschöpfungskette betreffen. Als Beispiel für eine Geschäftsmodellinnovation sei die Integration von Finanzierungen in das Angebot von technischen Diensten angeführt.[890]

Strukturelle Innovationen: Strukturelle Innovationen betreffen aufbrechende Strukturen, Beziehungen und Verhältnisse in einer Branche, was bei einer Neuordnung zu Vorteilen für einzelne Unternehmen führen kann.[891] Hierzu zählen die Schaffung neuer gesetzlicher Rahmenbedingungen (Deregulierung) oder die Outsourcing-Tendenzen von Unternehmen.

Welche Innovationsform soll nun verfolgt werden? Ein gängiger Managementansatz empfiehlt, sich in der Ausrichtung der Ressourcen auf die Kernkompetenzen zu konzentrieren.[892] Es hat sich allerdings gezeigt, dass allein aus der Tatsache, der Beste zu sein, nicht automatisch ein Wettbewerbsvorteil erwächst. Ein solcher Kompetenzvorsprung ist nur dann etwas wert, wenn er sich auf die Kaufentscheidungen der Kunden auswirkt. Denn oft ignorieren diese die Kernkompetenzen eines Unternehmens, sobald es ein anderes, preisgünstigeres Produkt gibt, welches ihnen gut genug erscheint.[893]

Die Herausforderung an das Management besteht dementsprechend darin, eine wirksame Innovationsform zur passenden Zeit zu finden. Eine Hilfestellung dazu kann die Orientierung am Produktlebenszyklus bieten. Das Management hat in jedem Entwicklungsstadium des Marktes andere Möglichkeiten, um im Wettbewerb zu bestehen. Bahnbrechende Innovationen sowie Anwendungs- und Produktinnovationen beherrschen den Zyklus der Technologieübernahme und tragen gemeinsam zur Ausformung einer neuen Marktkategorie bei. Solange sich der Tornado nicht wieder beruhigt hat, wird es sich nicht lohnen, eine andere Innovationsform zu verfolgen.[894]

Sobald sich der Markt in Richtung Hauptstraße entwickelt, verlieren die drei ersten Innovationsformen, nämlich die bahnbrechenden Innovationen, die Anwendungsinnovationen und die Produktinnovationen, ihre Wirksamkeit. Jeder Zuwachs an Wettbewerbsstärke, den sie erzeugen könnten, würde den Einsatz der erforderlichen Ressourcen nicht lohnen. Der Markt liefert in dieser Phase nicht länger die Einnah-

[888] Vgl. GEOFFREY, 2004, S. 58
[889] Vgl. BULLINGER/SCHLICK, 2002, S. 195
[890] Vgl. BULLINGER/SCHLICK, 2002, S. 193
[891] Vgl. BULLINGER/SCHLICK, 2002, S. 207
[892] Vgl. PORTER, 1995, o.S.
[893] Vgl. GEOFFREY, 2004, S. 59
[894] Vgl. GEOFFREY, 2004, S. 60

men- und Gewinnzuwächse, die zur Finanzierung solcher Experimente nötig sind. Wird dennoch in der Hauptstraße in diese Innovationsformen investiert, so wird die Standardisierung durch einen Prozess beschleunigt, der als Overshooting bezeichnet wird.[895]

Entwickelt sich der Markt in Richtung Hauptstraße, so tritt mit der Prozess-, der empirischen und der Marketinginnovation eine zweite Gruppe von Innovationsformen in den Vordergrund. Durch geschickte Variation von Innovationsformen gibt es viele Möglichkeiten, über den gesamten Lebenszyklus eines Produktes den Absatz zu optimieren und damit Shareholder-Value zu generieren[896]. Entscheidend hierfür ist die Sensibilität eines Unternehmens, Tendenzen im Lebenszyklus zu erkennen und entsprechend flexibel damit umzugehen.

Als Konsequenz aus diesem Zyklusmodell ergibt sich, dass Unternehmen ihre Kernkompetenzen mit der Zeit anpassen müssen, wollen sie weiterhin attraktive Renditen erzielen. Beispielsweise wird die Fähigkeit zur Produktinnovation, die im Frühstadium des Marktes entscheidend ist, in einer späteren Phase eine untergeordnete Rolle spielen. Für die meisten Managementteams stellt der Kampf gegen die Trägheit eine große Herausforderung dar. Zur Überwindung der Trägheit muss das Management Innovationsformen entwickeln und gleichzeitig alte Prozesse und Strukturen außer Kraft setzen. Der häufigste Fehler besteht darin, traditionelle Strukturen unangetastet zu lassen. Dies geschieht in der Hoffnung, dass der Erfolg des Neuen die Ressourcen des Alten mobilisiert und einen organischen und schmerzlosen Wandel herbeiführen kann.[897]

Besser beraten erscheint aber derjenige, der aggressiv Ressourcen aus den veralteten Prozessen und Strukturen abzieht und sie entweder in den Dienst der neuen Innovationsform stellt oder – falls dies nicht möglich ist – an die Anteilseigner ausschüttet. Hierzu ist es erforderlich, dass das Management zwei Wege parallel beschreitet: den Weg des Aufbaus und den der Demontage. Denn erst, wenn parallel die Ressourcen aus überkommenen Prozessen gelöst werden und, wo immer möglich, zur Innovation genutzt werden, werden nicht nur Marktrenditen und Unternehmenswert gesteigert, sondern zeitgleich auch das Unternehmen verjüngt und erneuert.[898] Weil es beim Aufbau insbesondere darauf ankommt, sich die künftig relevanten Wettbewerbsvorteile zu sichern, ist hier vor allem das Innovationsteam gefordert.[899]

---

[895] Vgl. GEOFFREY, 2004, S. 62
[896] Damit kann die Innovation als werthaltig sowohl für den Kunden wie auch für das Unternehmen bezeichnet werden (Vgl. BULLINGER/SCHLICK, 2002, S. 210)
[897] Vgl. GEOFFREY, 2004, S. 60
[898] Vgl. GEOFFREY, 2004, S. 64
[899] Vgl. GEOFFREY, 2004, S. 63

7.4.5 *Innovationssteuerung durch Risikomanagement*

7.4.5.1 *Grundlagen des Risikomanagement*

Mit den Unsicherheiten innovativer Tätigkeiten geht das Risikomanagement bewusst um: „The management of new products is the management of risk. So the game plan must also be designed to manage risk. Total risk avoidance in new product development is impossible, unless a company decides to avoid all innovation – and face a slow death."[900]

Innovation zeichnet sich durch Neuheit und die damit verbundene Unsicherheit aus. Risiko kann als ein Spezialfall von Unsicherheit bezeichnet werden und lässt sich in Chancen und Gefahren weiter untergliedern.[901] Das Management von Innovationsprozessen beinhaltet damit auch die Implementierung des Risikomanagements in das innovative Projekt. Dessen Grenzen ergeben sich durch die beschriebene Unsicherheit, während die Möglichkeiten im erzielbaren Beitrag zum Nutzen des Projektes liegen.[902]

Gegenstand des Risikomanagements sind Informationsbeschaffung und die Schaffung von Handlungsräumen.[903] Es ermöglicht das bewusste Eingehen von Risiken und damit die Nutzung der Chancen eines Innovationsprojektes bei Minimierung der Gefahren.[904] Das Risikomanagement von Innovationen erfüllt seine Aufgaben in folgenden drei Teilbereichen:[905]

- Risikomanagement innerhalb eines innovativen Projekts
- Risikomanagement für ein Portfolio mit innovativen Projekten
- Risikomanagement für ein innovatives Gesamtunternehmen

In der vorliegenden Arbeit wird auf das Risikomanagement innerhalb eines innovativen Projekts fokussiert. Sind die Risiken identifiziert, bewertet und in eine Rangfolge gebracht, bleiben im Wesentlichen drei Möglichkeiten, mit ihnen umzugehen:[906]

- Verringerung der Eintrittswahrscheinlichkeit (bzw. Erhöhung der Entdeckungswahrscheinlichkeit bei Fehlern)
- Begrenzung der Auswirkungen des Eintritts
- Akzeptieren des Risikos

Eine Verringerung der Eintrittswahrscheinlichkeit erfolgt präventiv durch eine Bekämpfung der Risikoursachen; die Begrenzung der Auswirkungen potentiell negativer Ereignisse erfolgt hingegen korrektiv, wobei hierfür mögliche Maßnahmen präventiv vorbereitet werden, und ein akzeptiertes Risiko überwacht wird.[907]

---

[900] COOPER, 2002. S.123
[901] Vgl. POPP/SCHMITT, 1999, S. 99f.
[902] Vgl. LITTKEMANN, 2005, S. 287
[903] Vgl. POPP/SCHMITT, 1999, S. 99f.
[904] Vgl. DEMARCO/LISTER, 2003, S. 3
[905] Vgl. LITTKEMANN, 2005, S. 287
[906] Vgl. WOLF/RUNZHEIMER, 2003, S. 87
[907] Vgl. SEIBERT, in: LITTKEMANN, 2005, S. 317

Da sowohl Ursachen als auch Auswirkungen negativer Ereignisse problematisch sind, befassen sich präventive wie korrektive Maßnahmen in erster Linie mit der Behandlung dieser Probleme.[908] Abbildung 50 zeigt mögliche Problemfelder verschiedener Risikoklassen.

Risikoklasse	Auswirkungsklasse
Serendipitätsrisiko	Die Innovation wird nicht erreicht, dh das Ergebnis (Produkt) liegt nicht vor.
Innovationsrisiko	Für die Innovation besteht kein Bedarf.
Verwertungsrisiko	Die Innovation kann nicht realisiert werden, dh das Ergebnis liegt nur theoretisch vor.
Ressourcenrisiko	Die Kosten bzw. der Bedarf an Ressourcen übersteigen die Planungen oder die benötigten Ressourcen sind nicht vorhanden bzw. beschaffbar.
Zeitrisiko	Der Zeitbedarf übersteigt die Planungen.
Technisches Risiko	Benötigte Eigenschaften der Innovation sind mit den vorhandenen Mitteln nicht realisierbar, dh die Qualität wird nicht erreicht.

Abbildung 50: Risikoklassen von Innovationen und mögliche Auswirkungen[909]

7.4.5.2 Risikovermeidung

Risikovermeidung bedeutet, dass ein Risiko nicht eingegangen wird und die risikobehaftete Aufgabe gegebenenfalls nicht durchgeführt wird.[910] Da Risikovermeidung auch die Gefahr der Vermeidung einer Chance in sich tragen kann, ist bei dieser Strategie Vorsicht geboten.[911] Risikovermeidung kann auch durch Reduzieren einer Eintrittswahrscheinlichkeit gegen Null oder durch das Einleiten von Gegenmaßnahmen für potenzielle Auswirkungen des Risikos betrieben werden.[912] Die Reduktion einer Eintrittswahrscheinlichkeit gegen Null ist meist nur durch gänzliches Unterlassen der risikobehafteten Tätigkeit möglich, was dem Unterlassen der innovativen Tätigkeiten entspricht.

---

[908] Vgl. LITTKEMANN, 2005, S. 317 f.
[909] Quelle: LITTKEMANN, 2005, S. 318
[910] Vgl. LITTKEMANN, 2005, S. 319
[911] Vgl. DEMARCO/LISTER, 2003, S. 63
[912] Vgl. VERSTEEGEN, 2003, S. 169

7.4.5.3 *Risikoverminderung*

Bei einer Risikominderung bleibt das Risiko im Prinzip bestehen, seine Eintrittswahrscheinlichkeit oder die Auswirkungen bei Eintritt werden jedoch durch geeignete Maßnahmen reduziert.[913] Sämtliche Maßnahmen zur Minderung der Eintrittswahrscheinlichkeit müssen im Vorfeld getroffen werden. Das ist bei innovativen Projekten problematisch, da die Risiken bzw. potenziellen Gegenmaßnahmen anfangs zT. unbekannt sind.[914] Reaktive Maßnahmen zur Reduktion der Auswirkungen sind zum Einsatz eher geeignet, da sie erst nach dem Eintritt eines Risikoszenarios und dann bekanntem Ausmaß ansetzen. Dabei geht es in erster Linie um die Schaffung von flexiblen Handlungsräumen. Durch die Maßnahmen zur Risikoverminderung entstehen Kosten, die mit dem Nutzen in Relation gestellt werden müssen, damit die Effizienz sichergestellt werden kann.[915]

7.4.5.4 *Risikoverschiebung*

Bei einer Risikoverschiebung wird die risikoreiche Aufgabe nicht im Innovationsprojekt bearbeitet, sondern in ein anderes Projekt (zB ein Vorfeldprojekt) verschoben. Da die innovative Aufgabe auch meist einen hohen Anteil des Risikos des Projektes in sich birgt, erfolgt durch Risikoverschiebung gleichzeitig eine Minderung des Innovationsgrads des Projekts und damit eine höhere Gewichtung des Routinecharakters.[916]

7.4.5.5 *Risikobegrenzung*

Bei einer Risikobegrenzung wird die Wahrscheinlichkeit des Eintritts eines negativen Ausgangs nicht vermindert, wohl aber werden die Kosten der möglicherweise erforderlichen Gegenmaßnahmen reduziert. Bei innovativen Projekten kann beispielsweise eine neuartige Methode zuerst an einer Teilkomponente der Gesamtinnovation eingesetzt werden. Eventuelle Gegenmaßnahmen müssen dann nur für diesen Teilbereich der Innovation durchgeführt werden. Somit werden der potentielle Schaden und die damit verbundenen Kosten reduziert.[917]

---

913 Vgl. DeMarco/Lister, 2003, S. 63 und S. 139 ff.

914 Vgl. Littkemann, 2005, S. 320

915 Vgl. Ebenda

916 Vgl. Littkemann, 2005, S. 320

917 Vgl. Littkemann, 2005, S. 321

7.4.5.6 Risikocontrolling

Zu den Aufgaben des Controllings gehören das Risikomanagement und damit verbunden auch das Projektrisikomanagement.[918] Risikocontrolling im Zusammenhang mit den Projektrisiken ist wiederum Teil des Projektrisikomanagements und damit Teil des Projektmanagements.[919] Risikocontrolling kann als Teil des Risikomanagements für innovative Projekte aufgefasst werden. In jedem Fall ist es eng mit dem Risikomanagement verknüpft und Teil des Gesamtprozesses. Eine Abgrenzung gegenüber dem Controlling des Gesamtunternehmens und des Projektportfolios ist durch den Fokus auf projektinterne Risiken gegeben.[920]

Die Aufgabe des Risikocontrollings innerhalb des Risikomanagement-Prozesses besteht in der Überwachung und Steuerung projektinterner Risiken, die sich aus Informationen und Aktivitäten ergeben. Dabei müssen Prozesskonformität, Wirtschaftlichkeit, technische Machbarkeit und Risiken beachtet werden.[921] Je nach Erfordernis leitet Risikocontrolling eine erneute Durchführung bzw. Aktualisierung der Risikoanalyse und der Risikobehandlung ein und stellt die Umsetzung der beschlossenen Maßnahmen sicher. Eine weitere Aufgabe des Risikocontrollings besteht in der Überprüfung von Risikoindikatoren im Sinne eines Frühwarnsystems und in einer laufenden Informationsbereitstellung über den Status von Risiken und Maßnahmen sowie in einer Erfolgsmessung des Prozesses.[922]

[918] Vgl. BRAUN, 1984, S. 16
[919] Vgl. HORVATH, 2002, S. 781
[920] Vgl. LITTKEMANN, 2005, S. 325
[921] Vgl. BURGHARDT, 2002, S. 303
[922] Vgl. LITTKEMANN, 2005, S. 325

*„Das Geheimnis des Erfolgs?
Anders sein als die anderen."
(WOODY ALLEN)*

7.5 Erfolgsfaktoren für Innovationen

Die Herausforderung bei der Entwicklung erfolgreicher Innovationen besteht darin, einen Grundriss oder einen Prozess zu kreieren, auf Basis dessen sich das Innovationsprojekt effektiv vom Abschnitt der Ideen bis hin zur Realisierung entwickeln kann. Werden die Erfahrungen verschiedener Unternehmen verglichen, so kann festgestellt werden, dass diese durch einige grundlegende und stets wiederkehrende Themen gekennzeichnet sind.[923] Im Folgenden werden wesentliche Erfolgsfaktoren für Innovationsprojekte diskutiert.

7.5.1 Erfolgsfaktor einzigartiges Produkt

Die Kreation eines einzigartigen überlegenen Produktes bzw. einer Dienstleistung oder auch das Design eines überlegenen Prozesses, welches dem Kunden (Anwender) einen überlegenen Wert bietet, kann als der wesentliche Erfolgsfaktor für eine Innovation betrachtet werden. Der konkrete Vorteil einer Innovation, seine Überlegenheit beziehungsweise seine Differenzierung als Hauptdeterminante des Erfolgs, ist ein Faktor, der sich bei den verschiedensten Innovationsstudien als zentral heraus stellt.[924]

Speziell für Produktinnovationen sollte dieses Ergebnis keine Überraschung bedeuten. Dies scheint jedoch keineswegs selbstverständlich zu sein, denn detaillierte Studien weisen darauf hin, dass es für Unternehmen eher die Regel als eine Ausnahme ist, bereits ausgeschöpfte Produkte – so genannte Me-too-Angebote – als Neuheiten auf den Markt zu bringen.[925]

Die besten Erfolgschancen ergeben sich, wenn das Unternehmen mit Technik, Produktion und Marketing vertraut ist („Close to home") und damit den Kunden gegenüber den bisher am Markt angebotenen Problemlösungen eine echte Verbesserung bieten kann. Umgekehrt ist ein Misserfolg vorprogrammiert, wenn für das Unternehmen technisch neue Produkte in Wirklichkeit keine neuen Problemlösungen am Markt bringen. Derartige Lösungen erhöhen die Kosten und die Unsicherheiten des Unternehmens, schaffen jedoch keinen zusätzlichen Kundennutzen, der diese Mehraufwendungen abfangen kann.[926]

Dennoch sind es nur wenige Firmen, deren Methodologie für Neuheiten diesem essentiellen Faktor ausdrücklich entspricht. Häufig ist Produktüberlegenheit kein Selektionskriterium für neue Produkte und nur selten sind bewusste Schritte in den Prozess eingebaut, die das Design dergestalt überlegener Produkte fördern. Oft ist das Gegenteil der Fall: Das Bemühen um Verkürzung des Innovationszyklus und die Tendenz, einfache, billige Produkte zu verfolgen, benachteiligen geradezu jene Pro-

[923] Vgl. COOPER, 2002, S. 85 f.
[924] Vgl. EBENDA.
[925] Vgl. COOPER, 2002, S. 86 f.
[926] Vgl. CALANTONE/COOPER, in: FORSTHUBER/KROPFBERGER, 1989, S. 76

jekte, die zu überlegenen Produkten, Dienstleistungen und Prozessen führen könnten.[927]

7.5.2 *Erfolgsfaktor Kundenintegration*

7.5.2.1 *Methoden der Kundenintegration*

Die Integration von Kunden in die Phasen des Innovationsprozesses kann entscheidende Wettbewerbsvorteile mit sich bringen. Gerade unter dem Aspekt der Wertorientierung können durch diese Vorgangsweise das Risikopotential einer Innovation wesentlich gesenkt und die Erfolgsvoraussetzungen entscheidend verbessert werden. Folgende Fragen sollten bei einer angestrebten Integration von Kunden gestellt werden:[928]

- Welche Kunden sind geeignet, in den Innovationsprozess integriert zu werden?
- Wie können Anregungen, Beschwerden oder Ideen von Kunden für das Innovationsmanagement genutzt werden?
- Mit welchen Methoden können Kunden eingebunden werden?
- Wie können Unternehmen diese Methoden erfolgreich einsetzen?

Die Integration geeigneter Kunden in den Innovationsprozess wird vielfach als Erfolgsgarant für die Entwicklung marktorientierter Produkte gesehen. Diese Tendenz wird seit Jahren beobachtet und durch zahlreiche Studien sowie durch Best-Practise-Beispiele von Unternehmen belegt.
Andererseits gibt es auch Kritik an der Kundenintegration im Innovationsprozess: Kunden orientieren sich zu sehr an Vergangenheit und Gegenwart und nehmen zu wenig Möglichkeiten und Chancen der Zukunft wahr. Eine unreflektierte Integration von Kunden erscheint vor diesem Hintergrund wenig Erfolg versprechend.[929] Es muss vielmehr darum gehen, mögliche Fehler bereits im Vorfeld zu vermeiden, damit die Integration von Kunden in den Innovationsprozess optimal verläuft. Die sich ergebenden zentralen Fragen lauten, inwieweit und unter welchen Voraussetzungen Kundenintegration einen Beitrag zum wertorientierten Innovationsmanagement leisten kann. Zudem muss nach Methoden und Instrumenten zur Kundenintegration sowie nach Erfahrungen gefragt werden.

7.5.2.2 *Bestimmen des Kundennutzen*

Bei der Einführung neuer Produktvariationen und Dienstleistungen verlassen sich Unternehmer oft auf ihre Intuition und treffen damit ins Schwarze. Genauso oft gehen jedoch Anstrengungen und Investitionen ohne die erwünschten Wirkungen ins Leere. Auch bei der Bestimmung des Kundennutzens ermöglicht die Kundenintegration in den Innovationsprozess gute Bewertungsergebnisse.

[927] Vgl. COOPER, 2002, S. 87
[928] Vgl. KLEINSCHMIDT/GESCHKA/COOPER, 1996, S. 156
[929] Vgl. HAUSCHILDT, 2004, o.S.

Conjoint-Measurement[930] ist eine Methode zur Bestimmung des Kundennutzens von Produkten und Dienstleistungen, die ursprünglich im Marketing zur kundenorientierten Produktgestaltung eingesetzt wurde.[931] Mit ihr lassen sich finanzieller Aufwand und der zu erwartende Nutzen in ein vernünftiges Verhältnis setzen.[932] Coinjoint-Measurement wird bei Kundenbefragungen eingesetzt und erfasst die Präferenzen von Kunden für verschiedene Produkt- und Dienstleistungsvarianten. Dadurch ist es Unternehmen möglich, diese nutzenoptimal zu konzipieren und das Risiko, an den Bedürfnissen der Kunden vorbeizuentwickeln, weitgehend zu reduzieren. Darüber hinaus kann Conjoint-Measurement zur Bestimmung des optimalen Preises einer Innovation dienen.

Der Ursprung von Conjoint-Measurement liegt im Gebiet der mathematischen Psychologie. Es geht hier vor allem darum, den gemeinsamen Effekt (joint effect) mehrerer unabhängiger Variablen auf die Rangordnung einer abhängigen Variablen abzubilden. Die Weiterentwicklungen der Methode werden auch unter dem Begriff Conjoint-Analyse zusammengefasst.[933] Durch den Einsatz von Conjoint-Measurement können folgende Fragen beantwortet werden:[934]

- Welchen Nutzenbeitrag stiften einzelne Bestandteile eines Produktes oder einer Dienstleistung?
- Welche Innovationen verbessern das Angebot eines Anbieters am stärksten? Bei mehreren Innovationsoptionen kann eine klare Rangordnung nach Nutzen-Kosten-Relationen abgeleitet werden.
- Welchen Preis ist der Kunde für einzelne Produkt- oder Dienstleistungsbestandteile zu zahlen bereit? Damit lassen sich unter Berücksichtigung der Kosten optimale Preise sowohl für das Gesamtangebot als auch für einzelne Komponenten ermitteln.
- Welche Kunden präferieren welche Produkteigenschaften oder Serviceleistungen? Welche Nutzensegmente lassen sich bilden? Wie lässt sich vor diesem Hintergrund das Gesamtangebot auf die verschiedenen Segmente ausrichten?

Die operative Umsetzung des Conjoint-Measurements lässt sich in vier Phasen – Vorbereitung der Studie, Datenerhebung, Datenauswertung und Problemlösung – gliedern. In jeder der vier Phasen sind aufeinander aufbauende Einzelschritte erforderlich.[935]

- Phase 1: Vorbereitung der Studie
  - Auswahl von Produkt- oder Dienstleistungsmerkmalen
  - Definition von Merkmalsausprägungen
  - Festlegung des Erhebungsdesigns

[930] Das Instrument Conjoint Measurement ("Verbundmessung") ist eine nützliche Methode, um für neue Produkte die Konzeption zu bestimmen oder um bei bestehenden Produkten Korrekturen vorzunehmen. Es hilft mit, die Fragen zu beantworten: Mit welchen Merkmalen ein Produkt ausgestattet sein soll und wie es preislich positioniert werden muss, um maximale Erfolge zu gewährleisten?

[931] Vgl. GREEN/WIND, 1975, S. 107-117

[932] Vgl. TACKE/POHL, 1998, S. 2

[933] Vgl. LUCE/TUKEY, 1964, S. 1-27

[934] Vgl. TACKE/POHL, 1998, S. 3

[935] Vgl. TACKE/POHL, 1998, S. 4

- Phase 2: Datenerhebung
  - Selektion der Befragten
  - Praktische Durchführung
- Phase 3: Datenauswertung
  - Nutzwertschätzung auf individueller Ebene
  - Aggregation der Nutzwerte
- Phase 4: Problemlösung
  - Interpretation/Einsatz der Daten für bestimmte Anwendungsfelder

Die mit Hilfe des Conjoint-Measurements erhobenen Nutzenwerte bilden die Basis für die Schätzung von Preisabsatzfunktionen.[936] Preisabsatzfunktionen stellen die Abhängigkeit der Absatzmenge eines Produktes oder einer Dienstleistung vom Preis dar und sind damit ein zentraler Bestandteil preispolitischer Entscheidungsmodelle.

7.5.2.3 Häufige Fehler der Kundenintegration

Viele Unternehmen setzen Methoden der Kundenintegration ein – häufig sind dies jedoch sog. reaktive Methoden, bei denen der Grad der Einbindung der Kunden relativ gering ist. Komplexe Methoden wie das Lead User-Konzept von VON HIPPEL[937] werden dagegen eher selten eingesetzt. Abbildung 51 stellt Variationen der Kundenintegration dar.

---

[936] Vgl. EBENDA

[937] VON HIPPEL konnte in empirischen Untersuchungen (1986 u. 1988) feststellen, dass in einigen Branchen (wissenschaftliche Instrumente, Halbleitertechnologie, Leiterplattenbestückung, medizinische Ausrüstungen, Computer-Software) 67 bzw. 77 % der Produktinnovationen von Anwendern angeregt wurden. Allerdings waren es nur bestimmte Typen von Anwendern, die die Produktideen lieferten und zudem den Innovationsprozess aktiv unterstützten. VON HIPPEL führte für diese Kunden den Begriff des Lead Users ein. Lead User sind eine kleine Gruppe von Kunden, deren stark ausgeprägten aktuellen Bedürfnisse in einigen Jahren von einer breiten Kundenschicht getragen werden. Lead User sind heut schon mit Randbedingungen vertraut, die für andere erst in Zukunft relevant werden. Lead User befinden sich zudem in der Situation, in welcher sie durch eine Problemlösung selbst einen hohen Nutzen bzw. wirtschaftlichen Vorteil erfahren, so dass sie an der Lösung des Problems motiviert mitwirken. Der wesentlichste Vorteil des Lead User-Konzeptes besteht nun darin, anstatt auf Analysen und Studien zurückgreifen zu müssen, mit Menschen die das zukunftsrelevante Denken eines Kunden quasi in sich tragen zusammenarbeiten zu können (vgl. KLEINSCHMIDT/GESCHKA/COOPER, 1996, S. 155).

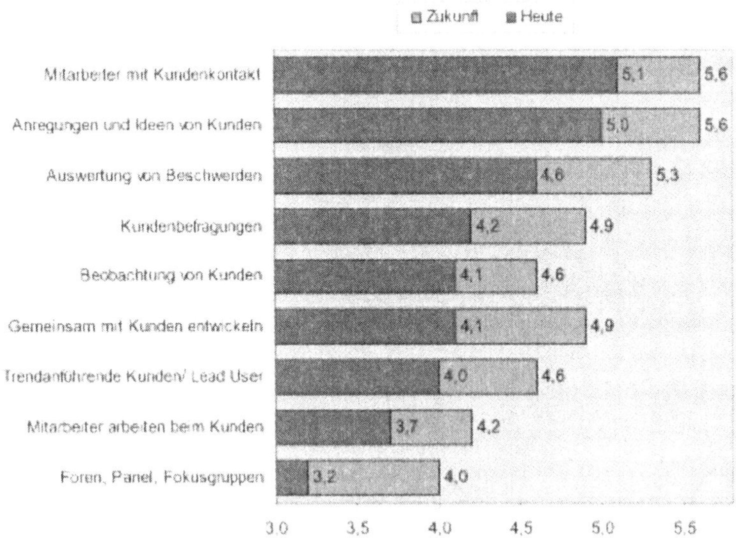

Abbildung 51: Methoden der Kundeneinbindung[938]

Nicht nur die Methoden der Kundenintegration sind für den Innovationsprozess entscheidend, auch die Auswahl der Kunden spielt eine wesentliche Rolle, denn selbst die beste Methode wird bei den falschen Kunden höchstens mittelmäßige Erfolge zeitigen. Häufig werden gerade bei der Kundenauswahl Fehler gemacht, indem viele Unternehmen der subjektiven Einschätzung der Manager folgen. In der Folge werden häufig solche Kunden eingebunden, mit denen besonders gute Geschäftsbeziehungen bestehen oder die gerade zeitlich verfügbar sind.[939] Hingegen zeichnen sich geeignete Kunden für die gemeinsame Innovationsentwicklung zeichnen sich durch folgende Charakteristika aus:[940]

- Unzufriedenheit mit der gegenwärtigen Situation
- Verspüren neuer Bedürfnisse
- Anwendungswissen
- Motivation

[938] Quelle: Innovation aktuell, 2005
[939] Vgl. KLEINSCHMIDT/GESCHKA/COOPER, 1996, S. 155ff.
[940] Vgl. Innovation aktuell, 2005

Kunden, die vor unbefriedigten Bedürfnissen stehen, sind häufig schon aus diesem Umstand heraus bereit, an Produktentwicklungen mitzuarbeiten. Im Folgenden sollen geeignete Kundentypen und deren Einfluss auf den Innovationserfolg dargestellt werden:

- **Lead User:** Ein Lead User erkennt schon heute Bedürfnisse, die der Markt erst in einiger Zeit aufgreifen wird. Er ist Trend führend bzw. gestaltet den Trend mit.
- **Potenzieller Großabnehmer:** Dieser Kunde ist deshalb an einer Mitarbeit interessiert, weil er großen Nutzen aus der Problemlösung zieht.
- **Kunde, der hohe Vertrauenswürdigkeit genießt:** Dieser Kunde kommuniziert häufig mit dem Unternehmen und steht meist schon lange in einer Geschäftsbeziehung zu ihm. Die Vertrauenswürdigkeit der beteiligten Personen spielt insbesondere im Innovationsprozess eine sehr wichtige Rolle.
- **Kunde mit hoher technischer Kompetenz:** Dieser Kunde besitzt ein sehr hohes technisches Wissen und kann deshalb Interessantes zu diversen Problemlösungsansätzen im Innovationsprozess beisteuern.

Von den vier hier angeführten Kundentypen sind Lead User wegen ihrer hohen Problemlösungskompetenz, Trendführerschaft und Motivation am besten geeignet, am Innovationsprozess mitzuwirken. Daher gilt es für ein Unternehmen Lead User zu identifizieren und ihr Wissen und ihre Kenntnisse für die Findung und konzeptionelle Gestaltung von Produktinnovationen zu nutzen.[941]

7.5.3 Erfolgsfaktor Marktorientierung

Ein gründliches Verständnis der Bedürfnisse und Wünsche der internen wie externen Kunden, der Wettbewerbssituation und der Beschaffenheit des Marktes stellt eine wesentliche Erfolgskomponente der Innovationstätigkeit dar. Diese Erkenntnis wird durch zahlreiche Studien über Erfolgsfaktoren für Neuheiten gestützt, die sich um folgende Themen gruppieren:[942]

- Erkennen von Bedürfnissen
- Verstehen der Bedürfnisse
- Beständiger Kundenkontakt
- Ausgeprägtes Wissen über den Markt und die Marktforschung
- Qualität, mit der das Marketing durchgeführt wird
- Höherer Aufwand für das Marketing im Vorfeld der Entwicklung

Die zukünftige Wettbewerbsposition eines Unternehmens und deren Geschäftseinheiten hängen sowohl von seiner Markt- als auch von seiner Technologiestrategie ab.[943] Die Marktorientierung (market pull) kann demzufolge nicht durch eine Technologieorientierung (technology push) ersetzt werden und umgekehrt. Eine reine Tech-

[941] Vgl. KLEINSCHMIDT/GESCHKA/COOPER, 1996, S. 155f.
[942] Vgl. COOPER, 2002, S. 90
[943] Vgl. HANSSMANN, 1988, S. 53

nologieorientierung erhöht zudem die Risiken, dass diese Technologie am Markt nicht angenommen wird. KÜHN empfiehlt die differenzierte Integration von Technologie- und Marktorientierung in einem systematischen Planungsprozess.[944]

Für eine erfolgreiche Kundenorientierung im Innovationsmanagement sollte nicht ein einzelner Funktionsbereich im Unternehmen verantwortlich für die Wahrnehmung der Kundenbedürfnisse sein, sondern sämtliche an der betrieblichen Wertschöpfung Beteiligte. Die dominierenden Größen müssen auch in diesem Fall der Markt, die Kundenprobleme und die wahrgenommenen Marktchancen sein. Wird vom market based view ausgegangen so dominiert im Idealfall der Markt sowohl die F&E-Abteilung als auch die Marketingabteilung. Aufbauend auf eine genaue Markt- und Kundeninformation kann eine sinnvolle Zielbildung und Koordination erfolgen.

Die Aufgabe des F&E-Bereiches besteht insbesondere darin, die Position gegenüber den technologisch fortgeschrittenen Konkurrenten zu bestimmen sowie den Abstand zur Leistung neuer Technologien zu verringern. Sättigungsgrenzen der eingesetzten Technologie sind rechtzeitig zu erkennen und die notwendigen Entwicklungsschritte einzuleiten mit dem Ziel, über künftige technologische Lösungspotentiale selbst verfügen zu können.[945]

7.5.4 Erfolgsfaktor innovationsorientierte Marktforschung

Die Aufgabe der traditionellen Marktforschung besteht darin, eine Ist-Analyse der Kundenbedürfnisse durchzuführen. Da ein Kunde bei der Beantwortung von Interviewfragen immer vom derzeitigen Stand der Technik und von vorliegenden Lösungen ausgeht, sind bei diesem Weg wenige Informationen für ein zukunftsgerichtetes Innovationsmanagement ableitbar.

Da Kunden meist nicht detailliert über ihre Bedürfnisse Auskunft geben können, zur Innovationsplanung aber detaillierte Problembeschreibungen notwendig sind, muss die Marktforschung hier andere Instrumente einsetzen.[946]

Die marktpolitische Absicherung von Innovationsprojekten darf sich nicht auf die Schätzung quantitativer Marktgrößen beschränken, sondern muss vielmehr qualitative Daten zum Verständnis der Kundenprobleme und der von Kunden subjektiv wahrgenommenen Problemlösungen am Markt liefern.[947] Technologiemarktforschung muss darüber hinaus auch technologische Trends wahrnehmen und darauf aufbauend für latente Kundenbedürfnisse in kreativen Schritten denkbare Anwendungsmöglichkeiten aufzeigen.[948]

[944] Vgl. KÜHN, 1987, S. 141
[945] Vgl. FORSTHUBER/KROPFBERGER, 1989, S. 79
[946] Vgl. FORSTHUBER/KROPFBERGER, 1989, S. 76
[947] Vgl. KUHN, 1987, S.142
[948] Vgl. FORSTHUBER/KROPFBERGER, 1989, S. 80

Innovationen sind nur dann erfolgreich und werden vom Markt angenommen, wenn Kunden der Auffassung sind, dass ihre Probleme damit besser gelöst werden können als mit bisher am Markt erhältlichen Produkten und Dienstleistungen. Das langfristig betrachtete Kundenproblem, das man lösen will, lässt sich somit als in der Schnittstelle zwischen Marketing und F&E befindlich darstellen.[949]

In einer von Albach durchgeführten Untersuchung über mittelständische Spitzenbetriebe in Deutschland wurde festgestellt, dass innovative Unternehmen zum einen nicht zwingend in den High-Tech-Bereichen zu finden sind und dass sie zum anderen keine höheren F&E-Budgets hatten als der Branchendurchschnitt. Albach kommt zu dem Resümee, dass sich erfolgreiche Unternehmen von weniger erfolgreichen in erster Linie dadurch unterscheiden, dass die erfolgreichen Unternehmen signifikant höhere Marktforschungsbudgets hatten und die Innovationstätigkeit von der Marktforschung und damit von den Kundenwünschen gesteuert wurde.[950]

7.5.5 Erfolgsfaktoren Struktur, Design und Klima

Die Ziele und Strategien von Unternehmen müssen in konkrete Prozesse, Strukturen und „Spielregeln" transformiert werden, um die Innovationsziele zu erreichen.[951] Innovation betrifft nicht nur eine Abteilung, sondern erfordert als bereichsübergreifende Aufgabe das effektive Zusammenspiel verschiedenster Bereiche.[952] Die Organisationsstruktur stellt einen zentralen Erfolgsfaktor dar, da Innovationen stets traditionelle Funktionsgrenzen kreuzen. Innovationserfolge weisen übereinstimmend auf die Bedeutung von Schnittstellen zwischen F&E und Marketing, auf die Koordination zwischen den verschiedenen internen Gruppen, auf die multidisziplinären Ergebnisse, welche sich in einer Innovation bündeln, und schließlich auf die Rolle des Teams und seiner Leistung hin.[953]

Struktur, Design und Methoden bleiben stumpfe Instrumente, wenn im Unternehmen kein „wohlwollendes Klima" für Innovationen besteht. Das Ziel einer innovationsfördernden Unternehmenskultur – besser: Innovationskultur – sollte darin bestehen, die Mitarbeiter zu ermutigen, motivieren und unterstützen, ihre Ideen, ihr Wissen und ihre Kreativität zur Generierung von Innovationen einzusetzen.[954] Kennzeichnen für ein innovationsfreundliches Klima sind:[955]

- Transparenz über Unternehmensziele und –strategien
- Offene Kommunikation
- Frühe Information über Veränderungen
- Angstfreie Atmosphäre (Fehlertoleranz)
- Vertrauen in die Mitarbeiter

[949] Vgl. FORSTHUBER/KROPFBERGER, 1989, S. 76
[950] Vgl. ALBACH, 1984, S. 35 ff.
[951] Vgl. RIECKMANN, 1997, S. 77
[952] Vgl. COOPER, 2002, S. 101 f.
[953] Vgl. COOPER, 2002, S. 102
[954] Vgl. GRANIG, 2000, S. 89
[955] Vgl. VAHS/BURMESTER, 1999, S. 353

- Übertragung von Verantwortung
- Anreize und Belohnungen
- Ein verbindendes Wir-Gefühl

7.5.6 *Weitere Erfolgsfaktoren für Innovationen*

In den letzten 20 Jahren wurden zahlreiche Untersuchungen über Erfolg und Misserfolg von Innovationen durchgeführt. So zeigte eine umfassende Studie von Myers und Marquis, dass die meisten Erfolgsprodukte aus marktinduzierten Projekten hervor gingen (demand pull) und nur 21 % technologiegetrieben (technology push) waren.[956] Der Erfolg von Innovationsprojekten beruht auf zahlreichen Faktoren. In Ergänzung zu den bisher erläuterten Faktoren seien ohne Anspruch auf Vollständigkeit weitere wesentliche Faktoren für den Innovationserfolg angeführt:[957]

- Gut geplante und durchgeführte Markteinführung
- Unterstützung durch das Top-Management
- Zusammenspiel der Kernkompetenzen
- Attraktivität des Marktes
- Fluss der verfügbaren Mittel an die richtigen Stellen
- Schnelligkeit (Geschwindigkeit)
- Gut gegliederter Innovationsprozess

Innovationen und damit die Erfolgsfaktoren für Innovationen spielen für ein Unternehmen eine zentrale Rolle. So erwirtschaftete beispielsweise Siemens schon im Geschäftsjahr 1993 über 40 % der Umsätze aus dem Verkauf von Produkten, die fünf Jahre zuvor noch nicht produziert wurden. Seitdem ist diese Quote kontinuierlich angestiegen.[958] Bei anderen Unternehmen ist die Situation ähnlich. Wenngleich zahlreiche Erfolgsfaktoren für Innovationen eruiert sind, so besteht die besondere Herausforderung darin diese Erkenntnisse auf die individuellen Anforderungen des jeweiligen Unternehmens zu adaptieren, dort zu operationalisieren und permanent zu erweitern.

---

[956] Vgl. KLEINSCHMIDT/GESCHKA/COOPER, 1996, S. 2
[957] Vgl. COOPER, 2002, S. 86
[958] Vgl. Siemens AG, Geschäftsbericht, 1995

„Das Außerordentliche geschieht nicht auf glattem, gewöhnlichem Wege."
(JOHANN WOLFGANG VON GOETHE)

7.6 Zwischenresümee zum Innovationscontrolling

Es ist eine Kernaussage der vorliegenden Schrift, dass das Management von Innovationen andere Instrumente erfordert als das Handeln im betrieblichen Alltag. Die organisatorische Konsequenz dieser These bedeutet zunächst eine strikte Trennung von Innovations- und Routineprozessen, die spätestens mit Einführung des Produktes in den Markt oder des Verfahrens in den laufenden Betrieb wieder aufzuheben ist.[959]

Die Aufgabe des strategischen Managements besteht in erster Linie darin, die verfügbaren finanziellen Mittel des Unternehmens auf die einzelnen Unternehmensbereiche und anschließend auf konkurrierende Investitionsmöglichkeiten zu verteilen.[960] Das Ziel einer Unternehmensstrategie sollte darin bestehen, mittels geschickter Allokation der Ressourcen die Unternehmensziele langfristig zu erreichen und abzusichern. Jeder größeren Investitionsentscheidung sollten Berechnungen vorausgehen, welche die Auswirkungen der potentiellen Innovationsrealisierung auf die Unternehmensziele quantifizieren. Hierbei spielen die angewendeten Bewertungskonzepte eine zentrale Rolle.[961]

Wesentlich bei allen Innovationsprojekten ist die Abstimmung auf die Strategien und Ziele des Unternehmens. Das Innovationsziel muss für alle involvierten Bereiche klar definiert sein.[962] Bei Projektstart besteht die Aufgabe des Managements darin, diese übergeordneten, integrativen Ziele für das Innovationsprojekt zu formulieren und den am Projekt Beteiligten zu vermitteln, damit deren Engagement für das Projekt gewonnen und eine kooperative Atmosphäre geschaffen werden kann.[963] Dabei ist es hilfreich, wenn die definierten Ziele lediglich richtungweisend für das Handeln der Projektmitarbeiter sind, damit eine uneingeschränkte Suche nach der besten Lösungsmöglichkeit erreichbar bleibt.[964]

Der unterschiedliche Einsatz der Controllinginstrumente in Abhängigkeit von Innovationsphasen zeigt, dass Innovationscontrolling nicht mit Projektcontrolling gleichzusetzen ist; Innovationscontrolling setzt in der Regel früher ein. Die zentralen Aufgaben des Innovationscontrollings beziehen sich vornehmlich auf die aktive Unterstützung des Managements bei Auswahlentscheidungen zur Durchführung einer Innovation und auf die eher passive Unterstützung der Entwickler in der Forschungsphase.[965] Wenngleich das Innovationscontrolling primär der Einhaltung ökonomisch geprägter Zielsetzungen verpflichtet ist, muss es auch die nicht-ökonomisch geprägten, mit der Innovation verbundenen Zieldimensionen im Auge behalten.

---

959 Vgl. HAUSCHILDT, 1997, S. 42
960 Vgl. MYERS, 1984, S. 6
961 Vgl. LUEHRMANN, 1997, S. 132
962 Vgl. LIAO, 2001, S. 300 f.
963 Vgl. WEINKAUF/HÖGL/GEMÜNDEN, 2004, S. 431
964 Vgl. LITTKEMANN, 2005, S. 175
965 Vgl. LITTKEMANN, 2005, S. 130

Innovationscontrolling (als Innovationscontrolling im weiteren Sinne) ist in den frühen Phasen einer Innovation überwiegend strategisch ausgerichtet. Das operative Innovationscontrolling (als Innovationscontrolling im engeren Sinne) kommt hingegen erst in den späteren Phasen einer Innovation zum Einsatz. Hier kann vom so genannten Projektcontrolling gesprochen werden. Es muss darauf verwiesen werden, dass auf Innovationen bezogenes Projektcontrolling nicht mit dem Controlling von Routineprojekten verwechselt werden darf.[966] Innovationscontrolling hat seinen Zweck im Unternehmen erfüllt, wenn die Innovationstätigkeit im strategischen Bereich geeignet ist, systematisch Erfolgspotentiale für das Unternehmen aufzubauen und im operativen Bereich zur Gewinnsicherung beiträgt.[967]

Der Innovationscontroller befindet sich in seiner Tätigkeit auf einem schmalen Grat. Einerseits muss er die Nähe zum Projektteam suchen, denn ohne ein Mindestmaß an Kenntnis über den Innovationsgegenstand und einen persönlichen Einblick in die Projektarbeit wird er weder den Projektfortschritt bewerten, noch die erforderliche Akzeptanz beim Innovationsteam erlangen können.[968] Auf der anderen Seite ist der Projektcontroller gezwungen, die nötige Distanz zu den Mitgliedern des Projektteams zu halten. Ist er sehr in das Projektteam integriert, besteht die Gefahr, dass er sich zu stark für das Projekt begeistern lässt und die Neutralität gegenüber der Innovation verliert, wodurch Fehlsteuerungen drohen.[969]

Abschließend sei festgehalten, dass Innovationscontrolling am erfolgreichsten ist, wenn es auf einer bewussten Zusammenarbeit zwischen Projektmanagement und Projektcontrolling basiert. Dies bedeutet, dass einerseits die Installation eines eigenständig handelnden Projektteams mit den erforderlichen Handlungsräumen zur Freisetzung der kreativen Kräfte notwendig ist. Andererseits ist durch ein funktionales Innovationscontrolling darauf zu achten, dass die ökonomisch orientierten Zielsetzungen erreicht werden können. Damit nicht demotivierend auf das Innovationsteam eingewirkt wird, ist der Erstellung einer Innovationsabrechnung, welche die Innovation als Investition behandelt, vor einer aktiven Mitarbeit des Projektcontrollers am Innovationsprozess im Zweifelsfall der Vorzug zu geben.[970]

---

[966] Vgl. LITTKEMANN, 2005, S. 130 f.
[967] Vgl. STOCKBAUER, 1989, S. 382
[968] Vgl. SCHRÖTER, 1989, S. 229
[969] Vgl. LITTKEMANN, 2005, S. 47
[970] Vgl. LITTKEMANN, 2005, S. 52

„In gefährlichen, wechselhaften Zeiten gibt es nur eine Methode, Unternehmen am Leben zu halten: die Zügel zu lockern, tausend Blumen blühen und hundert Denkschulen miteinander konkurrieren zu lassen."
(TOM PETERS)

8. Resümee

8.1 Zusammenfassende Reflexion

Die Zielsetzung der vorliegenden Schrift ist die Entwicklung eines integrierten Modellrahmens für die Bewertung und Steuerung von Innovationsprojekten. Dazu wurde ein gemeinsamer Kontext für den Innovationsprozess, die Innovationsbewertung und das Innovationscontrolling unter den Prämissen einer nachhaltigen Wertorientierung hergestellt. Der zentrale Fokus der Arbeit liegt in einer ganzheitlichen Bewertung von Innovationsprojekten. Die Erkenntnisse der Untersuchung sind im Folgenden zusammengefasst:

Organisatorische Gestaltung des Innovationsprozesses: Die Ausgestaltung des Innovationsprozesses als überlappendes Phasen-Meilensteinkonzept im Sinne eines Stage-Gate-Prozesses wurde als entscheidende Erfolgsvoraussetzung für eine nachhaltig wertorientierte Steuerung und Bewertung von Innovationen ausgewiesen. Denn ein effizienter Innovationsprozess unterstützt das Innovationsmanagement und erleichtert die Projektbewertung. Des Weiteren wurden innovationsrelevante Ansätze der Agency Theorie aufgezeigt, da der Neuheitsgrad von Innovationen Informationsasymmetrien zwischen Innovator und Investor verursacht, die persönliche Spannungen und Agencykosten mit sich bringen.

Phasengerechte Bewertung von Innovationsprojekten: Der Informationsstand zu Innovationsprojekten verändert sich im Laufe des Innovationsprozesses rapide. Um diesem Sachverhalt gerecht zu werden, wurde der Einsatz eines „Verfahrensmix" aus qualitativen und quantitativen Bewertungsverfahren in Abhängigkeit vom jeweiligen Reifegrad des Innovationsprojektes aufgezeigt. Als Resultat des Bewertungsprozesses soll ein Gesamtbild des Innovationsprojektes vermittelt werden. Daraus soll in jeder Projektphase eine nachvollziehbare Entscheidung über Abbruch oder Fortsetzung des Innovationsprojektes abgeleitet werden können.

Kapitaltheoretische Innovationsbewertung: Unter den zahlreichen kapitaltheoretischen Bewertungsverfahren wurden die DCF-Verfahren und das Ertragswertverfahren als für die Innovationsbewertung geeignet befunden. Problemfelder der kapitaltheoretischen Innovationsbewertung sind die Prognose zukünftiger Zahlungsströme, die Ermittlung der Kapitalkosten und die Integration der Innovationsrisiken. In der Bewertungspraxis führt insbesondere die fehlerhafte Prognose zukünftiger Zahlungsströme über mehrere Perioden hinweg zu signifikanten Bewertungsabweichungen. Daher erscheinen die kapitaltheoretischen Verfahren zur Bewertung langfristiger Innovationsprojekte mit hoher Prognoseunsicherheit wenig geeignet.

Realoptionsbewertung von Innovationen: Bei der Realoptionsbewertung werden sowohl Innovationsdynamik als auch Handlungsmöglichkeiten des Managements in ihrem Optionscharakter abgebildet. Von praktischer Bedeutung ist die Bewertung der unmittelbar mit der Innovation geschaffenen Optionen (beispielsweise der Wert von Folgeprojekten). Die Herstellung von Optionsanalogien und die Modellierung der Optionen stellen dabei eine beachtliche Herausforderung für die Entscheidungsträger dar.

Bewertung der Innovationsrisiken durch Simulation: Mit der Einführung der risikoaggregierten Simulation in die Innovationsbewertung wurde eine wissenschaftliche Anwendungsinnovation vollzogen. Wirkung und Nutzen der risikoaggregierten Innovationssimulation wird in Abbildung 52 abgebildet.

Wie ausführlich in dieser Schrift demonstriert liegen in den frühen Phasen eines Innovationsprojektes vorwiegend qualitative Informationen, und erst in den späteren Phasen auch quantifizierbare Bewertungsinformationen vor. Zur Entscheidungsfindung und im Besonderen zur Wirtschaftlichkeitsbewertung ist jedoch ein bestimmtes quantifizierbares Mindestinformationsniveau (MIN) erforderlich. Die Quantifizierungslinie (QL1) stellt den Zeitpunkt des Einsatzes quantitativer Bewertungsverfahren ohne Einsatz der Simulation mit dem dazugehörigen Informationsniveau dar.

Durch den Einsatz der risikoaggregierten Innovationssimulation verschiebt sich die Quantifizierungslinie auf der Zeitachse in die Position (QL2) und ermöglicht dadurch eine frühere Quantifizierung qualitativer Informationen. Infolgedessen verlagert sich der Entscheidungszeitpunkt (t1) bei welchem ein Mindestniveau an quantifizierbaren Informationen (MIN) erreicht wird nach (t2). Der Pfeil (ZG) entspricht dem Zeitgewinn durch früheres Erreichen des Mindest-Informationsniveaus (MIN) durch die risikoaggregierte Innovationssimulation. Bei beibehalten des Entscheidungszeitpunktes (t1) wird durch Einsatz der Simulation die Restunsicherheit (RU) reduziert.

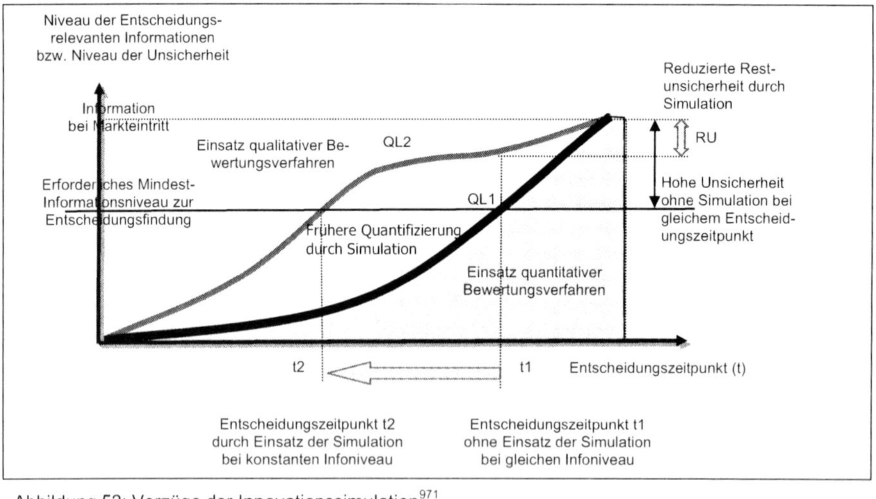

Abbildung 52: Vorzüge der Innovationssimulation[971]

[971] Quelle: Eigene Darstellung

Der Einsatz der risikoaggregierten Simulation kann als Ergänzung zu den traditionell eingesetzten Verfahren betrachtet werden und bietet gegenüber diesen folgende Vorzüge:

- Der Einsatz der risikoaggregierten Simulation ermöglicht eine frühere Quantifizierung der Daten und dadurch eine frühere Bewertung der Innovationsprojekte und infolgedessen eine frühere Entscheidungsfindung und effizientere Ressourcenallokation zu den erfolgversprechenden Innovationsprojekten.
- Durch die Simulation wesentlicher Einflussparameter (Absatzmenge, Absatzpreis, Entwicklungskosten, etc.) auf das Ergebnis einer Innovation wird die innovationsimmanente Unsicherheit in Form von Erfolgswahrscheinlichkeiten quantifiziert und damit den Entscheidungsträgern eine zusätzliche Entscheidungsgrundlage zur Verfügung gestellt.
- Das Gesamtrisiko einer Innovation wird durch die risikoaggregierte Simulation quantifiziert. Die nachfolgende Integration des Innovationsrisikos in den kapitaltheoretischen Wertbeitrag eines Innovationsprojektes ermöglicht die Darstellung einer risikoadjustierten Wertgröße in Form des entwickelten „Innovation Value at Risk" (IVaR).
- Die risikoaggregierte Simulation von Innovationsprojekten trägt zudem dem dynamischen Verlauf von Innovationsprojekten in hohem Maße Rechnung. Störereignisse wie beispielsweise das Nachfolgen von Mitbewerbern am Markt können in die Simulation einbezogen und die damit verbundenen Auswirkungen auf das Innovationsprojekt dynamisch dargestellt werden.

Integrative Gesamtbewertung: Zielsetzung der Bewertung ist es, die Auswirkungen eines Innovationsprojektes auf ein Unternehmen möglichst ganzheitlich unter Einbezug sämtlicher Chancen und Risiken zu erfassen. Dazu sind sowohl qualitative wie auch quantitative Bewertungskriterien, kapitaltheoretische wie optionsbasierte Elemente und die Risikowirkungen von Innovationen in der Bewertung zu berücksichtigen. Der Gesamtwert eines Innovationsprojektes setzt sich somit aus dem Kapitalwert des Projektes an sich sowie aus dem Wert der Summe der Kapitalwerte der mit der Innovation geschaffenen Optionen abzüglich der Innovationsrisiken zusammen.

Innovationscontrolling: Nach ausführlicher Auseinandersetzung mit der Bewertung von Innovationen, werden die Einsatzmöglichkeiten des Innovationscontrolling zur kontinuierlichen Unterstützung des Innovationsmanagements bei der Planung und Steuerung des Innovationsprozesses aufgezeigt. Dabei wird auf die zentrale Bedeutung einer mit der Unternehmensstrategie akkordierten Innovationsstrategie hingewiesen. Weiters wird der Einsatz strategischer wie operativer Instrumente des Innovationscontrollings zur Erreichung der Innovationsziele in Abhängigkeit von Reife- und Neuheitsgrad der jeweiligen Innovation aufgezeigt. Sowie der Innovationsprozess nicht Routine ist, aber eines Tages in den betrieblichen Alltag integriert werden soll, so müssen auch Innovations- und Routinecontrolling in ihren strategischen Aufgaben getrennt und wieder verknüpft werden.

8.2 Kritische Würdigung

Derzeit kann die Verbreitung einer Innovationsideologie, welche die aktuellen Probleme der hoch entwickelten Wirtschaftsnationen lösen soll, beobachten werden. Kernaussage dieser Ideologie ist: dass das jeweils Neue ist in jedem Fall das Bessere ist, man sollte es haben (neu und gut sind identische Werte). Eine Verstärkung dieser Ideologie wird mit „sanften Zwang" durch eine Verkürzung der Lebensdauer der Produkte erreicht. Offensichtlich sind diese Zwangsmaßnahmen in der nahezu „monopolgesteuerten" Softwareindustrie. Kauft man nicht, hat man nicht nur bestimmte Produkte nicht, sondern man fällt zudem aus wesentlichen Kommunikationsprozessen heraus.[972]

Die Wachstumsphilosophie des Systems „Welt-Wirtschaft" ist auf Grenzenlosigkeit ausgelegt. Alles steht unter dem Postulat des Wachstums; Stagnation wird bereits als Defizit bewertet, doch zu „gesunden" Systemen gehören Grenzen. Denn grenzenloses Wachstum durch permanente Systemerweiterung führt zu krebsartigem Wuchern mit den uns bekannten Folgen. Für eine erfolgreiche Entwicklung einer Disziplin ist weniger die Größe als vielmehr die Existenz einer klaren Grenze und das durch sie geregelte Umweltverhältnis, sowie die Organisation eines inneren Maßes wichtig. [973]

Grenzen und Auswirkungen der Bewertung: Einerseits verlangen Innovationen eine Rücknahme von Planung und Strukturierung und erfordern Freiräume für kreative Lösungen. Mit der Rücknahme von Planung und Struktur geht jedoch auch ein Vergleichsstandard bzw. Bewertungsmaßstab für aktuell erbrachte Leistungen und deren Bewertung verloren. Eine zusätzliche Herausforderung stellt sich, wenn es darum geht die Qualität der Bewertung einer kreativen Leistung zu beurteilen.[974] Eine derartige Bewertung kann meist nur durch Rekonstruktion des Ablaufs und der getroffenen Entscheidungen erfolgen, jedenfalls werden dabei die Grenzen der Bewertung ersichtlich.[975]

„What gets measured gets done" ist im Management häufig zu hören. Eine große Zahl von Unternehmen hat erkannt, dass das Messen und Bewerten eine entscheidende Rolle spielt, wenn es darum geht, die formulierte Unternehmensstrategie erfolgreich in reelle Geschäftsergebnisse umzusetzen. Allerdings ist auch bekannt, dass eine Messung und Bewertung an sich bereits den Ausgang eines Experiments beeinflusst. Dies konnte Heisenberg für die Quantenphysik zeigen und damit ein wissenschaftliches Weltbild verändern.[976]

[972] Vgl. HEINTEL, 2004, S. 10
[973] Vgl. HEINTEL/GÖTZ, 2000, S. 43-54
[974] Vgl. OFNER, 1997, S. 354
[975] Vgl. OFNER, 1997, S. 344
[976] Vgl. BOUTELLIER/VÖLKER/VOIT, 1999, S. 207

In diesem Sinne beeinflusst Innovationscontrolling durch die Definition dessen, was gemessen wird (und damit auch, was nicht gemessen wird), das Verhalten der Beteiligten und damit zwangsläufig auch die Ergebnisse. Dies ist nicht nur unumgänglich, sondern meist in hohem Maße gewollt. Daher ist es verständlich, dass sich ein ganzheitliches Innovationscontrolling auch mit dem Messen und Steuern der so genannten weichen Faktoren beschäftigt.

Grenzen und Auswirkungen der Planung: Wenngleich in der betriebswirtschaftlichen Literatur die Ausgestaltungs- und Einsatzmöglichkeiten der Planung sehr ausführlich diskutiert werden, finden sich Beiträge zu deren Grenzen nur in geringem Umfang. Als einer der ersten Autoren benutzte KORTZFLEISCH den Begriff „Grenzen der Planung" explizit und versah ihn mit Inhalt:[977] „Die erste und wichtigste Grenze ist jeder betriebswirtschaftlichen Planung dadurch gesetzt, dass es dem Menschlichen Geist unmöglich ist, die zukünftige Entwicklung mit letzter Genauigkeit vorauszusehen. [...] Die zweite Grenze ist der betriebswirtschaftlichen Planung als Institution gesetzt. Je mehr direkte Grundlagen oder indirektes Informationsmaterial für sie ausgewertet werden müssen, umso größer sind die Fehlermöglichkeiten. Auch wird die Planung zweifellos mit zunehmendem Umfang schwerfälliger."[978]

Grenzen und Auswirkungen der Wertorientierung: Die Wertorientierung stößt im Innovationsmanagement auf zahlreiche Grenzen, insbesondere bei Aufgabenstellungen, welche nicht durch Effektivität und Effizienz im Unternehmen gemessen werden können. Eine weitere Grenze ist durch mehrdimensionale Ziele (technische Leistungsmerkmale, Kundennutzen, Nebeneffekte, Rückwirkungen, etc.) gegeben, welche nicht in Kapitalrenditen ausgedrückt werden können.

Weiterhin wurde festgestellt, dass sich eine kurzfristig ausgerichtete Optimierung der Kapitalrendite auch negativ auf die Innovationstätigkeit der Unternehmen auswirken kann. Da die Planungs- und Verantwortungshorizonte der Entscheidungsträger kürzer geworden sind, werden Innovationsprojekte, die innerhalb des Planungszeitraumes von ca. 3 bis 5 Jahren keinen positiven Kapitalertrag erwirtschaften können, nicht realisiert.

Die Fokussierung auf eine möglichst kurze Amortisation der Innovationskosten verursacht eine Reduktion des Neuheitsgrades der Innovationsprojekte. Denn Projekte mit einem niedrigen Innovationsgrad erwirtschaften tendenziell kurzfristiger einen positiven Kapitalwert zu ungunsten der Nachhaltigkeit. Dies steht zudem im Widerspruch zu einer langfristigen technischen Weiterentwicklung und damit zu einer nachhaltigen Unternehmenssicherung.

Nachhaltiger Erfolg eines Unternehmens ist lediglich dann gewährleistet, wenn es nicht nur die Interessen der Shareholder (Kapitalgeber), sondern auch die Interessen aller Stakeholder (Mitarbeiter, Partner, Gesellschaft, relevante Umwelt, etc.) gleichberechtigt berücksichtigt und als zusätzliche Dimensionen in die Bewertung integriert.

---

[977] Vgl. SCHMALENBACH-GESELLSCHAFT, 1991

[978] KORTZFLEISCH, 1959, S. 19

Als positiver Effekt einer wertorientierten Haltung kann festgehalten werden, dass Innovationen nun differenzierter betrachtet werden. Innovationen werden nicht mehr primär als organisationsfremder Kostenverursacher, sondern vielmehr als potentielle Wertquelle wahrgenommen und damit unternehmensintern sowie –extern aufgewertet. Wertorientierung darf dennoch nicht Selbstzweck im Innovationsmanagement sein. Die zentrale Zielsetzung von Innovationen besteht darin, über eine verbesserte oder erstmalige Lösung von Kundenanforderungen eine nachhaltige Entwicklung des Unternehmens zu sichern.

„Für augenblicklichen Gewinn verkaufe ich die Zukunft nicht!“
(Werner von Siemens)

8.3 Ausblick und weiterer Forschungsbedarf

Innovationsmanagement ist seit einigen Jahren Gegenstand der betriebswirtschaftlichen Forschung und wird erfolgreich in die Praxis umgesetzt. Die zunehmende Bedeutung der Kapitalmärkte und die Orientierung am Shareholder Value erfordern jedoch eine Ergänzung durch zusätzliche Aspekte der Kapitalmarktorientierung und eine Erweiterung zu einem umfassenden, wertorientierten Innovationsmanagement. Dabei ist die Einbindung der Absatzmarktakteure wie Kunden, Wettbewerber oder Partner in den Innovationsprozess genauso bedeutend wie die Einbindung der Kapitalgeber.

Weiterer Forschungsbedarf: Allgemein ist von einem steigenden Bedarf an weiterführenden Erkenntnissen der Innovationsforschung auszugehen. Dabei sollte der Schwerpunkt der Forschung auf die Praktikabilität der verfügbaren Bewertungsmethoden – noch vor weiterer Theoriebildung – gelegt werden. Da aus Anwendungssicht jetzt schon signifikante Defizite bei der Transformation des Theoriestandards in die betriebliche Innovationstätigkeit bestehen.

Auf dem Gebiet der **Innovationsbewertung** eröffnet sich ein umfangreiches Betätigungsfeld für zukünftige Forschungsaktivitäten. Es besteht insbesondere Forschungsbedarf hinsichtlich einer anwendungsnahen Zuordnung geeigneter qualitativer und quantitativer Bewertungskriterien zu den unterschiedlichen Innovationsphasen.

Weiterer Forschungsbedarf besteht hinsichtlich der Anwendung **risikoaggregierter Simulationen**. Insbesondere bestehen Forschungsdefizite bei Verfahren zur anwendungsnahen Eingrenzung von Bewertungsparametern, Verteilungsfunktionen der Parameter und Korrelationen zwischen ihnen. Ein weiteres Forschungsziel stellt eine anwendungsnahe **Integration des Innovationsrisikos** in die Bewertungsergebnisse der Simulation dar. Hierbei erscheint die Integration des Risikos in den Diskontierungssätzen der Kapitalkosten als mögliches Forschungsfeld interessant.

Im Bereich des **Innovationscontrollings** sollte die zukünftige Forschung auf die Adaptierung verfügbarer Instrumente auf die speziellen Anforderungen in der Praxis ausgerichtet werden. Zudem bestehen erhebliche Defizite in der korrekten Abbildung von Innovationen im betrieblichen Rechnungswesen.

Literaturverzeichnis

ABELL D.F. (1980): Defining the Business. The Starting Point of Strategic Planning. Englewood Cliffs, N.J., 1980.

ADAM D. (1997): Planung und Entscheidung. Modelle, Ziele, Methoden. Mit Fallstudien und Lösungen, 4. Auflage, Gabler, Wiesbaden, 1997.

ALBACH H. (1984): Die Innovationsdynamik der mittelständischen Industrie. In: ALBACH, H., HELD, TH.: Betriebswirtschaftslehre mittelständischer Unternehmen. Stuttgart, 1984.

ANSOFF H.J. (1981): Die Bewältigung von Überraschungen und Diskontinuitäten durch die Unternehmensführung. Strategische Reaktion auf schwache Signale. In: STEINMANN H.: Planung und Kontrolle. München, 1981. S. 233 - 264.

BACKHAUS K. (1995): Industriegütermarketing. 4. überarbeitete Auflage, Oldenburg Verlag, München, 1995.

BACKHAUS/WERTHSCHULTE (2002): Projektfinanzierung. Wirtschaftliche und rechtliche Aspekte einer Finanzierungsmethode für Großprojekte. Stuttgart, 2003.

BALLWIESER W. (1993): Methoden der Unternehmensbewertung. In: GEBHARDT/ GERKE/STEINER: Handbuch des Finanzmanagements. o.O., 1993. S. 151 - 176.

BALLWIESER W. (2004): Unternehmensbewertung: Prozess, Methoden und Probleme. Schäffer-Poeschel-Verlag, Stuttgart, 2004.

BARNETT H.G. (1953): Innovation: The Basis of Cultural Change. New York, 1953. In: HAUSCHILDT J.: Innovationsmanagement. München, 1993.

BEICHELT F./MONTGOMERY D. (2003): Teubner-Taschenbuch der Stochastik. 1. Auflage, Teubner Verlag, Wiesbaden, 2003.

BERGER A./RING M. (2003): Teilkommentierung von § 249 HGB. In: Beck´scher Bilanz-Kommentar. 5. Auflage, München, 2003.

BETSCH O./GROH A./LOHMANN L. (1998): Corporate Finance. München, 1998.

BEYER A.S. (2002): Wertorientiertes Innovationsmanagement. EUL-Verlag, Köln, 2002.

BIERFELDER W. (1994): Innovationsmanagement. Prozessorientierte Einführung. Oldenbourg Verlag, München et al., 1994.

BLACK F./SCHOLES M. (1973): The Pricing of Options and Corporate Liabilities. In: Journal of Political Economy: Volume 81. 1973. S. 637 - 654.

BLEICHER K. (1995): Technologiemanagement und organisatorischer Wandel. In: ZAHN E.: Handbuch Technologiemanagement. Stuttgart, 1995.

Böning D. (1969): Probleme der Bestimmung des Aufwandes und Ertrages industrieller Forschungs- und Entwicklungsprojekte. In: Betriebswirtschaftliche Forschung und Praxis. 21. Jg: 1969. S. 493 - 522.

Bornhold W.: Planung technischer Neuerungen. Göttingen, 1978.

Boutellier R./Völker R./Voit E. (1999): Innovationscontrolling: Forschungs- und Entwicklungsprozesse gezielt planen und steuern. Hanser Verlag, Wien, et al.,1999.

Brauch W./Dreyer H.J./Haacke W. (1990): Mathematik für Ingenieure. 8. Auflage, Stuttgart, 1990.

Braun H. (1984): Risikomanagement. Eine spezifische Controllingaufgabe. Darmstadt, 1984.

Brealey R.A./Myers S.C. (1996): Principles of Corporate Finance. 5. Auflage, Boston, 1996.

Brealey R.A./Myers S.C. (2000): Principles of Corporate Finance. 6. Auflage, Boston, 2000.

Brockhoff K. (1994): Forschung und Entwicklung: Planung und Kontrolle. 4. Auflage, Oldenburg Verlag, München et al., 1994.

Brockhoff K. (1995): Schnittstellen-Management. In: Zahn E. (Hrsg.): Handbuch Technologiemanagement. Stuttgart, 1995. S. 438 - 451.

Brockhoff K. (1999): Forschung und Entwicklung: Planung und Kontrolle. 5. Auflage, Oldenburg Verlag, München et al., 1999.

Brockhoff K./Hauschildt J. (1993): Schnittstellen-Management. Koordination ohne Hierarchie. In: Zeitschrift für Organisation: Jg. 62: 1993/Ausgabe 6. S. 396 - 403.

Bühner R./Weinberger H. J. (1991): Cash-Flow und Shareholder Value. In: BFuP. Jg. 43: 1991. S. 187 - 208.

Bullinger H./Schlick G.H. (2002): Wissenspool Innovation. Kompendium für Zukunftsgestalter. FAZ Verlagsbereich Buch, Frankfurt am Main, 2002.

Burghardt M. (2002): Projektmanagement. 6. Auflage, Erlangen, 2002.

Büschgen H. (1998): Bankbetriebslehre: Bankgeschäfte und Bankmanagement. 5. Auflage, Wiesbaden, 1998.

Busse von Colbe W./Laßmann G. (1990): Betriebswirtschaftstheorie. Band 3: Investitionstheorie. 3. Auflage, Berlin, 1990.

Chakravorti B. (2004): Neue Regeln für Innovationen. In: Harvard Business Manager. Hamburg, 06/2004.

Chrobok R. (1996): Geschäftsprozessorganisation. In: Zeitschrift für Organisation. Ausgabe 03/1996. S. 190 - 191.

Commes M.T./Lienert R. (1983): Controlling im F&E-Bereich. In: Zeitschrift für Organisation, Jg.52: 1983. S. 347 - 354.

Cooper R. (1994): Third-Generation New Product Processes. In: Journal of Product Innovation Management. Volume 12: 1994. S. 3 - 14.

Cooper R. (2002): Top oder Flop in der Produktentwicklung. Erfolgsstrategien. Von der Idee zum Launch. Wiley-VCH-Verlag, Weinheim, 2002.

Copeland T./Antikarov V. (2002): Realoptionen: das Handbuch für Finanzpraktiker. Wiley-VCH-Verlag, Weinheim, 2002.

Copeland T./Keenan P. (1998): How Much is Flexibility Worth? In: McKinsey Quarterly. 1998/2, S. 38 - 49.

Copeland T./Koller T./Murrin J. (2000): Valuation. 3. Auflage, Wiley-VCH-Verlag, New York et al., 2000.

Copeland T./Koller T./Murrin J. (1998): Unternehmenswert. Methoden und Strategien für eine wertorientierte Unternehmensführung. 2. aktualisierte und erweiterte Auflage, Frankfurt et al, 1998.

Cornelius H. (1999): In: Das innovative Unternehmen. Gabler Verlag, Wiesbaden, 1999.

Corsten H. (1999): In: Das innovative Unternehmen. GablerVerlag, Wiesbaden, 1999.

Cox J.C. (1979): Option Pricing: A Simplified Approach. In: Journal of Financial Economics, Volume 7, S. 229 - 263.

Crasselt N./Tomascewski C. (2002): Realoptionen: Systematisierung und typische Anwendungsfelder. In: M&A Review, 3/2002, S. 131 - 137.

DeMarco T./Lister T. (2003): Mit Risikomanagement Projekte zum Erfolg führen. München et al., 2003.

Dietz J.W. (1989): Gründung innovativer Unternehmen. Gabler Verlag, Wiesbaden, 1989.

Dixit A.K./Pindyck R.S. (1995): The Options Approach to Capital Investment. In: Harvard Business Review, Volume 73, 1995/03, S. 105 – 115.

Drucker P.F. (1984): Weltwirtschaftswende. Tendenzen für die Zukunft. Langen-Müller/Herbig Verlag, München, 1984.

Drucker P.F. (1985): Innovationsmanagement für Wirtschaft und Politik. 1. Auflage, Econ Verlag, Düsseldorf et al., 1985.

Drucker P.F. (1993): Die postkapitalistische Gesellschaft. Econ Verlag, Düsseldorf et al., 1993.

Drucker P.F. (1999): Innovation and Entrepreneurship. Harper Business, New York, 1999.

DRUKARCZYK J. (1995): DCF-Methoden und Ertragswertmethode: einige klärende Anmerkungen. In: WPg. Jg. 48: 1995. S. 329 - 334.

DRUKARCZYK J. (1996): Wertorientierte Unternehmenssteuerung. In: Zeitschrift für Bankrecht und Bankwirtschaft. Jg. 9: 1996.

DUNST K. (1983): Portfolio-Management. 2. verbesserte Auflage, Berlin et al., 1983.

EGGER A. (1999): Beiträge zur Entwicklung der Unternehmensbewertung. Linde Verlag, Wien, 1999.

EICHHORN J.P. (1985): Chancen und Risikomanagement im Innovationsprozeß. Lernen aus Flops zur erfolgreichen Umsetzung von Innovationen. Europäische Hochschulschriften: Lang Verlag, Frankfurt u.a., 1985.

ENGEL H.P./WOLFF J. (1985): Simulationstechnik:ein Hilfsmittel zur Planung und Kontrolle organisatorischer Abläufe und technischer Prozesse. In: Office Management. 1985: Heft 12. S. 1244 - 1248.

FEESS E. (1997): Mikroökonomie. Eine spieltheoretisch- und anwendungsorientierte Einführung. Metropolis Verlag, Marburg, 1997.

FRANKE G./HAX H. (1999): Finanzwirtschaft und Kapitalmarkt. 4. überarbeitete Auflage, Heidelberg, 1999.

FRANKE G./HAX H. (2004): Finanzwirtschaft des Unternehmens und Kapitalmarkt. 5. Auflage, Springer, Berlin , 2004.

FREY H./NIEßEN G. (2001): Monte Carlo Simulation. Quantitative Risikoanalyse für die Versicherungsindustrie. Verlag Gerling Akademie, München, 2001.

FRIEDL G. (2002): Der Realoptionsansatz zur Bewertung von Investitionen und Akquisitionen. In: M&A Review, Heft 2/2002. S. 73 - 80.

GABLER WIRTSCHAFTSLEXIKON (1992): Gabler Wirtschaftslexikon. Gabler Verlag, Wiesbaden, 1995.

GALINI N.T./WINTER R. A. (1985): Licensing in the theory of innovation. Rand Journal of Economics. 1985/Volume 16. S. 237 - 252.

GÄLWEILER A. (1981): Strategische Unternehmensplanung. In: STEINMANN H.: Planung und Kontrolle. München, 1981. S. 84 ff.

GÄLWEILER A. (1987): Strategische Unternehmensführung. Campus Verlag, Frankfurt et al., 1987.

GEMÜNDEN H.G. (1981): Innovationsmarketing. Interaktionsbeziehungen zwischen Hersteller und Verwender innovativer Investitionsgüter. Tübingen, 1981.

GEMÜNDEN H.G./Walter A. (1995): Der Beziehungspromotor: Schlüsselperson für interorganisationale Innovationsprozesse. In ZfB, Jg. 65: 1995. S. 971 - 986.

GEOFFREY A. M. (2004): Darwin und der Dämon. In: Harvard Business Manager, 26. Jahrgang, 12/2004.

Gerken G. (1992): Im Trainings-Camp für die Zukunft. In: Psychologie Heute, 07/1992. S 66.

Gerpott T. J. (1999): Strategisches Technologie- und Innovationsmanagement: eine konzentrierte Einführung. Schäffer-Poeschel-Verlag, Stuttgart, 1999.

Geschka H. (1997): Innovationsmanagement. In: BWL der Mittel- und Kleinbetriebe. o.O., 1997, S. 198.

Geschka/Yildiz (1990): Probleme in den Griff bekommen. Kreativitätstechniken, 2003.

Gierl H./Helm R./Satzinger M. (1999): Technologische Innovation und asymmetrische Information. In: Zeitschrift für Betriebswirtschaft, Jg. 69: 1999. S. 1181 - 1205.

Gleißner W./Meier G. (2001): Wertorientiertes Risiko-Management für Industrie und Handel. Methoden, Fallbeispiele, Checklisten. Gabler Verlag, Wiesbaden, 2001.

Gleißner W./Müller-Reichart M./Romeike F. (2005): Risikoaggregation im Versicherungsunternehmen basierend auf einem einfachen Simulationsmodell. In: Zeitschrift für Versicherungswesen. 02/2005. S. 88 - 93.

Gleißner, W. (2003): Stochastische Planung, Rating und Balanced Scorecard. In: Controller Magazin 2003/04. S. 400 - 406.

Gleißner, W. (2004a): Auf nach Monte Carlo. Simulationsverfahren zur Risiko-Aggregation. In: Risknews. 2004/Heft 1. S. 31 - 37.

Gleißner, W. (2004b): Die Aggregation von Risiken im Kontext der Unternehmensplanung. In: Zeitschrift für Controlling und Management. 2004/ Heft 5. S. 350 - 359.

Gleißner, W. (2005): Wertorientierte Unternehmensführung, Strategie und Risikomanagement. Die Kapitalkosten als Bindeglied. In: Romeike (Hrsg.): Modernes Risikomanagement. o.O., 2005. S. 33 - 51.

Granig P. (2000): Aufbau und Führung eines innovativen Unternehmens. Diplomarbeit. Klagenfurt, 2000.

Graumann M. (1994): Grundprinzipien des betrieblichen Innovationsmanagement. In: Zeitschrift für Organisation, 6/1994, S. 396 - 402.

Green P.E./Wind Y. (1975): New Way to measure Consumers´ Judgements. In: Harvard Business Review, 53. Jg.: 1975/04. S. 107 - 117.

Griffin A./Page A.L. (1993): An Interim Report on Measuring Product Development Success and Failure. In: Journal of Product Innovation Management. 1993/10. S. 291 - 308.

Grün O. (1988): Das Lernverhalten in Entscheidungsprozessen. In: Witte/Hauschildt/Grün (Hrsg.): Innovative Entscheidungsprozesse. Tübingen, 1988. o.O., S. 268 - 298.

GÜNTHER T. (1991): Erfolg durch strategisches Controlling? Eine empirische Studie zum Stand des strategischen Controlling in deutschen Unternehmen und dessen Beitrag zu Unternehmenserfolg und –risiko. Vahlen Verlag, München, 1991.

GÜNTHER T. (1997): Unternehmenswertorientiertes Controlling. München, 1997.

HACHMEISTER D. (1996): Die Abbildung der Finanzierung im Rahmen verschiedener Discounted Cash Flow-Verfahren. In: ZfbF, Jg. 48: 1996. S. 251 - 277.

HACHMEISTER D. (1997): Shareholder Value. In: Die Betriebswirtschaft. 1997/Heft 6. S. 823 - 824.

HAHN D. (1991): Grenzen der Planung. Herausforderung an das Management. In: Zeitschrift für betriebswirtschaftliche Forschung, 1991. S. 811 - 829.

HAHN D. (1996): Planung und Kontrolle. Controllingkonzepte. 5. Auflage, Wiesbaden, 1996.

HANSSMANN F. (1988): Veränderung der Wettbewerbsposition durch Technologie-Programme. Ein Versuch der Operationalisierung. In: Strategische Planung. 1988/ Heft 1-2. S. 53 ff.

HAUSCHILDT J. (1992): Ist das Rechnungswesen innovationsfeindlich? In: Boysen K./Hohlfeldt G./Jacob H.H./Nehles F./Wellmann R.: Der Wirtschaftsprüfer vor innovativen Herausforderungen. Stuttgart, 1992.S. 51 - 67.

HAUSCHILDT J. (1996): Erfolgs-, Finanz- und Bilanzanalyse. Analyse der Vermögens-, Finanz- und Ertragslage von Kapital- und Personengesellschaften. 3. Auflage, o.O., 1996.

HAUSCHILDT J. (1997): Innovationsmanagement. 2. völlig überarbeitete und erweiterte Auflage, Vahlen Verlag, München, 1997.

HAUSCHILDT J. (2004): Innovationsmanagement. 3. völlig überarbeitete und erweiterte Auflage, Vahlen Verlag, München, 2004.

HAUSCHILDT J./SCHEWE G. (1993): Der Controller in der Bank. 2. Auflage, Frankfurt am Main, 1993.

HEINTEL P. (1997): Wie wird Wissen wirksam? Springer-Verlag, Wien, 1997.

HEINTEL P. (2004): Sparen. Einsparen. Kaputtsparen: Thesen zur Selbstbeschädigungsspirale des Kapitalismus. Klagenfurt, 2004.

HEINTEL P./GÖTZ K. (2000a): Das Verhältnis von Institution und Organisation: Zur Dialektik von Abhängigkeit und Zwang. 2. verb. Auflage, Hampp Verlag, München, 2000.

HEINTEL P./GÖTZ K. (2000b): Organisation als Freiraum und Zwang. In: Gruppendynamik und Organisationsberatung. 31. Jg: 2000/Heft 1. S. 43 - 54.

HEINTEL P./KRAINZ E. (1996): Projektmanagement: eine Antwort auf die Hierarchiekrise? 3. Auflage, Gabler Verlag, Wiesbaden, 1994.

HENNINGS R. (1983): Entwicklung und Deckung des Kapitalbedarfs kleiner und mittlerer Unternehmen im Innovationsprozeß. Frankfurt am Main, 1983.

HERMES M. (1995): Eigenerstellung oder Fremdbezug neuer Technologien. Dissertation. Kiel, 1995.

HINTERHUBER H.H. (1989): Strategische Unternehmensführung. In: Strategisches Denken. 4. Auflage, Berlin 1989.

HINTERHUBER H.H. (1992): Strategische Unternehmensführung. In: Strategisches Denken. 5. Auflage, Berlin et al., 1992.

HINTERHUBER H.H./MATZLER K. (2004): Kundenorientierte Unternehmensführung. Kundenorientierung, Kundenzufriedenheit, Kundenbindung. 4. überarbeitete und erweiterte Auflage, Gabler Verlag, Wiesbaden, 2004.

HOFFMANN K. (1979): Wie man Flop-Raten reduziert. Neue Produkte finden und erfolgreich platzieren. München, 1979.

HOMBURG C./STEPHAN J. (2004): Kennzahlenbasiertes Risikocontrolling in Industrie- und Handelsunternehmen. In: Zeitschrift für Controlling & Management, 48. Jg.: 2004. S. 313 – 325.

HOMMEL U. (1999): Der Realoptionsansatz. Das neue Standardverfahren in der Investitionsrechnung. In: M&A Review. 1999/Heft1. S. 22 - 29.

HOMMEL U./PRITSCH G. (1999a): Investitionsbewertung und Unternehmensführung mit dem Realoptionsansatz. Köln, 1999.

HOMMEL U./PRITSCH G. (1999b): Marktorientierte Investitionsbewertung mit dem Realoptionsansatz. In: Finanzmarkt und Portfoliomanagement. 1999/13. S. 115 - 144.

HOMMEL U./MÜLLER J. (1999): Realoptionsbasierte Investitionsbewertung. In: FinanzBetrieb, Jg. 1:1999. S. 177 - 188.

HOMMEL U./SCHOLICH M. (2001): Realoptionen in der Unternehmenspraxis. Wert schaffen durch Flexibilität. Springer Verlag, Heidelberg, 2001.

HORNEBER M. (1995): Innovatives Entsorgungsmanagement. Göttingen, 1995.

HÖRSCHGEN H./Kirch J./Käßler-Pawelka G./GRENZ J. (1993): Marketing-Strategien. 2. Auflage, Ludwigsburg, 1993.

HORVATH P. (1998): Controlling. 7. Auflage, Vahlen Verlag, München, 1998.

HORVATH P. (2003): Controlling. 9. Auflage, Vahlen Verlag, München, 2003.

HORVATH P./BROKEMPER A. (1998): Strategieorientiertes Kostenmanagement. In: Zeitschrift für Betriebswirtschaft 1998. S. 581 – 604.

IDW (1998): Wirtschaftsprüferhandbuch Band 2, Düsseldorf, 1998.

INNOVATION AKTUELL (2005): URL: http://www.innovation-aktuell.de/k10320; Stand 01/2005.

JANSCHEK (2001): Realoptionen und die Bewertung unternehmerischer Handlungsspielräume. In: SEICHT G. (Hrsg.): Jahrbuch für Controlling und Rechnungswesen 2001. Orac Verlag, Wien, 2001.

JENSEN F.E./LAWSON J.S. (1985): Quantifying R&D expenditures in the face of uncertainty. In: Research Management. 1985/28. S. 29 - 33.

JONAS M. (1995): Zur Anwendung der Discounted-Cash-Flow-Methode in Deutschland. In: BFuP, Jg. 47:1995. S. 83 - 98.

KALUZA B. (1996): Dynamische Produktdifferenzierungsstrategie und moderne Produktionssysteme, o.O., 1996.

KAPLAN R./NORTON D.P. (1997): Balanced Scorecard. Strategien erfolgreich umsetzen. Schäffer Poeschel Verlag, Stuttgart, 1997.

KAPPLER E./KNOBLAUCH T. (1996): Innovationen. Wie kommt das Neue in die Unternehmung? Bertelsmann Verlag, Gütersloh, 1996.

KLEINSCHMIDT E./GESCHKA H./COOPER R. (1996): Erfolgsfaktor Markt – Kundenorientierte Produktinnovation, Springer Verlag, Berlin , 1996.

KLOOCK J. (1981): Mehrperiodische Investitionsrechnungen auf der Basis kalkulatorischer und handelsrechtlicher Erfolgsrechnung. In: Zeitschrift für betriebswirtschaftliche Forschung, 1981. S. 873 – 890.

KOCH C. (1999): Optionsbasierte Unternehmensbewertung. Wiesbaden, Gabler Verlag, 1999.

KOCH W. (1999): Mittelstand und neuer Markt. Von erfolgreichen Börsenpraktikern lernen. FAZ Verlag, Frankfurt am Main, 1999.

KÖNIG M./VÖLKER R. (2002): Innovationsmanagement in der Industrie. Hanser Verlag, Wien et al., 2002.

KORN R./KORN E. (1999): Optionsbewertung und Portfolio-Optimierung. Gabler Verlag, 1999.

KORTZFLEISCH G. v. (1959): Zum Wesen der betriebswirtschaftlichen Planung. In: Betriebswirtschaftliche Planung in industriellen Unternehmungen. Festschrift für TH. BESTE. Berlin, 1959. S. 9 - 19.

KRAMER F. (1987): Innovative Produktpolitik. Berlin, 1987.

KRAMER F./APPELT H.G. (1974): Die neuen Techniken der Produktinnovation. München, 1974.

KRAUCH H./SOMMERLATTE T. (1997): Bedürfnisse entdecken. Gestaltung zukünftiger Märkte und Produkte. Campus Verlag, Frankfurt et al.,1997.

KROPFBERGER D. (1974): Langfristige Planungs- und Kontrollrechnung im Marketing. Dissertationschrift. Linz, 1974.

KROPFBERGER D. (1986): Erfolgsmanagement statt Krisenmanagement. Strategisches Management in Mittelbetrieben. Universitätsverlag Rudolf Trauner, Linz, 1986.

KROPFBERGER D./FORSTHUBER W. (1989): Kundenorientiertes Technologiemanagement. In: Marktforschung & Management. 03/1989.

KÜHN R. (1987): Der Markt als Impulsgeber für das Produkt-Markt-Konzept. In: Die Unternehmung. 1987/Heft2. S. 134 ff.

KÜPPER H.U. (1985): Investitionstheoretische Fundierung der Kostenrechnung. In: Zeitschrift für betriebswirtschaftliche Forschung. 37. Jg:1985. S. 26 - 46.

KÜPPER H.U. (1997): Controlling: Konzeption, Aufgaben und Instrumente. 2. Auflage, Stuttgart, 1997.

LACKES R. (1992): Sensitivitätsanalyse in der Investitionsrechnung durch kritische Werte. In: WISU, 1992. S. 259 – 264.

LAMBERTZ M./GECKELER H. (1996): Total Innovation Management. In 7 Schritten zur Innovation. Econ Verlag, Düsseldorf, 1996.

LAUX H. (1993): Handlungsspielräume im Leistungsbereich des Unternehmens. Eine Anwendung der Optionspreistheorie. In: ZfbF, 1993/Heft 11. S. 933 - 958.

LAUX H. (1995): Entscheidungstheorie. 3. Auflage. Berlin et al., 1995.

LEBOEUF M. (1991): Imagination, Inspiration, Innovation. Kreative Kräfte nutzen. 2. Auflage, Moderne Verlagsgesellschaft, München, 1991.

LECHNER K./EGGER A./SCHAUER R. (1994): Einführung in die allgemeine Betriebswirtschaftslehre. Linde Verlag, Wien, 1994.

LEDER M. (1989): Innovationsmanagement. In: ZfB-Ergänzungsheft 1989. S. 1 - 55.

LIAO Z. (2001): International R&D Project evaluation by multinational corporations in the electronics and IT industry of Singapore. In: R&D Management, Jg. 31: 2001/Heft 3. S. 299 - 307.

LINDERMEIR B. (1988): Die quantitative Bewertung von Innovationen. Eine theoretische Analyse alternativer Modelle. Hochschulschriften zur Betriebswirtschaftslehre, Band 57. Florentz Verlag, München, 1988.

LITTKEMANN J. (1998): Die Innovationsabrechnung als Zweck des Rechnungswesens? Eine Analyse zur abrechnungstechnischen Behandlung von Innovationen im externen und internen Rechnungswesen. In: Der Betrieb. 51. Jg: 1998. S. 1973 - 1979.

LITTKEMANN J. (2005): Innovationscontrolling. Vahlen Verlag, München, 2005.

LITTLE A.D. (1988): Innovation als Führungsaufgabe. Campus Verlag, Frankfurt am Main et al., 1988.

LUCE R.D./TUKEY J.W. (1964): Simultaneous Conjoint Measurement: A new Type of Fundamental Measurement. In: Journal of Mathematical Psychology, Jg. 1: 1964. S. 1 - 27.

LÜCKE W. (1965): Die kalkulatorischen Zinsen im betrieblichen Rechnungswesen. In: Zeitschrift für Betriebswirtschaft. 1965. S. 3 - 28

LUEHRMANN T.A. (1997): What´s it Worth? A General Manager´s Guide to Valuation. In: Harvard Business Review, 1997/4. S. 132 - 142.

LYNN G.S./MORONE J.G./PAULSON A.S. (1996): Wie echte Produktinnovationen entstehen. In: Harvard Business Manager. 1996/4. S. 80 - 91.

MACHARZINA K. (1995): Unternehmensführung. 2. Auflage, Wiesbaden, 1995.

MÄDER L. (1993): Projektcontrolling. Über den Projekterfolg zum besseren Unternehmensergebnis. In: Management Zeitschrift. 62. Jg: 1993. S. 49 - 52.

MAGYAR K. (1990): Es muss Vieles stimmen um Visionen zu finden. In: IO Management Zeitschrift 59, Nr. 1990. S. 20ff.

MAIDIQUE M.A./ZIRGER B.J. (1985): The new product learning cycle. In: Research Policy, 1985/14. S. 299 - 313.

MALIK F. (1994): Management-Perspektiven. Paul Haupt Verlag, Bern et al., 1994.

MANDL G. (2000): Zum Stand der Unternehmensbewertung in Theorie und Praxis. In: RWZ, 2000/Heft 6. S. 182 - 187.

MANSFIELD E. (1971): Research and Innovation in the Modern Corporation. New York/London, 1971. In: BEYER A.: Wertorientiertes Innovationsmanagement. Eul Verlag, Köln, 2002.

MATZLER K./HINTERHUBER H.H. (2004): Kundenorientierte Unternehmensführung. Kundenorientierung, Kundenzufriedenheit, Kundenbindung. 4. überarbeitete und erweiterte Auflage, Gabler Verlag, Wiesbaden, 2004.

MEFFERT H. (1993): Marketing. Grundlagen der Absatzpolitik. Gabler Verlag, Wiesbaden, 1993.

MEFFERT H. (1998): Marketing. Grundlagen marktorientierter Unternehmensführung. Konzepte, Instrumente, Praxisbeispiele. 8. vollständig neu bearbeitete und erweiterte Auflage, Gabler Verlag, Wiesbaden, 1998.

MEFFERT H./Bolz J. (1998): Internationales Marketing-Management. Kohlhammer Verlag, Stuttgart, 1998.

MEISE F. (1998): Realoptionen als Investitionskalkül. Bewertung von Investitionen unter Unsicherheit. München et al., 1998.

MEIßNER W. (1989): Innovation und Organisation. Die Initiierung von Innovationsprozessen in Organisationen. Verlag für Angewandte Psychologie, München, 1989.

MENSCH G.O. (1975): Gemischtwirtschaftliche Innovationspraxis. Göttingen, 1975.

MERTENS P. (1982): Simulation. 2. neu bearbeitete Auflage, Stuttgart, 1982.

MILD T. (2002): Bewertung technologischer Ressourcen. Erarbeitung einer systematischen methodengestützten Vorgehensweise zur Beschleunigung von Managemententscheidungen im Rahmen von Entwicklungsvorhaben. Shaker Verlag, Aachen, 2002.

MUSSNIG W. (1995): Management Accounting in turbulenten Zeiten. Dissertationsschrift. Klagenfurt, 1995.

MUSSNIG W. (2001): Dynamisches Target Costing. Von der statischen Betrachtung zum strategischen Management der Kosten. Deutscher Universitäts- u. Gabler Verlag, Wiesbaden, 2001.

MUSSNIG W. (2003): Planung, Simulation und dynamische Bewertung von Wettbewerbsstrategien. Ein modelltheoretischer Beitrag. Expose Forschungsprojekt, Klagenfurt, 2003.

MUTH J.F. (1961): Rational Expectations and the Theory of Price Movements. In: Econometrica, Ausgabe 29, S. 315 - 335.

MYERS S./C. (1987): Finance Theory and Financial Strategy. In: Midland Corporate Finance Journal, 1987, S. 6 - 13.

MYERS/MAJD (1990): Abandonment value and projectlife. In: Fabozzi: Advances in Futures and Options Research, 1990.

NADVORNIK W. (1995): Finanzwirtschaftliche Unternehmensbewertung. In: RWZ, 1995/Heft 12. S. 374 - 379.

NEUMANN R. (1995): Risiko-Organisation. Organisiertes Risiko. Beiträge zur integrativ–systemorientierten Verarbeitung selbsterzeugter Risikopotentiale in und von Organisationen. Lang Verlag, Wien, 1995.

NIPPEL P. (1999): Zirkularitätsproblem in der Unternehmensbewertung. In: BFuP, Jg. 51: 1999. S. 333 - 347.

NOWAK T. (1994): Faktormodelle in der Kapitalmarkttheorie. Köln, 1994.

OFNER F. (1997): Machtverteilung und Organisation. Zur Dynamik von wirtschaftlicher Entwicklung, Arbeitsbeziehungen und betrieblichen Strukturierungsprozessen. Klagenfurt, 1997.

PAPE U. (1997): Wertorientierte Unternehmensführung und Controlling. Sternenfels/Berlin, 1997.

PATTERSON M. (1996): Innovation. Managing the process. In: GAYNOR G. H.: Handbook of Technology Management. Chapter 10, New York , 1996.

PERRIDON L./STEINER M. (1999): Finanzwirtschaft der Unternehmung, 10. Auflage, München, 1999.

PERRIDON L./STEINER M. (1997): Finanzwirtschaft der Unternehmung. 9. Auflage, München, 1997.

PETERS T. (1998): Der Innovationskreis. Ohne Wandel kein Wachstum. Wer abbaut, verliert. Econ Verlag, München 1998.

PETERS T./WATERMAN R.H. (1984): Auf der Suche nach Spitzenleistungen. 10. Auflage, mvg Verlag, Landsberg, 1984.

PFEIFFER W./BISCHOF P. (1981): Produktlebenszyklen. Instrument jeder strategischen Produktplanung. in: STEINMANN H. (Hrsg.), Planung und Kontrolle. München, 1981.

PIERER H. V./OETINGER B.V. (1997): Wie kommt das Neue in die Welt? Hanser Verlag, München, Wien,1997.

PLESCHAK F./SABISCH H. (1996): Innovationsmanagement. Schäffer-Poeschel-Verlag, Stuttgart, 1996.

POPP/SCHMITT (1999): Informationsgewinn beim Risikomanagement von Innovationsvorhaben. In: TINTELNOT : Innovationsmanagement. Berlin, Heidelberg, New York, 1999.

PORTER M.E. (1995): Wettbewerbsstrategie. Methoden zur Analyse von Branchen und Konkurrenten. 8. Auflage, Frankfurt am Main, 1995.

PRIGOGINE I. (1967): Introduction to Thermodynamics of Irreversible Processes. 3. Auflage, New York, 1967.

RAMS A. (1999a): Realoptionsbasierte Unternehmensbewertung. In: Finanz Betrieb, 1999/Heft 11. S. 349 - 364.

RAMS A. (1999b): Realoptionen: Bewertungsansätze und Fallstudien. In: M&A Review, 1999/Heft 6. S. 266 - 274.

RAPPAPORT A. (1995): Shareholder Value. Wertsteigerung als Maßstab für die Unternehmensführung. Stuttgart, 1995.

RAPPAPORT A. (1999): Shareholder Value. Ein Handbuch für Manager und Investoren. 2. überarbeitete Auflage, Stuttgart, 1999.

RATIU-SUCIU C. (2001): Modelarea si simularea proceselor economice. Bucuresti, Editura Economica, 1. Auflage, 2001.

RATIU-SUCIU C. (2002): Modelarea si simularea proceselor economice. Bucuresti, Editura Economica, 2. Auflage, 2002.

REGER G. (1997): Koordination und strategisches Management internationaler Innovationsprozesse. Dissertationsschrift. St. Gallen, 1997.

REINHARDT H.C. (1997): Kapitalmarktorientierte Bewertung industrieller F&E Projekte. Dissertationsschrift. Kiel, 1997.

RIECKMANN H.J. (1997): Managen und Führen am Rande des 3. Jahrtausends. Peter-Lang–Verlag, Frankfurt am Main et al., 1997.

ROLL R./ROSS S.A. (1980): An Empirical Investigation of the APT. In: Journal of Finance, Volume 35:1980. S. 1073 - 1103.

ROMEIKE F./ FINKE R. (2003): Erfolgsfaktor Risiko-Management. Chance für Industrie und Handel. Methoden, Beispiele, Checklisten. Gabler Verlag, Wiesbaden, 2003.

ROTHWELL R. (1974): Sappho Updated. Project Sappho Phase II. In Research Policy, Volume 5: 1974. S. 258 - 291.

RUDOLPH B. (1979): Zur Theorie des Kapitalmarktes. Grundlagen, Erweiterungen und Anwendungsbereiche des Capital Asset Pricing Model (CAPM). In: ZfB. Jg. 49: 1979. S. 1034 - 1067.

RUHSERT J./KETZER K./RUHSERT P. (2003): Wertmanagement. Unternehmenssteuerung nach der Bottom Line Profitability. Band 1: Realisierungskonzept und Anwendung, Vahlen Verlag, München, 2003.

SABISCH H. (1991): Produktinnovation. Stuttgart, 1991.

SALOMO S. (2003): Konzept und Messung des Innovationsgrades. Ergebnisse einer empirischen Studie zu innovativen Entwicklungsvorhaben. In: SCHWAIGER M./ HARHOFF D: Empirie und Betriebswirtschaft. Entwicklungen und Perspektiven. Stuttgart, S. 399 - 427.

SCHIERENBECK/WIEDEMANN (1996): Marktverrechnungen im Finanzcontrolling. Schäffer-Poeschl-Verlag, Stuttgart, 1996.

SCHLICK G.H. (1995): Innovation von A-Z. Begriffe, Definitionen, Erläuterungen und Beispiele. Expert Verlag, Renningen-Malmsheim, 1995.

SCHLICKSUPP H. (1995): Führung zu kreativer Leistung. Expert Verlag, Renningen, 1995.

SCHMALEN H./ BINNINGER F.M. (1994): Ist die klassische Diffusionsmodellierung wirklich am Ende? In: Marketing ZFP, Jg. 16: 1994/1. S. 5 - 11.

SCHMALENBACH-GESELLSCHAFT (1991): Arbeitskreis Integrierte Unternehmensplanung der Schmalenbach-Gesellschaft. Deutsche Gesellschaft für Betriebswirtschaft. In: Zeitschrift für betriebswirtschaftliche Forschung, 9/1991.

SCHNEIDER D.J.G./MÜLLER M.E. (1993): Durch Koordination zu marktgerechten Innovationen. Schnittstellengestaltung zwischen F&E und Marketing. In: Marktforschung & Management, Jg. 37, 1993/Heft 1. S. 6 - 13.

SCHRÖTER M.R. (1989): F&E-Controlling bei Lurgi. In: LÜCKE W./DIETZ J.:Innovation und Controlling, Wiesbaden, 1989. S. 205 – 229.

SCHULTZE W. (2000): Methoden der Unternehmensbewertung: Gemeinsamkeiten, Unterschiede, Perspektiven. Düsseldorf, 2000.

SCHULTZE W. (2001): Methoden der Unternehmensbewertung. 1. Auflage, Düsseldorf, 2001.

SCHUMPETER J.A. (1931): Theorie der wirtschaftlichen Entwicklung. 3. Auflage, Leipzig 1931. In: VAHS D. /BURMESTER R.: Innovationsmanagement: Von der Produktidee zur erfolgreichen Vermarktung. Stuttgart, 1999.

SCHUMPETER J.A. (1952): in: HAUSCHILDT, Innovationsmanagement. 1997.

SCHWARZ E.J. (2004): Nachhaltiges Innovationsmanagement. Gabler Verlag, Wiesbaden, 2004.

SIEBEN G. (1995): Unternehmensbewertung: Discounted Cash Flow-Verfahren und Ertragswertverfahren: Zwei völlig unterschiedliche Ansätze? In: LANFERMANN, JOSEF (Hrsg.): Internationale Wirtschaftsprüfung. Festschrift Havermann, Düsseldorf, 1995. S. 713 - 737.

SIEGERT T. (1995): Shareholder Value als Lenkungsinstrument. In: ZfbF, Jg. 47: 1995. S. 580 - 607.

SIEGWART H. (1974): Produktentwicklung in der industriellen Unternehmung. Bern, 1974.

SIEGWART H./Kloss U. (1984): Erfassung und Verrechnung von Entwicklungskosten. Bern, 1984.

SIEGWART H./SENTI R. (1995): Product Life Cycle Management. Die Gestaltung eines integrierten Produktlebenszyklus. Stuttgart, 1995.

SIEMENS AG (1995): Geschäftsbericht der Siemens AG, 1995.

SIEMENS AG ÖSTERREICH IAM (2004): Siemens AG Österreich: Jahresbericht des Intellectual Asset Management für das Geschäftsjahr 2003/2004. Wien, 2004.

SIMON F. (1992): Radikale Marktwirtschaft: Verhalten als Ware oder Wer handelt, der handelt. Heidelberg, 1992.

SLATER F.S./Reddy K.V./Zwirlein T.J. (1998): Evaluating Strategic Investments. Completing Discounted Cash Flow Analysis wirth Options Analysis. In: Industrial Marketing Management, 1998. S. 447 - 458.

SOMMERLATTE T. (1991): Warum Hochleistungsorganisationen und wie weit sind wir davon entfernt? In: Management der Hochleistungsorganisation, A. D., Wiesbaden, 1991.

SOMMERLATTE T. (1999): In: Das innovative Unternehmen, Gabler-Verlag, Wiesbaden, 1999.

SPECHT G./BECHMAN C. (1996): F&E–Management. Stuttgart, 1996.

SPREMANN K. (2002): Finanzanalyse und Unternehmensbewertung, München et al., 2002.

STAEHLE W.H. (1994): Management: eine verhaltenswissenschaftliche Perspektive. 7. Auflage. Vahlen Verlag, München, 1994.

STEINLE C./EGGERS B./LAWA D. (1998): Zukunftsgerichtetes Controlling. Unterstützungs- und Steuerungssystem für das Management. 3. Auflage, Wiesbaden, 1998.

STEWART G.B. (1991): The Quest for Value. New York, 1991.

STOCKBAUER H. (1989): F&E Controlling: Konzeption, Aufgaben, Instrumente. Dissertationsschrift, Wien, 1989.

TAKE/POHL (1998): in: Das innovative Unternehmen, 1998.

THOMMEN J.P. (1996): Betriebswirtschaftslehre Band 2. 4. Auflage, Versus Verlag, Zürich, 1996.

THOMMEN J.P. (1996): Betriebswirtschaftslehre Band 3. 4. Auflage, Versus Verlag, Zürich, 1996.

TRIGEORGIS L. (1995): Real Options in Capital Investment: Models, Strategies and Applications. Praeger, Westport , 1995.

VAHS D./BURMESTER R. (1999): Innovationsmanagement: Von der Produktidee zur erfolgreichen Vermarktung. Schäffer-Poeschel-Verlag, Stuttgart, 1999.

VAHS D./BURMESTER D. (2005): Innovationsmanagement: Von der Produktidee zur erfolgreichen Vermarktung. 3. Auflage, Schäfer-Poeschel-Verlag, Stuttgart, 2005.

VAHS D./SCHÄFER-KUNZ J. (2005): Einführung in die Betriebswirtschaftslehre. Lehrbuch mit Beispielen und Kontrollfragen. 4. Auflage, Stuttgart, 2005.

VAUGHAN F.E. (1991): Intuitiver leben. Zur Entwicklung des inneren Potentials. Fischer Verlag, Frankfurt am Main, 1991.

VERSTEEGEN G. (2003): Risikomanagement in IT-Projekten. Berlin, Heidelberg, New York, 2003.

VOLGGER ST. (2004): Die Bedeutung des Realoptionsansatzes für die strategische Investitions- und Unternehmensbewertung. Dissertationsschrift, Klagenfurt, 2004.

VÖLKER R. (2000): Wertmanagement in Forschung und Entwicklung, München, 2000.

VÖLKER R. (2001): Planung und Steuerung von Entwicklungsprojekten in der Pharmabranche. In: GASMANN, O./KOBE, C./VOIT, E. (2001) (Hrsg.): High-Risk Projekte: Quantensprünge in der Entwicklung erfolgreich managen. Heidelberg, 2001.

WARNECKE H.J./BULLINGER H.J./HICHERT R./VOGELE A. (1990): Kostenrechnung für Ingenieure. 3. Auflage, München, 1990.

WEBER J. (1999): Einführung in das Controlling. 8. überarbeitete und erweiterte Auflage, Schäffer-Poeschel Verlag, Stuttgart, 1999.

WEINKAUF K./HÖGL M./GEMÜNDEN H.G. (2004): Zusammenarbeit in innovativen Multi-Team-Projekten: Eine theoretische und empirische Analyse. In: Schmalenbachs Zeitschrift für betriebswirtschaftliche Forschung, Jg. 56: 2004/Heft 5. S. 419 - 435.

WILLINSKY C. (2001): Portfoliooptimierung mit RORAC-Kennzahlen in Kreditinstituten. In: Österreichisches Bank-Archiv, 49. Jg: 2001/Heft 2. S. 141 - 153.

WITTE E. (1973): Organisation für Innovationsentscheidungen. Göttingen, 1973.

WITTEK B. (1987): Kundennutzen als strategische Waffe. In: Strategische Planung. 1987/Heft 1. S. 33 ff.

WOLF K./RUNZHEIMER B. (2003): Risikomanagement und KonTraG. 4. Auflage, Wiesbaden, 2003.

ZAHN E. (1995): Handbuch Technologiemanagement. Schäffer-Poeschel-Verlag, Stuttgart, 1995.